职业教育课程创新精品系列教材

高级办公应用项目教程

(Office 2019 微课版)

主　编　麻云贞　武晓燕

副主编　蔡冬晖　崔艳薇　佟　颖

郑丽伟　张红霞

参　编　车宝强　胡伟亚　孟凡亮

孔乐群

北京理工大学出版社

BEIJING INSTITUTE OF TECHNOLOGY PRESS

内 容 简 介

Office 是现代办公的基础软件，广泛应用于各行各业，其中 Office 2019 具有操作简单、功能强大等特点。本书以 Office 2019 为蓝本，分 3 个模块、8 个项目讲解 Office 办公软件中 Word 2019 文档编排、Excel 2019 数据统计分析、PowerPoint 2019 演示文稿制作 3 个常用组件的使用。每个项目都配有与内容相对应的视频素材、巩固练习等学习资源，以强化学生的综合学习能力，加深学生对软件的认知。

本书针对职业教育的特点，突出基础性、操作性，注重对学生操作技能和操作能力的培养，可作为中高等院校计算机应用专业、文秘专业及相关专业的教材，也可作为各类计算机培训的教学用书，还可以作为现代办公室工作人员及计算机爱好者的参考用书。

图书在版编目(CIP)数据

高级办公应用项目教程 / 麻云贞，武晓燕主编. -- 北京：北京理工大学出版社，2021.9
ISBN 978-7-5763-0475-6

Ⅰ. ①高… Ⅱ. ①麻… ②武… Ⅲ. ①办公自动化-应用软件-教材 Ⅳ. ①TP317.1

中国版本图书馆 CIP 数据核字(2021)第 202194 号

出版发行 / 北京理工大学出版社有限责任公司
社　　址 / 北京市海淀区中关村南大街 5 号
邮　　编 / 100081
电　　话 / (010)68914775(总编室)
　　　　　(010)82562903(教材售后服务热线)
　　　　　(010)68944723(其他图书服务热线)
网　　址 / http://www.bitpress.com.cn
经　　销 / 全国各地新华书店
印　　刷 / 定州启航印刷有限公司
开　　本 / 889 毫米×1194 毫米　1/16
印　　张 / 15.5
字　　数 / 308 千字
版　　次 / 2021 年 9 月第 1 版　2021 年 9 月第 1 次印刷
定　　价 / 42.50 元

责任编辑 / 张荣君
文案编辑 / 张荣君
责任校对 / 周瑞红
责任印制 / 边心超

图书出现印装质量问题，请拨打售后服务热线，本社负责调换

PREFACE 前言

随着云计算时代的到来，社会信息化程度不断提升，掌握并熟练运用办公软件应用技术将是各岗位人才的必备技能。同时，《教育部等九部门关于印发〈职业教育提质培优行动计划（2020—2023年）〉的通知》明确提出：职业院校要使用与时代发展相贴合的教材。

为了使教材内容更符合职业教育的教学规律和企业的需求，教材编写组成员充分开展企业调研，校企“双元”开发教材。本教材以培养读者的职业能力为导向，根据工作任务需求组织教材内容，采取“项目载体、任务驱动”的教学方式，凸显职业性、技术性和应用性。

本书具有以下特色。

1. 深度融合课程思政，遵循立德树人的教育根本

本书通过项目式案例教学模式，将课程思政融入项目案例，将思想引领和专业知识相结合，在加强专业技能培养的同时，实现技能和人文素养的统一，渗透勤奋好学、诚实守信的职业理念，培养责任意识和创新精神，增强爱国情怀和民族自豪感。

2. 突出实践操作，注重职业能力，适应1+X改革需要

本书符合教育部专业教学标准的要求，采用模块化、项目式、案例式教学模式，适应1+X教学需要，将理论与实践相结合，从办公人员的实际工作需求出发，以Microsoft Office三大模块（Word、Excel、PowerPoint）的应用项目为载体，构建出一个个工作任务。读者通过完成项目任务，提高应用办公软件处理办公事务的能力和素质。

3. 构建“项目载体、任务驱动”的教学内容体系，贴合实际岗位需求

本书按照实际的岗位工作需求，将传统的章节知识点体系打散重组，转变为基于“项目载体、任务驱动”的教学内容体系。内容涵盖Word文档编排（项目一~项目四）、Excel数据统计分析（项目五~项目七）、PowerPoint演示文稿制作（项目八），每个项目按照“项目分析→任务分析→知识储备→任务实施→项目总结→巩固练习”的教学思路组织内容。这种内容组织形式将Microsoft Office软件操作知识点分解融入工作任务中，让读者体验实际的工作情景。通过本书的学习，有助于读者提高工作效率，引导读者在“学中做”“做中学”，训练读者具备触类旁通地解决以后工作中所遇到的问题的能力。

4. 校企“双元”编写程度较高

为教材的编写，充分开展企业调研，根据企业需要和当前行业发展特点，与企业专家合作，校企“双元”开发教材。本教材编写基于与河北卓正实业集团有限公司的深度合作，企业人员参与编写，并根据大多数企事业单位的实际需求，选择实用性极强的具有典型代表性

的案例。

5. 信息化资源配套程度高，案例丰富，配套资源完整

本书配有完整的电子教学资源，包括操作素材及结果文件、授课 PPT、电子教案等，并基于重要知识点设置二维码，读者可以借助手机扫描二维码观看视频，实时学习操作要点，实现教材、课堂、教学资源三者融合，方便教师组织学生线上线下相结合的混合式教学，以及读者个性化自主学习。

由于编者水平有限，书中难免有疏漏和不妥之处，恳请各位读者和专家批评指正。

编　者

CONTENTS 目录

模块一　Word 2019 文档编排

模块二　Excel 2019 数据统计分析

模块三　PowerPoint 2019 演示文稿制作

模块一

Word 2019文档编排

PROJECT 1 项目一

Word基本应用——制作求职简历

项目概述

本项目以制作求职简历为例，介绍 Word 强大的文字处理功能，包括字符及段落格式的设置、制表位的使用、表格的制作、图片与文本框的插入、页面边框的设置等内容。

学习导图

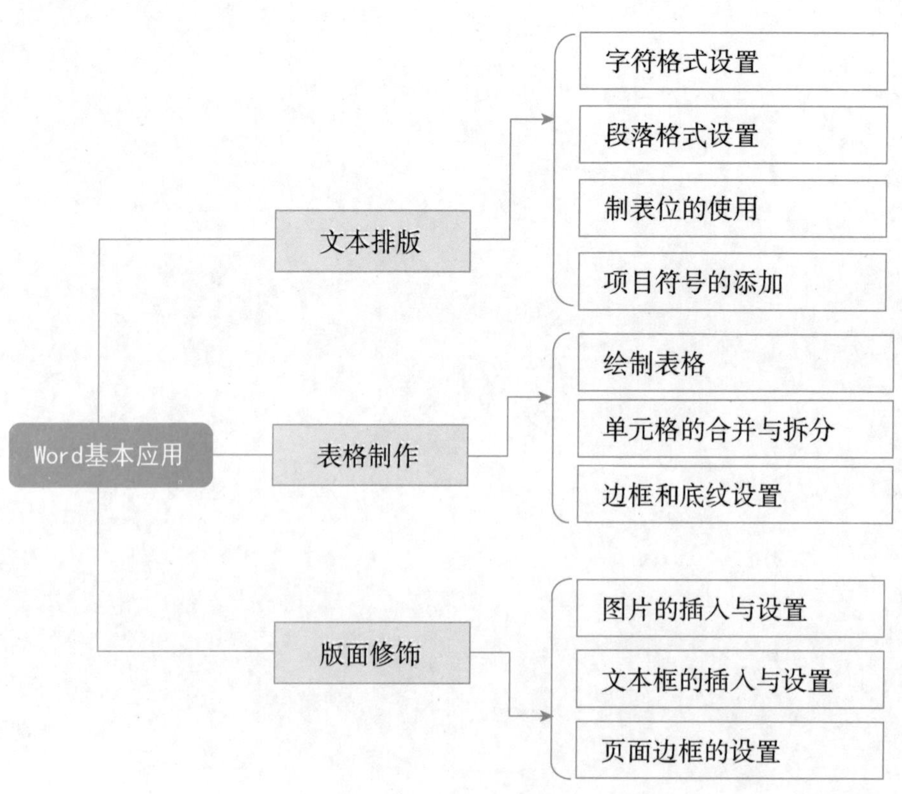

【项目分析】

李薇是一名旅游管理专业的毕业生，她善于与各种人打交道，有较强的组织协调能力，她的理想是成为一名优秀的导游。现在李薇最重要的任务就是精心制作一份求职简历。

下面是李薇的设计方案。

李薇首先利用图片、文本框及制表位为简历设计封面，如图 1-1 所示；接下来她撰写了一份自荐书，并进行排版，如图 1-2 所示；最后她利用表格设计自己的个人简历，包括基本情况、教育背景、实习经历等内容，并利用图片、边框设置对表格进行修饰，如图 1-3 所示。

图 1-1　封面

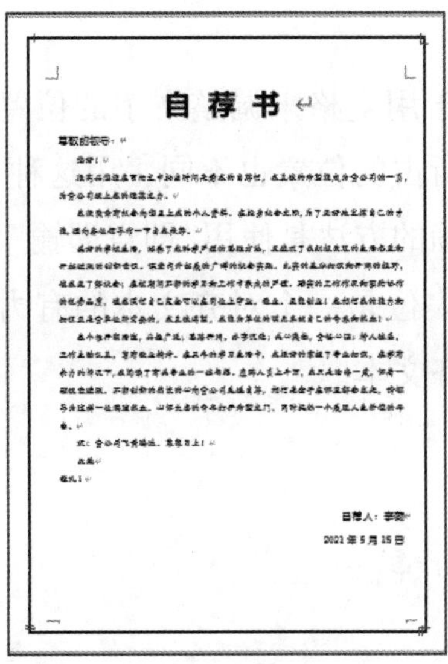

图 1-2　自荐书

图 1-3　个人简历

任务一　制作“求职简历”封面

【任务分析】

本任务的目标是通过创建文档、插入图片和文本框、利用“即点即输”与制表位定位文字来完成如图 1-1 所示的“求职简历”封面的制作。本任务分解成如图 1-4 所示的 4 步来完成。

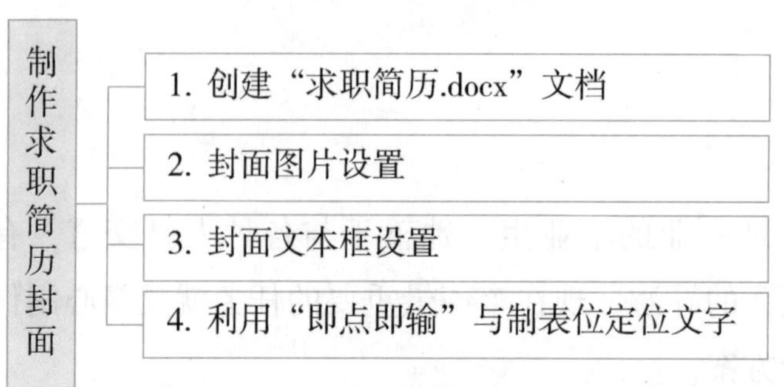

图 1-4 任务一分解

【知识储备】

“即点即输”与制表位

对于初学者来说，一般习惯于用空格来调整文字的位置。而 Word 中的每个空格因所设定字体大小不同，所占的位置也不同，用这种方法不但烦琐，而且定位不准，难以精确对齐。正确的方法是使用“即点即输”功能插入文本，并通过制表位调整文字的位置。制表位是一个对齐文本的有力工具，因为制表位移动的距离是固定的，所以能够非常精确地对齐文本。

制表位视频案例

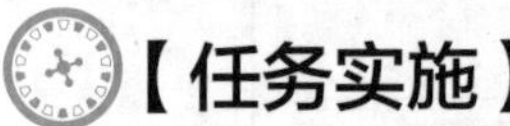

【任务实施】

1. 创建“求职简历 . docx”文档

在指定文件夹下，创建“求职简历 . docx”文档。

操作步骤如下。

(1) 启动 Word 软件，创建一个空白文档。

(2) 将文档保存到指定文件夹，并命名为“求职简历 . docx”。

将页边距设置为：上 3 厘米，下 1. 5 厘米，左 2. 5 厘米，右 2 厘米。

操作步骤如下。

(1) 在“求职简历 . docx”文档中，单击“布局”选项卡“页面设置”组中的“页边距”下拉按钮，在弹出的下拉列表框中选择“自定义页边距”选项，弹出“页面设置”对话框，设置页边距，如图 1-5 所示。

(2) 单击“确定”按钮。

2. 封面图片设置

在封面页插入图片“封面图标 . jpg”，并调整大小与位置。

操作步骤如下。

(1)在“插入”选项卡的“插图”组中单击“图片”下拉按钮，在弹出的下拉列表框中选择“此设备”选项，打开“插入图片”对话框，选择“图片素材”文件夹中的“封面图标 .jpg”，单击“插入”按钮。

(2)选择“封面图标 .jpg”图片，在图片周围出现 8 个尺寸控点。

(3)将鼠标指针移动到 4 个角的任意一个尺寸控点上，鼠标指针变成双向箭头，按住鼠标左键拖动，可成比例地调整图片的高度和宽度。

(4)在“图片工具/格式”选项卡的“排列”组中单击“位置”按钮，在弹出的下拉列表框中选择“文字环绕”方式中的“顶端居左，四周型文字环绕”选项，如图 1-6 所示。这样图片就可以根据需要自由调整位置。

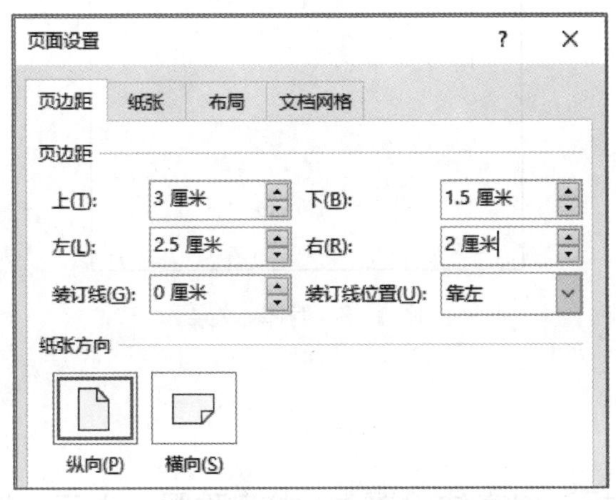

图 1-5　设置页边距

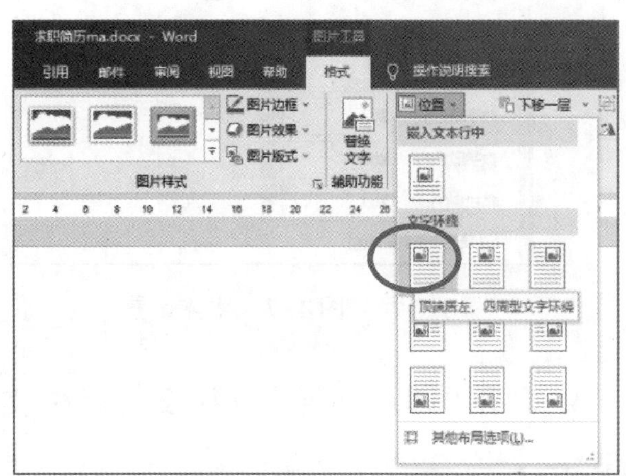

图 1-6　图片位置设置

 注意:

图片上的 8 个尺寸控点中，4 个角的控点可以成比例地调整图片的高度和宽度；图片上、下边中间的控点，可以调整图片的高度；图片左、右边中间的控点，可以调整图片的宽度。

3. 封面文本框设置

在封面页，插入竖排文本框并输入文字“简历”，字体设置为“微软雅黑，72”，颜色为“蓝色，个性色 1，深色 25%”，字符间距加宽“30 磅”；文本框设置“无填充、无轮廓”。

操作步骤如下。

(1)在“插入”选项卡的“本文”组中单击“文本框”下拉按钮，在弹出的下拉列表框中选择“绘制竖排文本框”命令，在当前页的空白处绘制一个文本框，输入文字“简历”。

(2)选中文字“简历”，在“开始”选项卡的“字体”组中选择字体、字号及颜色。

(3)在“开始”选项卡的“字体”组中单击右下角的“对话框启动器”按钮。打开“字体”对话框，选择 “高级”选项卡，在“间距”下拉列表框中选择“加宽”选项，在对应的“磅值”数值框内输入“30 磅”，如图 1-7 所示，单击“确定”按钮。

(4)选中文本框，在“绘图工具/格式”选项卡的“形状样式”组中，“形状填充”选择“无填充”，“形状轮廓”选择“无轮廓”，并调整文本框的大小与位置，效果如图 1-8 所示。

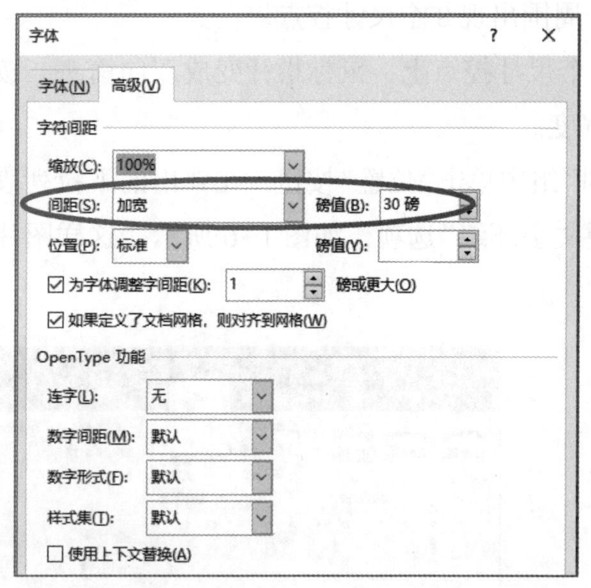

图 1-7　字体设置

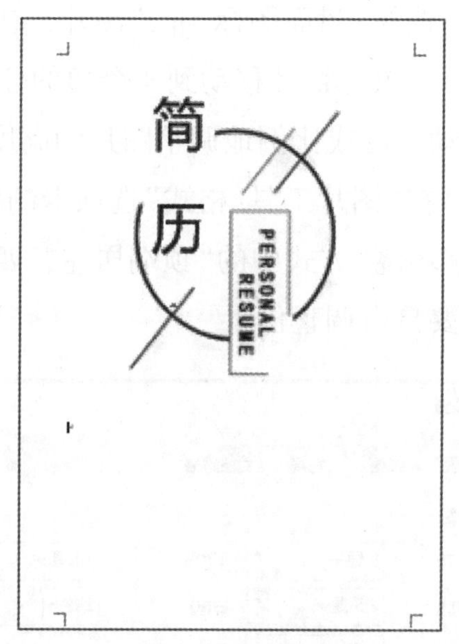

图 1-8　字体效果

4. 利用“即点即输”与制表位定位文字

在封面页的适当位置输入姓名、电话、求职目标，将字体设置为“微软雅黑、小二、加粗”，颜色为“蓝色，个性色 1，深色 25%”，并使用制表位来对齐文本。

操作步骤如下。

(1)将鼠标指针移动到要插入文本的空白区域，双击鼠标，插入点自动定位到指定位置，同时在水平标尺中出现了一个“左对齐式制表符”，如图 1-9 所示。

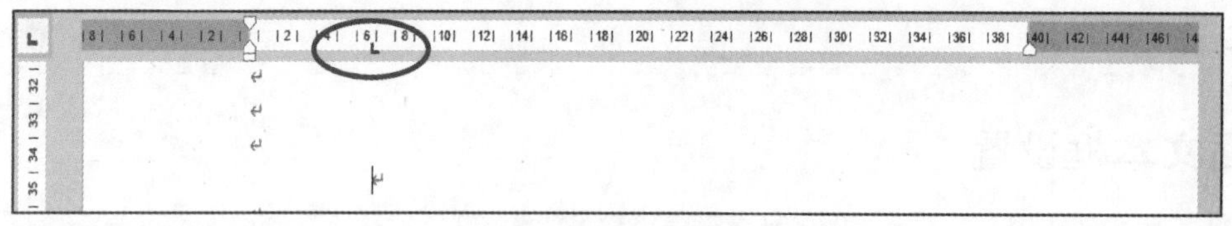

图 1-9　启用“即点即输”功能定位

(2)在插入点处输入“姓名：李薇”，并将文字设置为“微软雅黑、小二、加粗”，颜色为“蓝色，个性色 1，深色 25%”，按 Enter 键。设置的制表符格式自动复制到新的一段。

(3)按 Tab 键，光标对齐到制表位标记处，输入“电话：13939393939”，再按 Enter 键。

(4)按 Tab 键，输入“求职目标：导游”。

(5)选择“求职目标：”所在的段落，将制表位标记在水平标尺上向右拖动，改变制表位到新的位置，如图 1-10 所示。

(6)保存文档。

姓名：李薇

电话：13939393939

求职目标：导游

图 1-10　在水平标尺上改变制表位的位置

任务二　制作“自荐书”

【任务分析】

本任务的目标是通过插入分节符，利用字符格式化、段落格式化功能以及添加艺术型页面边框来制作“求职简历”中的“自荐书”部分，如图 1-2 所示。本任务分解成如图 1-11 所示的 4 步来完成。

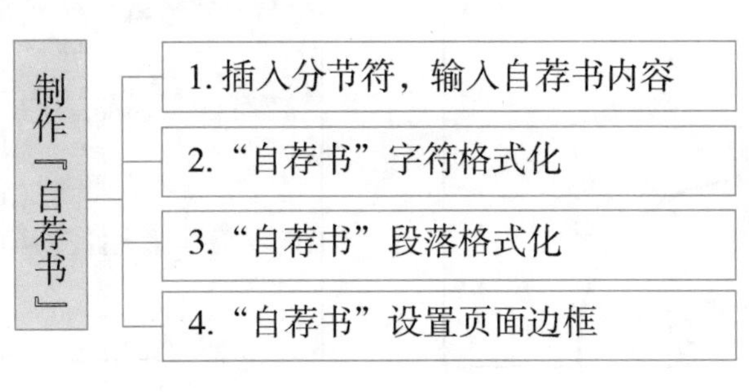

图 1-11　任务二分解

【知识储备】

1. 分节符

分节符是指为表示节的结尾插入的标记。分节符不仅可以将文档内容划分为不同的页面，还可以针对不同的节，进行不同的页面设置。

2. 页面边框

页面边框是位于页面四周的一个矩形边框。一般来说，这个边框都会由不同样式和颜色的线条或者各种特定的图形组合而成。在页面边框设置中，可以对线条样式、颜色、宽度以及艺术型样式进行修饰。

添加页面边框
视频案例

【任务实施】

1. 插入分节符，输入“自荐书”内容

插入分节符，清除上节的文本格式。

操作步骤如下。

(1) 打开“求职简历 .docx”文档，按 Ctrl+End 组合键，将插入点定位到文档末尾。

(2) 在“布局”选项卡的“页面设置”组中单击“分隔符”按钮，在弹出的下拉列表的“分节符”选项组中选择“下一页”选项，如图 1-12 所示。

此时，光标定位到第 2 页的开始处。

(3) 在“开始”选项卡的“字体”组中单击“清除所有格式”按钮，如图 1-13 所示。

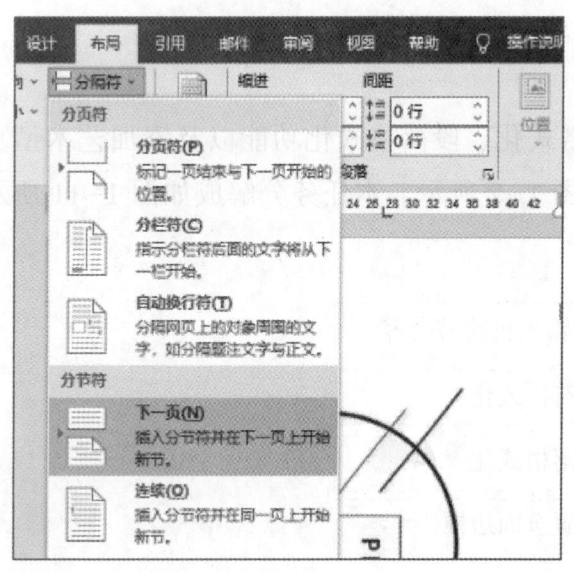

图 1-12 插入分节符

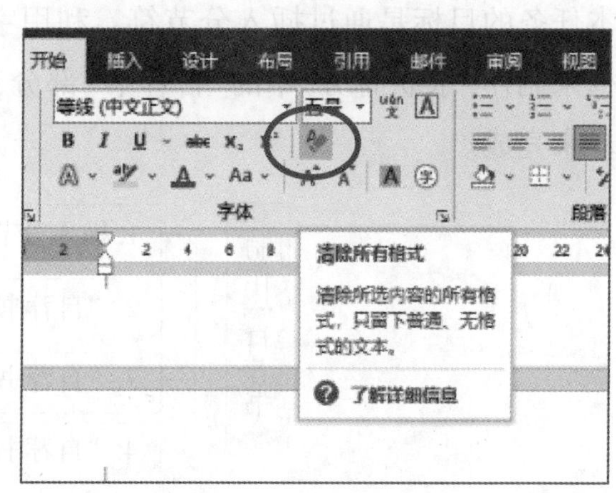

图 1-13 清除文本格式

输入“自荐书”内容。

操作步骤如下。

(1) 在文档当前位置输入如图 1-14 所示的文本内容。

(2) 在“自荐人:”后面输入自荐人姓名(本案例中输入“李薇”)。

(3) 按 Enter 键在文档最后插入一行并插入自动更新的日期。

方法：在“插入”选项卡的“文本”组中单击“日期和时间”按钮，打开“日期和时间”对话框，如图 1-15 所示，选中“自动更新”复选框，在“可用格式”列表框中选择所需的日期格式，单击“确定”按钮。

自荐书
尊敬的领导：
您好！
很高兴您能在百忙之中抽出时间来看我的自荐信，我真诚的希望能成为贵公司的一员，为贵公司献上我的微薄之力。
我很荣幸有机会向您呈上我的个人资料。在投身社会之际，为了更好地发挥自己的才能，谨向各位领导作一下自我推荐。
美好的学校生活，培养了我科学严谨的思维方法，更造就了我积极乐观的生活态度和开拓进取的创新意识。课堂内外拓展的广博的社会实践、扎实的基础知识和开阔的视野，使我更了解社会；在校期间不断的学习和工作中养成的严谨、踏实的工作作风和团结协作的优秀品质，使我深信自己完全可以在岗位上守业、敬业、更能创业！我相信我的能力和知识正是贵单位所需要的，我真诚渴望，我能为单位的明天奉献自己的青春和热血！
我个性开朗活泼，兴趣广泛；思路开阔，办事沉稳；关心集体，责任心强；待人诚恳，工作主动认真，富有敬业精神。在三年的学习生活中，我很好的掌握了专业知识，在学有余力的情况下，我阅读了有关专业的一些书籍。应聘人员上千万，我只是沧海一粟，怀着一颗锐意进取、不断创新的热忱的心向贵公司毛遂自荐，相信是金子在哪里都会发光，请领导为这样一位满腔热血、心怀大志的青年打开希望之门，同时提供一个展现人生价值的平台。
祝：贵公司飞黄腾达、蒸蒸日上！
此致
敬礼！
自荐人：

图 1-14 “自荐书”内容

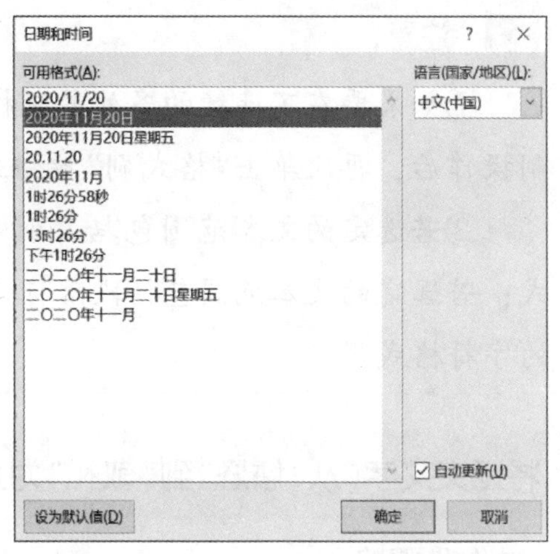

图 1-15 “日期和时间”对话框

小技巧： 在“日期和时间”对话框中选中“自动更新”复选框，可根据系统时钟更新插入的日期和时间。如果取消选中“自动更新”复选框，那么插入的日期和时间将固定不变。

2.“自荐书”字符格式化

字符格式化主要是对各种字符的大小、字体、字形、颜色、字间距，以及各种修饰效果等进行设置。如果要对已经输入的文字进行字符格式化设置，必须先选定要设置的文本。

将标题“自荐书”设置为“微软雅黑、36、加粗、字符间距加宽 12 磅”。

操作步骤如下。

(1) 选定要设置的标题文字“自荐书”。

(2) 在“开始”选项卡的“字体”组中选择字体、字号，并单击“加粗”按钮。

(3) 在“字体”对话框中选择 “高级”选项卡，在“间距”下拉列表框中选择“加宽”选项，在对应的“磅值”数值框内输入“12 磅”，单击“确定”按钮。

小技巧： Word 为用户提供了方便的快捷键操作，熟练掌握快捷键可以提高人们的工作效率。例如，打开“字体”对话框的快捷键是 Ctrl+D，加粗的快捷键是 Ctrl+B 等。

将“尊敬的领导：”“自荐人：李薇”“××××年××月××日”设置为“幼圆、四号”。

操作步骤如下。

(1) 选定要设置的文本“尊敬的领导：”设置字体、字号。

(2) 在“开始”选项卡的“剪贴板”组中单击“格式刷”按钮。

(3) 当鼠标指针变成格式刷形状时，选择目标文本“自荐人：李薇”“××××年××月××日”，同时“格式刷”按钮自动弹起，表明格式复制功能自动关闭。

注意：

①如果要在不连续的多处复制格式，必须双击“格式刷”按钮，当完成所有的格式复制操作后，再次单击“格式刷”按钮或按 Esc 键，关闭格式复制功能。

②若选定的文本范围包括几种字符格式，系统只复制选定的第一个字符的字符格式；若选定的文本范围包括段落标记符“↵”，系统将复制段落格式和选定的第一个字符的字符格式。

将正文文字（从“您好”到“敬礼”为止）设置为“楷体、小四号”。

操作步骤略。

3. “自荐书”段落格式化

段落格式化包括段落对齐、段落缩进、段落间距、行间距等。

将标题“自荐书”设置为“居中对齐”；将正文段落（“您好！”至“敬礼！”）设置为“两端对齐、首行缩进 2 个字符、1.5 倍行距”。

操作步骤如下。

(1) 将插入点置于标题“自荐书”段落中。

(2) 在“开始”选项卡的“段落”组中单击“居中”按钮。

(3) 选定正文段落。

(4) 在“开始”选项卡的“段落”组中单击右下角的“对话框启动器”按钮，打开“段落”对话框。

(5) 选择“缩进和间距”选项卡，在“常规”选项区域的“对齐方式”下拉列表框中选择“两端对齐”选项；在“缩进”选项区域的“特殊”下拉列表框中选择“首行”选项，在“缩进值”数值框中设置“2 字符”；在“间距”选项区域的“行距”下拉列表框中选择“1.5 倍行距”选项，如图 1-16 所示。

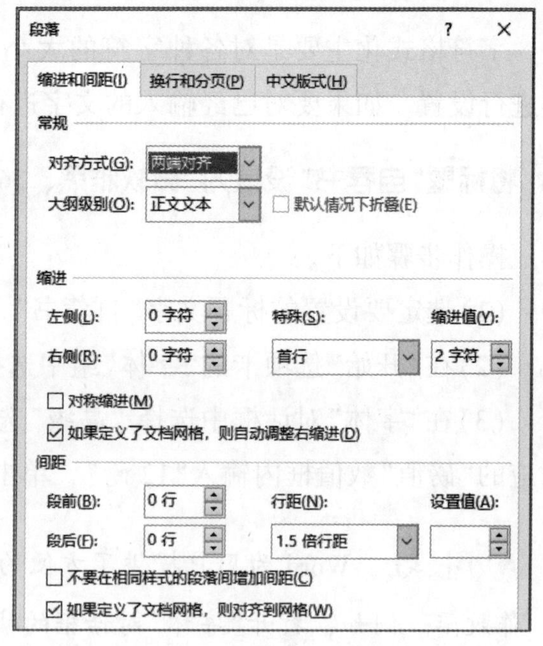

图 1-16 “段落”对话框

(6) 单击“确定”按钮完成段落格式的设置。

利用水平标尺将正文“敬礼！”段落的首行缩进取消。

操作步骤如下。

(1) 将插入点置于“敬礼！”段落中。

(2)将水平标尺上的“首行缩进”标记向左拖动至与“左缩进”标记重叠处(拖动时，文档中显示一条虚线表明新的位置)，如图1-17所示。

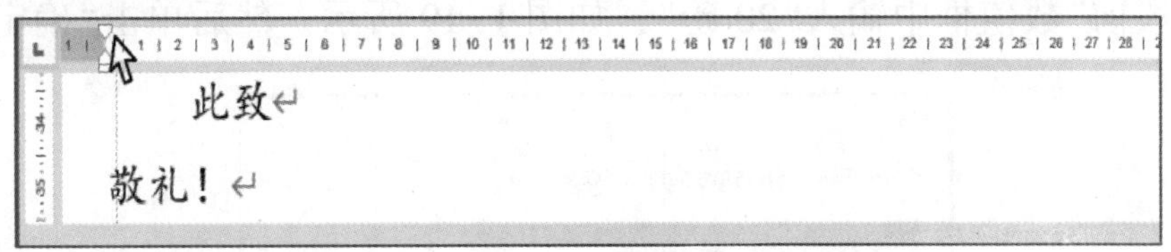

图1-17 利用水平标尺取消“首行缩进”

知识链接

①如果水平标尺没有显示出来，可在“视图”选项卡的“显示”组中选中“标尺”复选框来使其显示。

②如果不需要精确设置段落缩进，最快速直观的设置段落缩进的方法是使用水平标尺。水平标尺上的各个段落缩进标记的作用如图1-18所示。

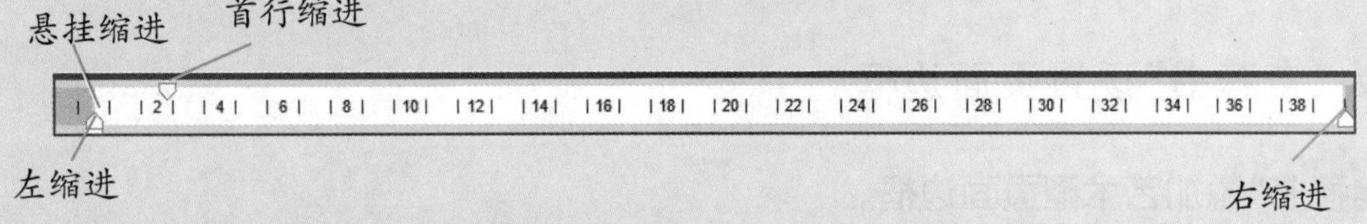

图1-18 段落缩进标记的作用

③段落缩进方式一般有以下几种类型。

首行缩进：表示只有第一行缩进。通常情况下，中文的首行缩进为两个汉字。

悬挂缩进：表示除第一行以外的各行都缩进。通常用于创建项目符号和编号。

左缩进和右缩进：表示段落中的所有行都缩进。通常为了表现段落间不同的层次。

④在图1-18所示的段落缩进标记中，左缩进和悬挂缩进之间的区别是：拖动左缩进标记时，可改变整个段落的缩进量，即首行缩进会跟着移动；但拖动悬挂缩进标记时，只能改变首行以后行的缩进方式，首行缩进不受影响。

小技巧：用鼠标拖动段落缩进标记时，同时按下Alt键可以精确定位。

将最后两段(“自荐人：李薇”“××××年××月××日”所在的段落)设置为“右对齐”，再将“自荐人：李薇”所在的段落设置为段前间距“20磅”。

操作步骤如下。

(1)选定最后两段。

(2)在“开始”选项卡的“段落”组中单击“右对齐”按钮。

(3)将插入点置于“自荐人：李薇”段落，打开“段落”对话框，在“缩进和间距”选项卡“间距”选项区域的“段前”数值框中输入“20 磅”，如图 1-19 所示，然后单击“确定”按钮。

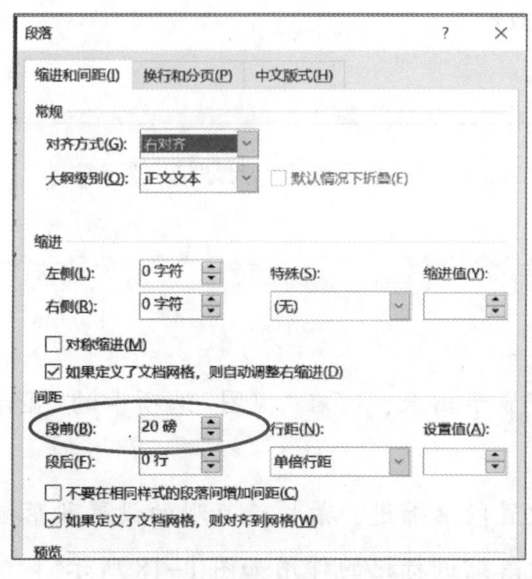

图 1-19　设置“段前”间距

4. 为“自荐书”设置页面边框

为“自荐书”添加艺术型页面边框。

操作步骤如下。

(1)在当前文档中，按 Ctrl+End 组合键，将插入点定位到文档的最后。

(2)插入分节符“下一页”，并清除上一节的所有文本格式。此时文档分成了 3 节。

(3)将插入点定位到“自荐书”中任意位置，在“设计”选项卡的“页面背景组”中单击“页面边框”按钮，打开“边框和底纹”对话框。在“页面边框”选项卡中，在“艺术型”下拉列表框中选择需要的艺术边框；在“颜色”下拉列表框中选择“浅灰色，背景 2，深色 50%”选项；在“应用于”下拉列表框中选择“本节”选项，设置结果如图 1-20 所示，单击“确定”按钮。

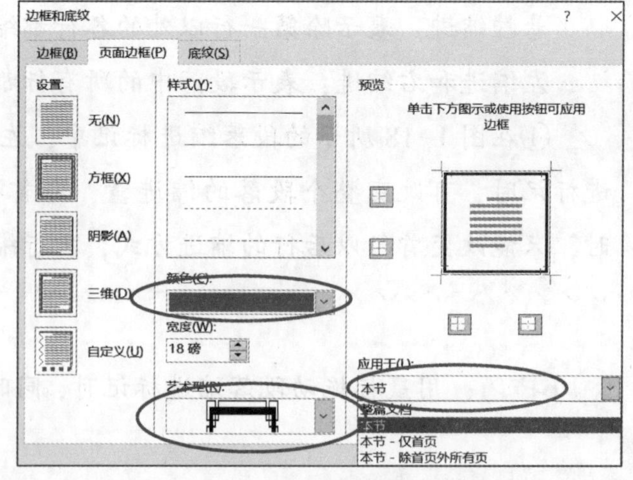

图 1-20　页面边框设置

(4)执行“文件”选项卡中的“保存”命令，保存“求职简历 . docx”文档。

任务三 制作个人简历表格

【任务分析】

本任务的目标是利用 Word 的表格功能制作如图 1-3 所示的“个人简历”，并通过添加项目符号、插入文本框和图片来美化表格。本任务分解成如图 1-21 所示的 4 步来完成。

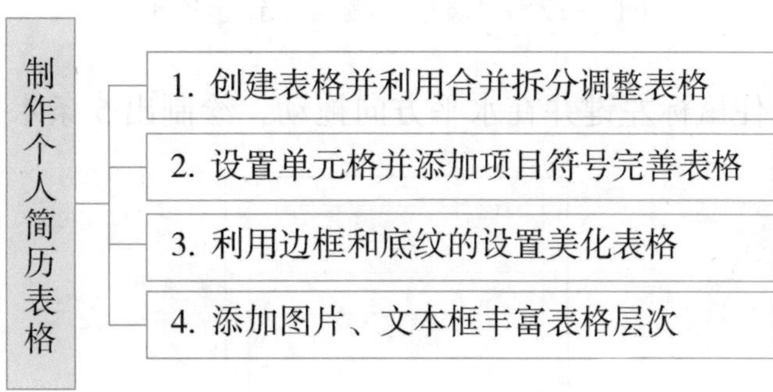

图 1-21 任务三分解

【知识储备】

表格的制作

表格操作视频案例

在 Word 中创建表格的方法一般有 3 种，一是拖动行列数快速创建表格；二是通过对话框插入表格；三是手动绘制表格。Word 的表格由水平行和垂直列组成。行和列交叉成的矩形部分称为单元格。编辑表格分为两种：一是以表格为对象的编辑，如表格的移动、缩放、合并和拆分等；二是以单元格为对象的编辑，如选定单元格区域、单元格的插入、删除、移动和复制、单元格的合并和拆分、单元格的高度和宽度设置、单元格中对象的对齐方式等。

【任务实施】

1. 创建表格并利用合并拆分调整表格

在“求职简历 . docx”文档的第 3 页创建表格。

操作步骤如下。

(1)将插入点定位到文档的第 3 页。

（2）在“插入”选项卡中单击“表格”按钮，在弹出的下拉列表框中选择“绘制表格”命令，鼠标指针变为铅笔形状。

（3）在当前页面左上角的位置按住鼠标左键拖动，直至页面右下角时释放鼠标左键，这时将绘制一个与页面大小相匹配的矩形框，同时页面上方功能区中“表格工具/布局”选项卡被激活，如图 1-22 所示。

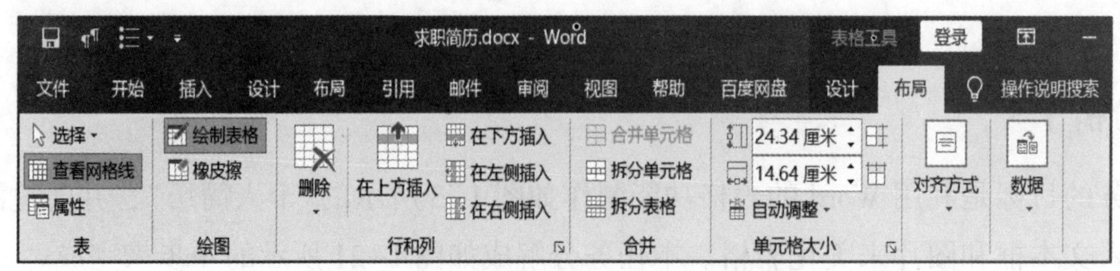

图 1-22 “表格工具/布局”选项卡

（4）在矩形框内，按住鼠标左键并在水平方向拖动，绘制出 5 条水平线，如图 1-23 所示。

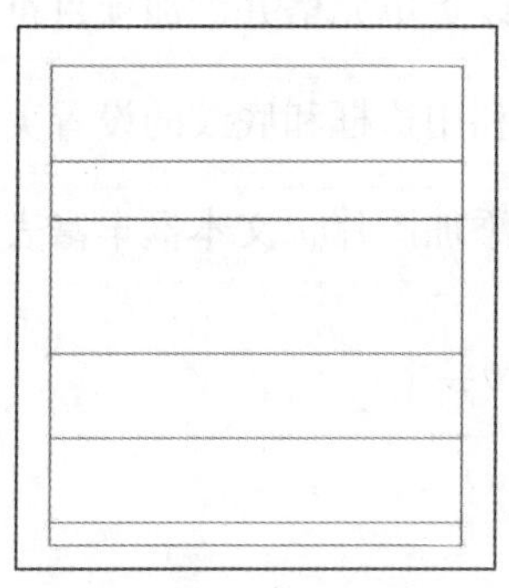

图 1-23 绘制水平线

小技巧：当绘制较大的表格时，为了看到表格的整体效果，可以在“视图”选项卡的“缩放”组中单击“单页”按钮。完成表格绘制后再在“视图”选项卡的“缩放”组中单击“100%”按钮来恢复文档原有的显示比例。

将表格的第 **1** 行拆分成三列，如图 **1-24** 所示。

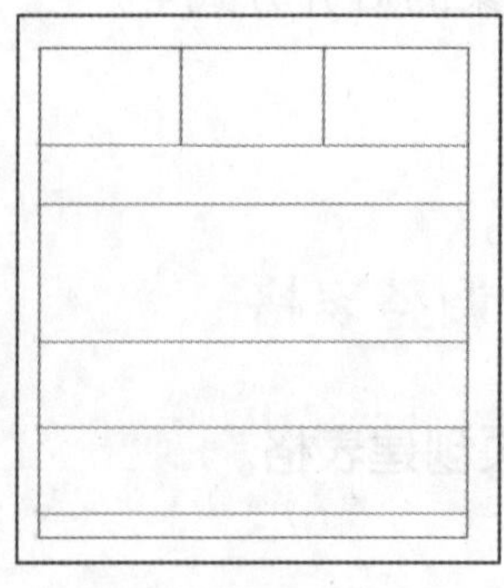

图 1-24 拆分单元格

操作步骤如下。

(1)选择表格第1行。

(2)选择“表格工具/布局”选项卡，在“合并”组中单击“拆分单元格”按钮。在弹出的“拆分单元格”对话框中将“列数”设置为“3”，如图1-25所示。

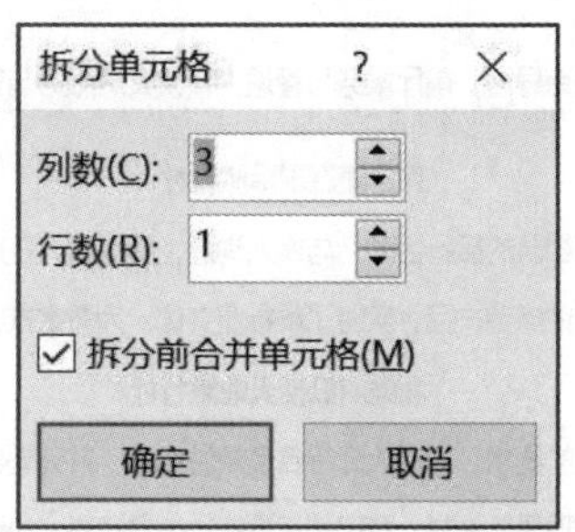

图1-25 “拆分单元格”对话框

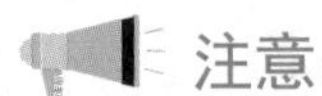

注意:

拆分单元格既可以用“表格工具/布局”选项卡中的“拆分单元格”实现，也可以用“表格工具/布局”选项卡中的“绘制表格”实现。

2. 设置单元格并添加项目符号完善表格

在表格中输入如图1-26所示的文字。

操作步骤略。

设置字符格式和段落格式。

操作步骤如下。

(1)选中整个表格，在“开始”选项卡的“字体”组中设置字体为“微软雅黑”、字号为“11”。

(2)将“年份”所在行的文本设置“加粗”。

(3)选中整个表格，在“段落”对话框中设置段落行间距为“固定值，22磅”。

(4)选中所有单元格的第一段文本，在“段落”对话框中设置段前间距为“0.5行”。

(5)适当调整文字位置，效果如图1-26所示。

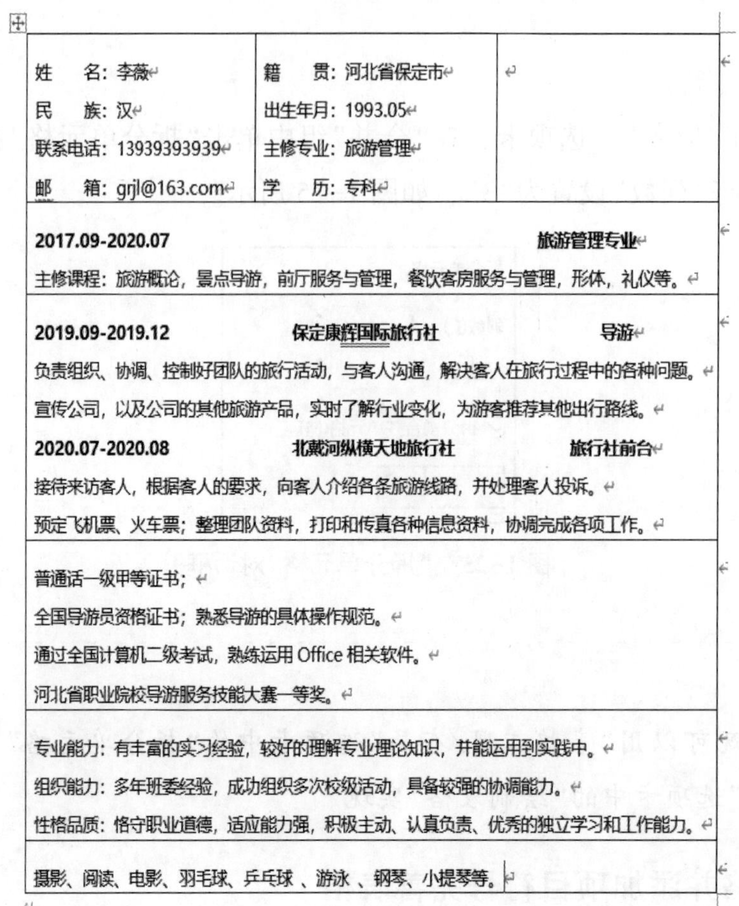

姓　名：李薇 民　族：汉 联系电话：13939393939 邮　箱：grjl@163.com	籍　贯：河北省保定市 出生年月：1993.05 主修专业：旅游管理 学　历：专科	
2017.09-2020.07　　**旅游管理专业** 主修课程：旅游概论，景点导游，前厅服务与管理，餐饮客房服务与管理，形体，礼仪等。		
2019.09-2019.12　　**保定康辉国际旅行社**　　**导游** 负责组织、协调、控制好团队的旅行活动，与客人沟通，解决客人在旅行过程中的各种问题。 宣传公司，以及公司的其他旅游产品，实时了解行业变化，为游客推荐其他出行路线。 **2020.07-2020.08**　　**北戴河纵横天地旅行社**　　**旅行社前台** 接待来访客人，根据客人的要求，向客人介绍各条旅游线路，并处理客人投诉。 预定飞机票、火车票；整理团队资料，打印和传真各种信息资料，协调完成各项工作。		
普通话一级甲等证书； 全国导游员资格证书；熟悉导游的具体操作规范。 通过全国计算机二级考试，熟练运用 Office 相关软件。 河北省职业院校导游服务技能大赛一等奖。		
专业能力：有丰富的实习经验，较好的理解专业理论知识，并能运用到实践中。 组织能力：多年班委经验，成功组织多次校级活动，具备较强的协调能力。 性格品质：恪守职业道德，适应能力强，积极主动、认真负责、优秀的独立学习和工作能力。		
摄影、阅读、电影、羽毛球、乒乓球 、游泳 、钢琴、小提琴等。		

图 1-26　个人简历

利用标尺调整第 1 行各单元格的列宽。

操作步骤如下。

(1)将鼠标指针停留在表格第 1 列的右边框线上，当指针变成左右双箭头时，按住鼠标左键向右拖动边框，此时文档窗口里会出现一条垂直虚线随着鼠标指针移动，如图 1-27 所示，到合适位置时释放鼠标，完成对列宽的调整。

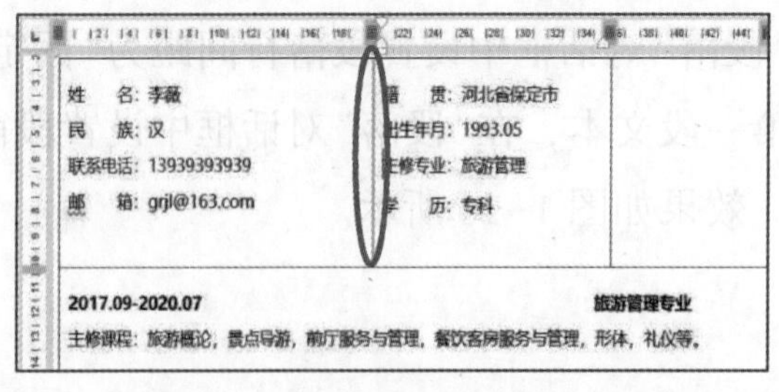

图 1-27　拖动表格框线改变列宽

(2)用同样的方法适当调整第 2 列与第 3 列的列宽。

将表格的第 1 至 6 行的行高分别设置为 4.7 厘米、3 厘米、6.2 厘米、5 厘米、4 厘米、1.4 厘米。

操作步骤如下。

(1)选中第1行，在“表格工具/布局”选项卡的“单元格大小”组中，在“高度”数值框中输入“4.7厘米”，按Enter键确认。

(2)用相同的方法，完成其他行的行高设置。

将表格中的所有文字设置为“靠上左对齐”。

操作步骤如下。

(1)选定整个表格。

(2)在“表格工具/布局”选项卡的“对齐方式”组中单击“靠上左对齐”按钮。如图1-28所示。

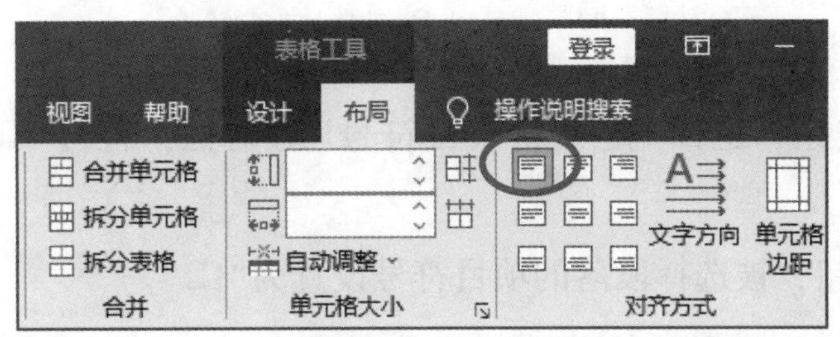

图1-28　对齐方式

为表格第3行中的文本段落添加项目符号“◆”。

操作步骤如下。

(1)在表格第3行单元格中，选择要添加项目符号的第2段和第3段文字。

(2)在“开始”选项卡的“段落”组中单击“项目符号”下拉按钮，在弹出的下拉列表框中选择“项目符号库”中的“◆”符号。

(3)用同样的方法为第5段和第6段文字添加项目符号。

为表格第4行中的文本段落添加项目符号“🕮”。

操作步骤如下。

(1)在表格第4行单元格中，选择要添加项目符号的所有段落。

(2)在“开始”选项卡的“段落”组中单击“项目符号”下拉按钮，在弹出的下拉列表框中选择“定义新项目符号”选项，打开“定义新项目符号”对话框，如图1-29所示。

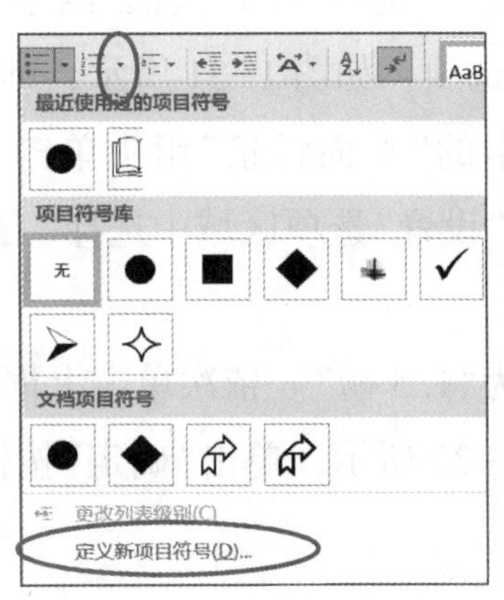

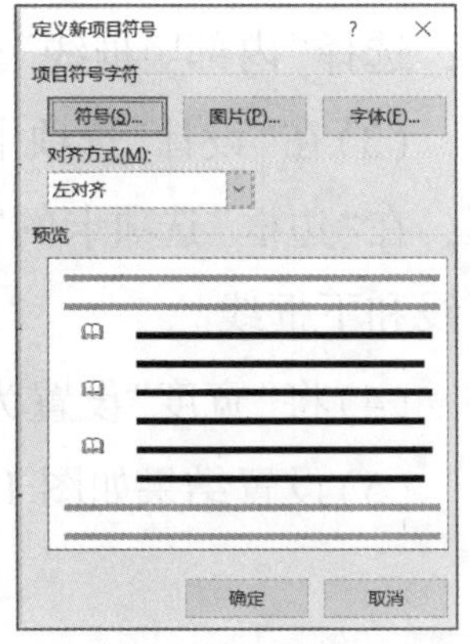

图1-29　定义新项目符号

(3)单击“符号”按钮，打开“符号”对

话框，在“字体”下拉列表框中选择“Wingdings”选项，从中选择“🕮”符号，如图 1-30 所示。

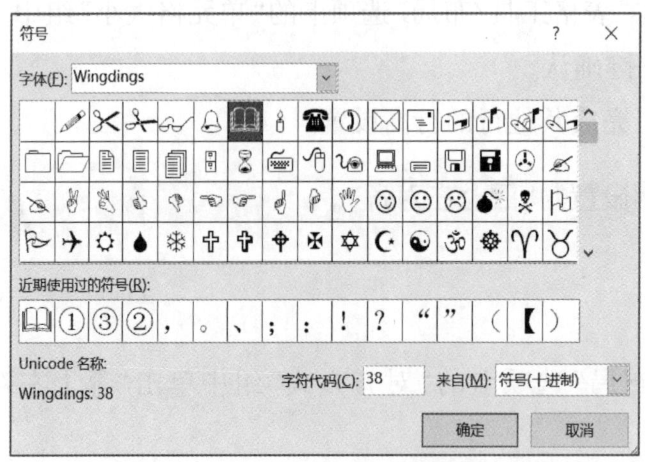

图 1-30 “符号”对话框

(4)单击“确定”按钮，返回“定义新项目符号”对话框，符号“🕮”就会出现在“预览”区域。

(5)单击“确定”按钮，被选择段落的项目符号设置为“🕮”。

3. 利用边框和底纹的设置美化表格

将表格最后一行单元格的底纹设置为“蓝色，个性色 1，淡色 80%”。

操作步骤如下。

(1)选中表格最后一行单元格。

(2)在“表格工具/设计”选项卡的“表格样式”组中单击“底纹”下拉按钮，在弹出的下拉列表框中选择“蓝色，个性色 1，淡色 80%”选项。

取消表格内部的竖框线及表格右框线和下框线；其他框线设置为 1. 5 磅。

操作步骤如下。

(1)选定整个表格。

(2)在“表格工具/设计”选项卡的“边框”组中单击“边框”下拉按钮，弹出“边框类型”列表框，选择“内部竖框线”选项，如图 1-31 所示，则取消表格内部的竖框线。

(3)在“设计”选项卡的“页面背景”组中单击 “页面边框”按钮，弹出“边框和底纹”对话框，在“边框”选项卡的“设置”选项区域中选择“自定义”选项，在“预览”区域中单击图标的右框线和下框线。

(4)将“宽度”设置为“1. 5 磅”。依次单击上框线、左框线、内部横框线。

(5)设置结果如图 1-32 所示，单击“确定”按钮。

图 1-31　边框类型

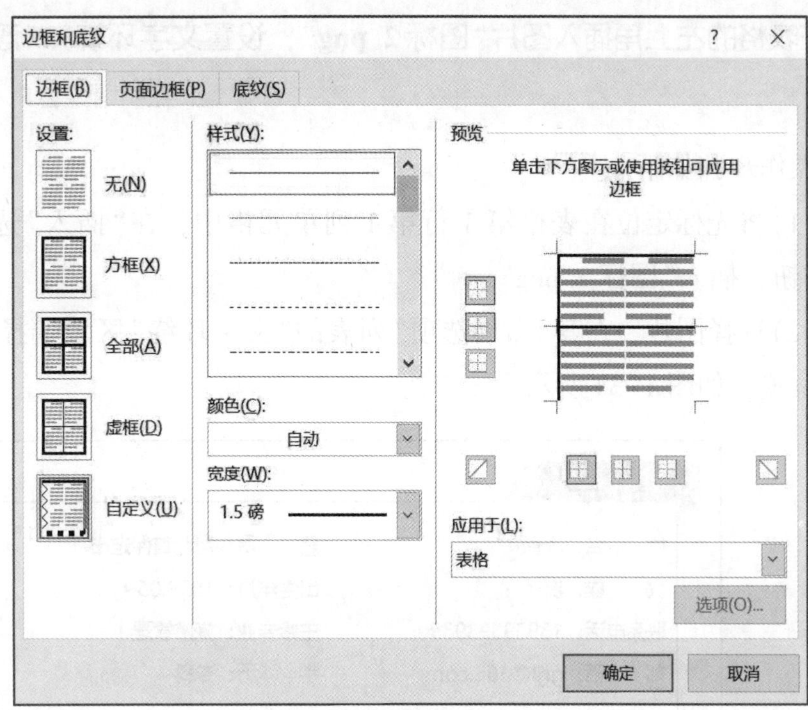

图 1-32　“边框”选项卡

4. 添加图片、文本框丰富表格层次

将照片插入表格第 1 行第 3 列单元格中，并调整照片大小与位置。

操作步骤如下。

（1）将插入点置于表格第 1 行第 3 列单元格中。

（2）插入“图片素材”文件夹中的“照片 . jpg”。

（3）选择照片，单击照片右侧的“布局选项”按钮，在“布局选项”列表的“文字环绕”区域选择“浮于文字上方”选项，如图 1-33 所示，调整照片的大小与位置。

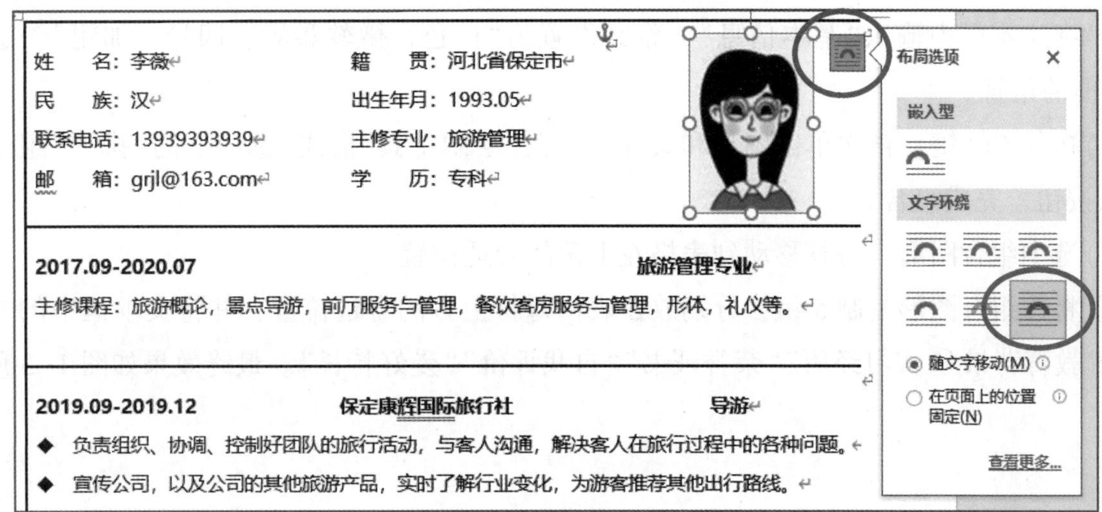

图 1-33　照片的布局选项

在表格的左上角插入图片“图标 2. png”，设置文字环绕为“浮于文字上方”，并调整其位置。

操作步骤如下。

(1)将光标定位在表格第 1 行第 1 列单元格中，在“插入”选项卡的“插图”组中单击“图片”按钮，插入“图标 2. png”。

(2)选择图片，在其“布局选项”列表的“文字环绕”区域选择“浮于文字上方”选项，调整图片位置，如图 1-34 所示。

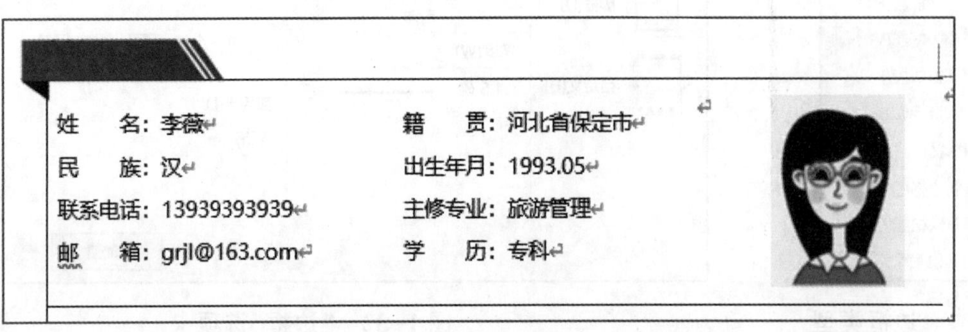

图 1-34　“图标 2. png”位置

在图片“图标 2. png”上面插入文本框，文本框样式设置为“无填充、无轮廓”；在文本框中输入“基本信息”，字体设置为“白色、微软雅黑、四号、加粗”。

操作步骤如下。

(1)在“插入”选项卡的“本文”组中单击“文本框”下拉按钮，在弹出的下拉列表框中选择“绘制横排文本框”命令，在图片“图标 2. png”上面绘制一个大小合适的文本框。

(2)在“绘制工具/格式”选项卡的“形状样式”组中，“形状填充”选择“无填充”、“形状轮廓”选择“无轮廓”。

(3)在文本框中输入“基本信息”，将其设置为“白色、微软雅黑、四号、加粗”。适当调整文本框的位置。

(4)按住 Ctrl 键，依次单击图片和文本框，在“绘制工具/格式”选项卡的“排列”组中单击“组合”按钮，完成组合。

(5)选中组合图形，将其移动到表格左上角的合适位置。

(6)将该组合图形复制 5 组，分别放在表格每行上方的合适位置，并将文本框中的文字依次改为“教育背景”“实习经历”“荣誉证书”“自我评价”“爱好特长”。最终效果如图 1-3 所示。

【项目总结】

本项目主要介绍了 Word 文档排版，包括字符格式、段落格式和页面格式的设置、图片的处理、分节符的应用及表格制作等内容。

如果要对已经输入的文字进行字符格式设置，必须先选定要设置的文本；如果要对段落进行格式设置，必须先选定段落。

当需要使文档中某些字符或段落的格式相同时，可以使用格式刷来复制字符或段落的格式，这样既可以使排版风格一致，又可以提高排版效率。使用格式刷时，要了解单击、双击格式刷的不同作用，熟练使用格式刷可以减少排版过程中的重复工作。

文档中“节”的设置可给文档的设计带来极大的方便，在不同的节中，可以设置不同的页面格式。

编辑表格时，要注意选择对象。以表格为对象的编辑，包括表格的移动、缩放、合并和拆分；以单元格为对象的编辑，包括单元格的插入、删除、移动和复制操作、单元格的合并和拆分、单元格的高度和宽度设置、单元格的对齐方式等。

图片的使用在修饰文档中有着极其重要的作用。可以通过“绘图工具/格式”选项卡对图片的效果进行处理。在进行图文混排时，正确地设置图片的文字环绕方式，能够美化文档。

制表位是一个对齐文本的有力工具，能够非常精确地对齐文本，熟练掌握制表位的使用，能够快速、准确地对文本进行定位。

通过本项目的学习，读者还可以对日常工作中的实习报告、学习总结、申请书、工作计划、公告文件等文档进行排版设计。

【巩固练习】

排版员工转正考核材料

神州国际旅行社计划 3 月份对今年新入职的实习员工进行最终转正考核，王晴主要负责这次考核材料的准备工作。她需要使用 Word 中的符号及段落格式化、表格制作，制表位等将“导游讲解要诀”“景点介绍”“导游讲解评分标准表”“实习基础成绩公示表”材料排好版并分发给人事考核组成员。现在请你帮助王晴完成以下任务。

任务一：完成“导游讲解要诀”材料排版，要求如下。

(1)新建文档“导游讲解要诀 . docx”，插入文档“导游讲解要诀(素材). docx”的内容。

(2)将标题设置为“黑体、小初、居中、20 磅”，文字效果为“发光：18 磅，红色，主题色 2”。

(3)将正文每个句号分为一段，字体设置为“楷体、居中、行距固定值 50 磅”。

(4)在正文各段前加项目符号“✧”。

(5)为正文前两段文字加“着重号”；3、4段文字加波浪线，颜色为“主题颜色”中的“深蓝，文字2，淡色40%”；5、6段文字添加边框，颜色为“标准色”中的“深红”；7、8段文字设置空心加粗。

(6)去掉7、8段的项目符号，保存文件。最终效果如图1-35所示。

任务二：完成“景点介绍”材料排版，要求如下。

(1)新建文档“景点介绍.docx”，插入文档“景点介绍(素材).docx”的内容。

(2)将标题文字“景点介绍”设置为“二号、加粗、居中”，并添加“文本突出显示颜色：黄色，文字效果渐变填充：水绿色，主题色5，映像”；将正文各段的段后间距设置为“10磅”。

(3)将正文第一段文字的字符间距设置为“加宽13磅”，字体颜色为“主题颜色”中的“橙色，个性色6，深色25%”，段前间距“18磅”。

(4)将正文第二段文字设置为“幼圆”、颜色为“主题颜色”中的“橙色，个性色6，深色50%”、左右缩进“3字符”、首行缩进“0.9厘米”、行距固定值24磅。

(5)将正文第三段文字左右各缩进“2厘米”、悬挂缩进“1.2厘米”、行距为“2倍行距”，段落边框为上下3磅蓝色直线、两端对齐。

(6)正文最后一段填充底纹，颜色为“主题颜色”中的“橄榄色，个性色3”。保存文件。最终效果如图1-36所示。

《导游讲解要诀》

✧ 端正庄重，抬头挺胸。

✧ 表情自然，笑迎宾客。

✧ 运用眼神，注意听众。

✧ 辅以手势，适当走动。

✧ 放缓语速，音量适中。

✧ 把握节奏，调节轻重。

切勿急躁，重在沟通。

坚持不懈，一定成功。

图1-35 “导游讲解要诀”排版效果

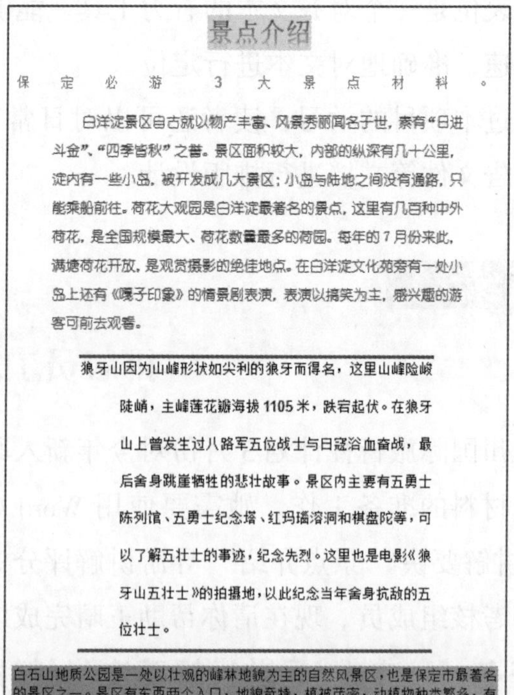

景点介绍

保 定 必 游 3 大 景 点 材 料 。

白洋淀景区自古就以物产丰富、风景秀丽闻名于世，素有“日进斗金”、“四季皆秋”之誉。景区面积较大，内部的纵深有几十公里，淀内有一些小岛，被开发成几大景区；小岛与陆地之间没有通路，只能乘船前往。荷花大观园是白洋淀最著名的景点，这里有几百种中外荷花，是全国规模最大、荷花数量最多的荷园。每年的7月份来此，满塘荷花开放，是观赏摄影的绝佳地点。在白洋淀文化苑旁有一处小岛上还有《嘎子印象》的情景剧表演，表演以搞笑为主，感兴趣的游客可前去观看。

狼牙山因为山峰形状如尖利的狼牙而得名，这里山峰险峻陡峭，主峰莲花瓣海拔1105米，跌宕起伏。在狼牙山上曾发生过八路军五位战士与日寇浴血奋战，最后舍身跳崖牺牲的悲壮故事。景区内主要有五勇士陈列馆、五勇士纪念塔、红玛瑙溶洞和棋盘陀等，可以了解五壮士的事迹，纪念先烈。这里也是电影《狼牙山五壮士》的拍摄地，以此纪念当年舍身抗敌的五位壮士。

白石山地质公园是一处以壮观的峰林地貌为主的自然风景区，也是保定市最著名的景区之一。景区有东西两个入口，地貌奇特，植被茂密，动植物种类繁多，有峰林、怪石、绝壁、云海及珍稀动植物景观。最引人瞩目的是国内最长最高的玻璃栈道，堪称中国的“天空之路”山顶有建在悬崖边的咖啡馆，有两个大平台延伸到山中间，面对悬崖山谷云雾慢悠悠地喝杯咖啡绝对是不可错过的体验。

图1-36 “景点介绍”排版效果

任务三：完成“导游讲解评分标准表”表格制作，进行如下设置。

(1)新建文档“导游讲解评分标准表.docx”。

(2)输入标题“导游讲解评分标准表”，设置文字格式为“黑体、小二、加粗、段后20磅，居中”。

(3)插入一个13行5列的表格。设置列宽分别为1.7厘米，3.6厘米，9厘米，2厘米，1.7厘米，行高为1.6cm，整个表格居中，表格外侧框线设置为1.5磅、橙色、双实线，表格内侧框线设置为1磅、主题颜色中的“蓝色、个性色1”、虚线。

(4)利用合并拆分单元格的方法将表格修改成如图1-37所示的形式。

导游讲解评分标准表

项目	分类	评分标准及要求	分值	得分
语言与仪态(25)	1. 语音语调	语音清晰，语速适中，节奏合理。	7分	
	2. 表达能力	语言准确、规范；表达流畅、有条理；具有生动性和趣味性。	10分	
	3. 仪容仪表	衣着打扮端庄整齐，与所讲景点内容协调，言行举止大方得体，符合导游人员礼仪礼貌规范。	4分	
	4. 言行举止	礼貌用语恰当，态度真诚友好，表情生动丰富，手势及其它身体语言应用适当与适度。	4分	
景点讲解(50)	1. 讲解内容	景点信息正确、准确，要点明确，无明显错误。	10分	
	2. 条理结构	条理清晰，详略得当，主题突出。	10分	
	3. 文化内涵	具有一定的文化内涵，能体现物境、情境和意境的统一。	10分	
	4. 讲解技巧	能针对不同游客使用恰当的讲解技巧，讲解通俗易懂，富有感染力。	10分	
	5. 导游词编写	导游词编写规范且有一定特色。	10分	
综合(25)	1. 导游实务	熟悉并能正确运用导游服务规范；思维反应敏捷，考虑问题周到。	13分	
	2. 导游文化知识	导游文化知识的基本点掌握全面。	12分	
	选手得分			

图1-37　制作表格

(5)为第一行和第一列添加颜色为“主题颜色”中的“茶色、背景2”的底纹，中间部分添加颜色为“主题颜色”中的“橄榄色，个性色3，淡色80%”的底纹，最下面一行添加颜色为“主题颜色中的”橙色，个性色6，淡色40%”的底纹。

(6)参照图1-37所示，在相应单元格中输入文字。把表中所有文字设置为“微软雅黑、小四、中部居中，标题类文字加粗”，第一列中的项目文字设置“段后10磅，行间距固定值18磅”。

(7)将整个表格居中。保存文件。

任务四：完成“实习基础成绩公示表”，制作要求如下。

新建文档“实习基础成绩公示表”，设置制表位，输入文本并对齐，内容如图 1-38 所示。要求：第一列居中对齐 、第二列右对齐 、第三列小数点对齐 、第四列左对齐 ，并以原文件名保存文件。

组别	姓名	出勤成绩	基础测评成绩
卓越组	张丽	87.32	98.3
卓越组	张芊芊	100.0	98.36
卓越组	李青	93.24	88.6
卓越组	朱晓宇	88.6	90.23
飞梦组	张欢	97.73	92.12
飞梦组	江南	100.0	96.3
飞梦组	李倩倩	89.3	86.72
智行组	王晓	99.23	80.3
智行组	许子真	88.89	90.26
智行组	赵楠楠	100.0	86.3

图 1-38 “实习基础成绩公示表”

PROJECT 2 项目二

Word综合应用——小报艺术排版

项目概述

本项目以“旅游导报”的排版为例，介绍 Word 中如何对报纸杂志、宣传页等的版面、素材进行规划和分类，如何运用文本框、分栏、图形组合、艺术字、图片、SmartArt 图形等对宣传小报进行艺术化排版设计。

学习导图

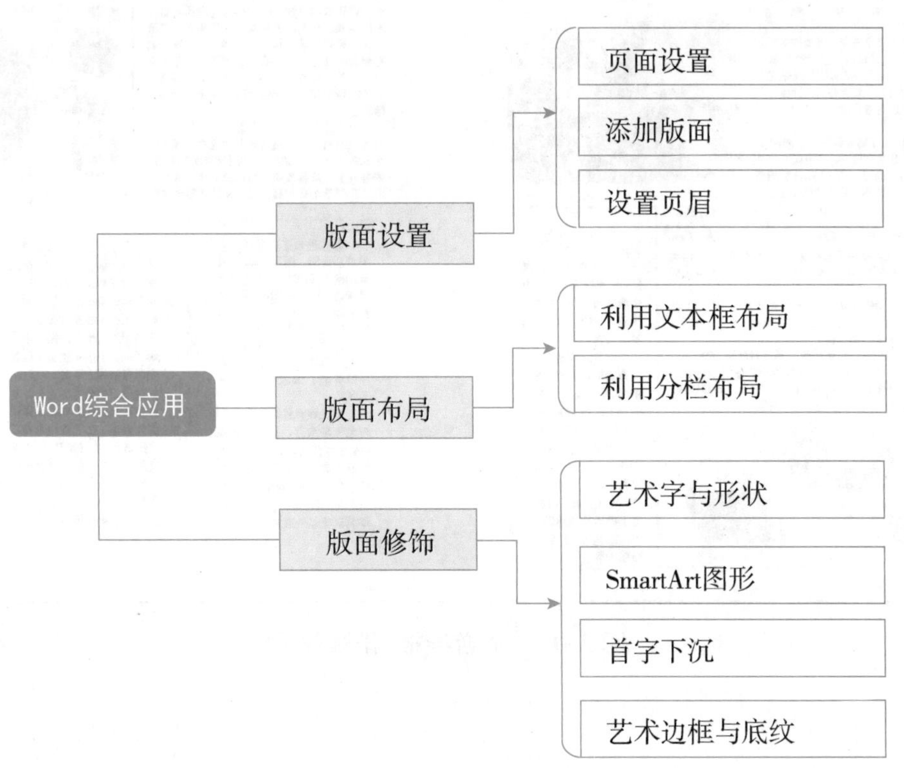

【项目分析】

李薇被某旅行社录用，负责景点的宣传工作，目前正值本市旅游产业发展大会举办，为了进一步激发民众的爱党爱国爱家乡的情怀，李薇将本期的“旅游导报”主题定为了解家乡的红色景点、红色文化、美丽家乡等。

下面是李薇的设计方案。

她先将搜集到的文字资料放到了“旅游导报文字素材 . txt”文件夹中，图片放到了“图片素材”文件夹中。然后开始设计“旅游导报”。

首先进行页面设置，增加版面，并添加页眉；接着用文本框布局第一版的版面，并利用艺术字、基本形状、SmartArt 图形来修饰版面；然后用分栏、文本框链接及竖排文本框布局第二版的版面，利用首字下沉、基本形状、SmartArt 图形修饰版面。“旅游导报”的最终效果如图 2-1 所示。

旅游导报　第一版

5 旅游导报

Visiting Guide

冉 庄 地 道 战

冉庄地道战，抗日战争时期，河北省中部清苑县冉庄民兵挖筑地道对日伪军进行的作战。1937 年七七事变后，日本侵略军的铁蹄踏进华北，冉庄人民为保存自己，抗御外侮，开始挖地洞，逐步由单口洞发展为双口洞、多口洞和战斗地道。

冉庄地道战遗址，位于河北省保定市西南 30 公里处清苑县境内，是抗日战争时期中国共产党领导下的华北抗日主战场上一处极为重要的战争遗址，是冉庄人民光辉斗争业绩的历史见证。

奇山之石—— 白 石 山

白石山坐落在河北西部的涞源县境内，这里群山环绕，远离都市，拥有良好的自然生态环境，纯净清新的空气，凉爽宜人的气候。暑期平均温度只有 21.7 度。

白石山山体高大，奇峰林立，具有良好的天然生态环境。地貌景观独特，人文旅游资源丰富，是一个集地质、科研、教学、观赏、旅游为一体的天然地质公园。

白石山海拔高，坡度陡，悬崖绝壁，最高峰海拔 2096 米，拥有我国唯一的大理岩峰林地貌，是我国峰林地貌的一种新类型。峰林造型独特，千姿百态。夏季，山中多云雾，云海频现，整个景区可以用雄、奇、险、幻四个字来概括。

直隶总督署

又称直隶总督部院，位于河北省保定市莲池区裕华路，是中国保存完整的一所清代省级衙署。

原建筑始建于元，明初为保定府衙，明永乐年间改做大宁都司署。1730 年（清雍正八年）经过大规模的扩建后正式建立总督署，历经雍正、乾隆、嘉庆、道光、咸丰、同治、光绪、宣统八帝，可谓是清王朝历史的缩影。

现为全国重点文物保护单位。

旅游导报　第二版

华北明珠——白洋淀

白洋淀风景区是中国海河平原上最大的湖泊。位于河北保定市安新县（雄安新区）境内，旧称白羊淀，又称西淀。因电影《小兵张嘎》而驰名中外。是在太行山前的永定河和滹沱河冲积扇交汇处的扇缘洼地上汇水形成。现有大小淀泊 143 个，其中以白洋淀较大，总称白洋淀。面积 336 平方千米。水产资源丰富，淡水鱼有 50 多种，白洋淀由堤防围护，淀内壕沟纵横，河淀相通，田园交错，水村掩映。淀上波光荡漾，水鸟啁啾，芦苇婆娑，荷香暗送，构成了一幅生态美景。素有华北明珠之称、亦有“北国江南、北地西湖”之誉。2007 年，保定市安新县白洋淀景区经国家旅游局正式批准为国家 5A 级旅游景区。

白洋淀人民有着光荣的革命传统。在抗日战争时期，白洋淀地区人民成立了著名的水上游击队“雁翎队”，利用河湖港汊开展游击战争，威震敌胆。抗日游击队“雁翎队”在芦苇迷宫和荷花荡中和日本侵略军捉迷藏，经常将侵略军打得焦头烂额，由此也产生了中国文学以孙犁为代表的“荷花淀派”。

白洋淀水产资源丰富，是有名的淡水鱼场，盛产鲑鱼、鲤鱼、青鱼、虾、河蟹等 40 多种鱼虾，加之水生植物遍布，野鸭大雁栖息，这里的人们可以捕捞鱼虾，采挖莲藕，双可猎取各类水禽，一年四季，一片繁忙。故被人称为“日进斗金，四季皆秋”的聚宝盆。

山水之乡——野三坡

野三坡风景名胜区：世界地质公园、国家 AAAAA 级旅游区、国家级重点风景名胜区、国家森林公园、国家地质公园、中华环保生态示范区、中华世界语旅游基地、农村旅游先进典型、全国农业旅游示范点、国家文化产业示范基地、国家生态旅游示范区。

野三坡风景名胜区位于河北省涞水县，景区总面积 498 平方公里，是国家级重点名胜风景区，风景以天然的山水泉洞、林木花草为主。这里距北京仅 100 公里，是近年来京城郊外游的热点。

野三坡主要包括 6 个景区：百里峡、拒马河、佛洞塔、白草畔国家森林公园、龙门峡和金华山景区。百里峡总面积 110 平方公里，由三条幽深的峡谷：海棠峡、蝎子沟、十悬峡组成，峡谷中最窄的地方不足 10 米，两侧陡峭的绝壁直插云天。峡谷中还有各种不同的石景和溶岩景观，在北谷内分布有“一线天”、“龙潭映月”、“摩耳崖”、“铁头崖”、“老虎嘴”、“回头观音”、“上天桥”、“下天桥”等 68 个景点，这是我国北方罕见的幽谷。

导游讲解要诀

端正庄重，运用眼神，放缓语速，切勿急躁，
抬头挺胸，注意听众，音量适中，重在沟通。
表情自然，辅以手势，把握节奏，坚持不懈，
笑迎宾客，适当走动，调节轻重，一定成功。

图 2-1　“旅游导报”排版效果

任务一 版面设置

【任务分析】

本任务的目标是为“旅游导报”设置版面。要制作出一份满意的小报，首先需要对小报的版面进行基础设置，包括页面设置、添加版面、设置页眉等，做好综合排版前的准备工作。本任务分解成如图 2-2 所示的 3 步来完成。

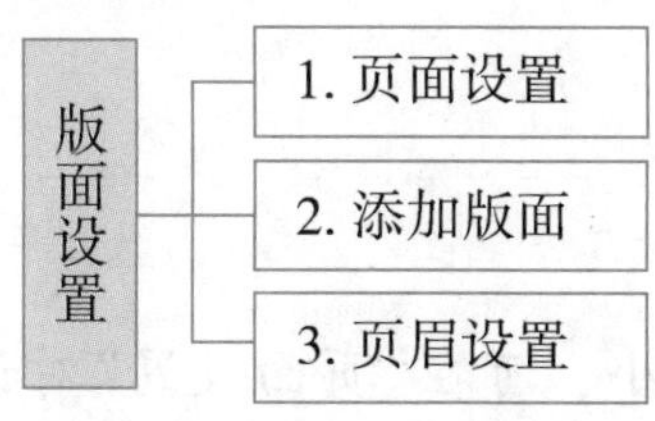

图 2-2 任务一分解

【知识储备】

页眉

页眉视频案例

页眉是位于文档中每个页面页边距顶部的特殊区域，用户可以根据自身需要插入统一的页眉。如果需要直接套用内置的页眉样式，可以使用“页眉”列表来实现，Word 为用户提供了 18 种页眉样式以供直接套用。

【任务实施】

1. 页面设置

新建 Word 文档“旅游导报 . docx”，并根据版面要求进行页面设置。

操作步骤如下。

（1）启动 Word，新建一个空白文档。

（2）将文档保存到指定文件夹，并命名为“旅游导报 . docx”。

（3）在“布局”选项卡的“页面设置”组中单击“页边距”按钮，在弹出的下拉菜单中选择“自定义页边距”选项，在弹出的“页面设置”对话框中，将页边距设置为“上：2. 5 厘米，下：2. 5 厘米，左：2 厘米，右：2 厘米”，如图 2-3 所示。

(4)在“页面设置”对话框中选择“纸张”选项卡，在“纸张大小”下拉列表框中选择“A4”选项，将文档的纸张大小设置为A4，即宽21厘米，高29.7厘米，如图2-4所示。

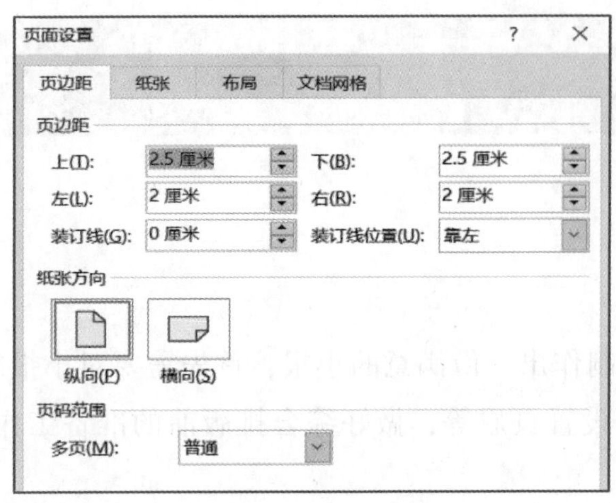

图 2-3　设置“页边距”

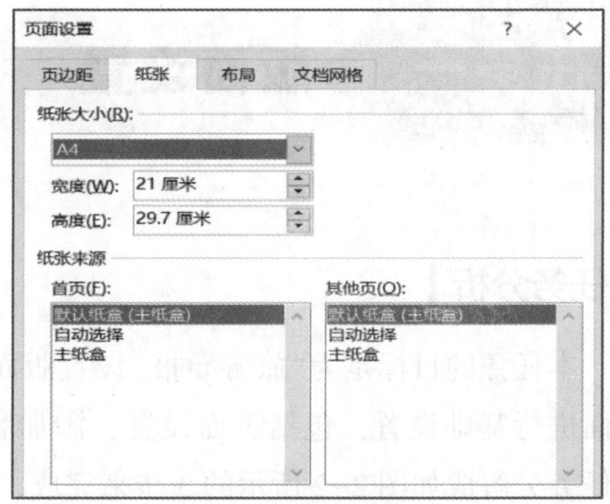

图 2-4　设置“纸张”

注意：

如果要设置自定义的纸张大小，可在“页面设置”对话框的“纸张”选项卡中，“纸张大小”选择“自定义大小”，并在“宽度”和“高度”数值框中输入数值，然后单击“确定”按钮即可。

2. 添加版面

新建文档是一个空白页面，要设计的旅游导报有两个版面，因此还要增加一个页面。

为旅游导报添加一个空白版面。

操作步骤如下。

在“插入”选项卡的“页面”组中单击“分页”按钮，在插入点位置插入一个“分页符”，将原来的一个空白页变成两个空白页，如图2-5所示。

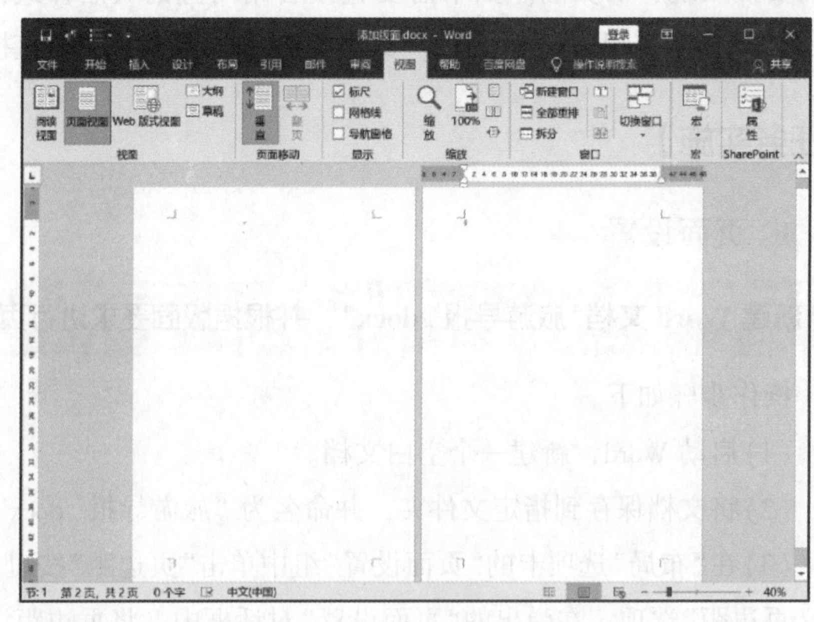

图 2-5　两个空白版面的浏览效果

小技巧：为了便于观察两张空白稿纸的整体效果，可以用缩小页面的方法浏览。

①在“视图”选项卡的“缩放”组中单击“单页”按钮，页面将缩小到合适的比例以显示整页；或在“缩放”组中单击“缩放”按钮，输入百分比的值，以显示相应页面内容。

②在 Word 窗口右下角的“缩放标尺”中，每单击缩小按钮“-”一次，页面比例减小10%；每单击放大按钮“+”一次，页面比例增大 10%。

③按住 Ctrl 键再滚动鼠标滑轮，页面显示比例也将放大或缩小。

3. 页眉设置

为了获得整体版面效果，在页面设置完毕后应对小报的页眉进行设置。

设置小报的页眉为“旅游导报　第 n 版”。

操作步骤如下。

(1) 在“插入”选项卡的“页眉和页脚”组中单击“页眉”按钮，在弹出的下拉菜单中选择“空白(三栏)”选项，进入页眉编辑状态，并自动添加了 3 个“[在此处键入]”标签，如图 2-6 所示。

图 2-6　页眉编辑状态

(2) 单击中间的标签，按 Delete 键将其删除；单击左边的标签，输入文字“旅游导报”；单击右边的标签，输入文字“第版”。

(3) 将插入点置于“第版”两字的中间，在“页眉和页脚工具/设计”选项卡的“页眉和页脚”组中单击“页码”按钮，在弹出的下拉菜单中选择“当前位置”选项，在级联菜单中选择“普通数字”选项，如图 2-7 所示。

(4) 在“页眉和页脚”组中再次单击“页码”按钮，在弹出的下拉菜单中选择“设置页码格式”命令，打开“页码格式”对话框，在“编号格式”下拉列表框中选择“一，二，三(简)…”选项，如图 2-8 示，单击“确定”按钮。

(5) 页眉设置完成后，在“页眉和页脚工具/设计”选项卡的“关闭”组中单击“关闭页眉和页脚”按钮，退出页眉和页脚编辑状态，返回文档编辑状态。

(6) 单击“保存”按钮。

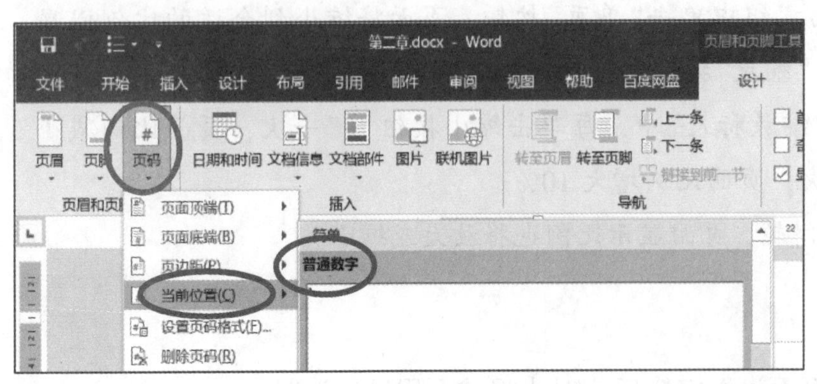

图 2-7　插入页码

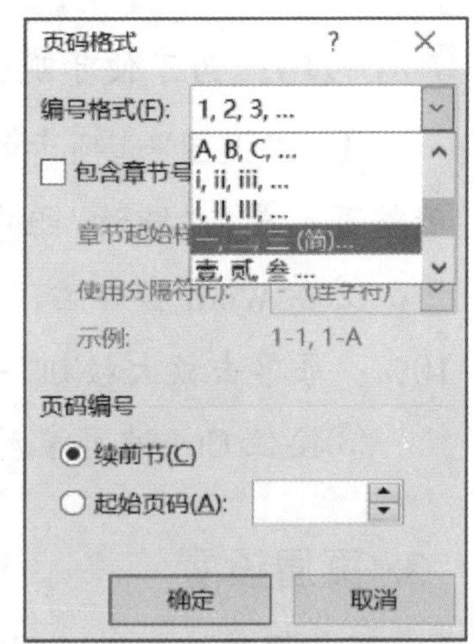

图 2-8　"页码格式"对话框

> 小技巧：在页眉和页脚编辑状态下，在文档正文位置双击，也可关闭页眉和页脚编辑状态，返回文档编辑状态。反之，在文档编辑状态下，双击页眉或页脚位置，可以转换到页眉和页脚编辑状态。

任务二　旅游导报第一版制作

【任务分析】

本任务的目标是制作"旅游导报"的第一版。使用文本框来布局旅游导报第一版的版面，并利用艺术字、基本形状、SmartArt 图形来修饰版面。本任务分解成如图 2-9 所示的 5 步来完成。

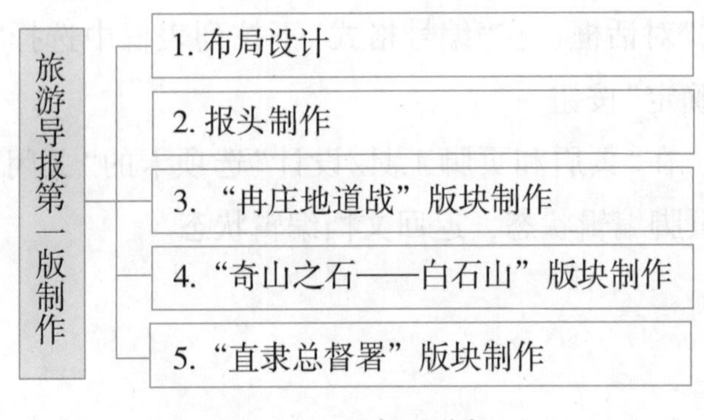

图 2-9　任务二分解

【知识储备】

1. 文本框

文本框视频案例

文本框是 Word 中可以放置文本的容器，使用文本框可以将文本放置在页面中的任意位置。文本框也属于一种图形对象，因此可以为文本框设置各种边框格式、选择填充色、添加阴影，也可以对文本框内的文字设置字体格式和段落格式。

2. 艺术字

艺术字视频案例

艺术字是一种特殊的图形，它以图形的方式来展示文字，可对普通文字添加填充、轮廓、阴影、发光、三维等效果，也可将文字放置在文本框中，文字和文本框一起称为艺术字。艺术字具有美术效果，能够美化版面。

3. SmartArt 图形

SmartArt 图视频案例

Word 2019 中预设了列表、流程、循环、层次结构、关系、矩阵、棱锥图、图片 8 种类型的 SmartArt 图形，每种类型都有各自的作用。

列表：用于显示非有序信息块、分组的多个信息块或列表的内容，包括 36 种样式。

流程：用于显示组成一个总工作的几个流程的行进，或一个步骤中的几个阶段，包括 44 种样式。

循环：用于以循环流程表示阶段、任务或事件的过程，也可用于显示循环行径与中心点的关系，包括 16 种样式。

层次结构：用于显示组织中各层的关系或上下级关系。该类型中包括 13 种布局样式。

关系：用于比较或显示若干个观点之间的关系，有对立关系、延伸关系或促进关系等，包括 37 种样式。

矩阵：用于显示部分与整体的关系，包括 4 种样式。

棱锥图：用于显示比例关系、互连关系或层次关系，按照从高到低或从低到高的顺序进行排列，包括 4 种样式。

图片：包含一些可以插入图片的 SmartArt 图形，包括 31 种样式。

【任务实施】

1. 布局设计

设计第一版的版面布局。

“旅游导报”版面最大的特点是各篇文章(或图片)都是根据版面均衡协调的原则划分为若

干“条块”区域进行合理“摆放”，这就是版面布局，也称为版面设计。版面主要以“文本框”、“表格”或“分栏”来进行布局。根据第一版的版面特点及内容，设计其版面布局如图 2-10 所示。

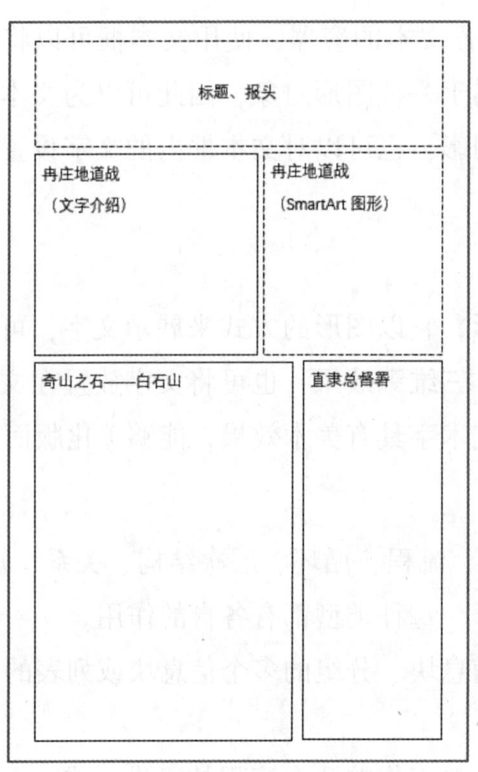

图 2-10　第一版布局

2. 报头制作

报头主要是艺术字、文本框及一些形状的组合，效果如图 2-11 所示。

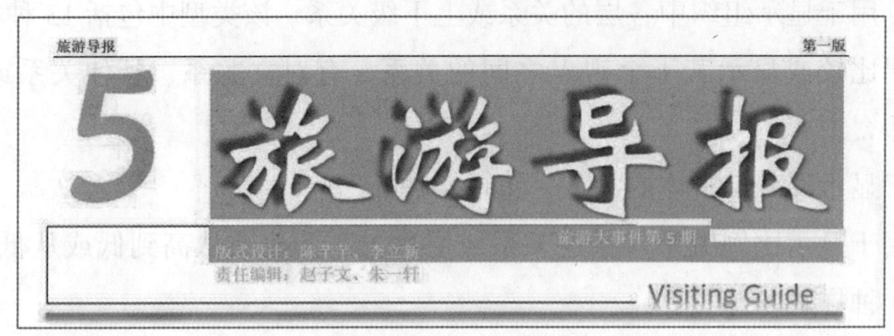

图 2-11　报头效果

插入艺术字“旅游导报”。

操作步骤如下。

(1) 将插入点置于第一版最上面的空白处，在“插入”选项卡的“文本”组中单击“艺术字”下拉按钮，在弹出的下拉列表框中选择第 1 行第 4 列样式，如图 2-12 所示。

(2) 在出现的“请在此放置您的文字”文本框中输入“旅游导报”。选中文字“旅游导报”，在“开始”选项卡的“字体”组中，设置字体为“华文新魏”、字号为“94”、字形为“加粗”。

(3)单击“旅游导报”艺术字，在“绘图工具/格式”选项卡的“艺术字样式”组中，设置“文本轮廓”为“无轮廓”、“文本填充”为“主题颜色”中的“白色，背景 1”。

(4)在“绘图工具/格式”选项卡的“艺术字样式”组中单击右下角的“对话框启动器”按钮，在右侧窗口弹出“设置形状格式”窗格，在“文本选项”下，将参数“阴影”的“预设”效果设置为“外部(偏移左上)”，其他参数的属性值如图 2-13 所示。

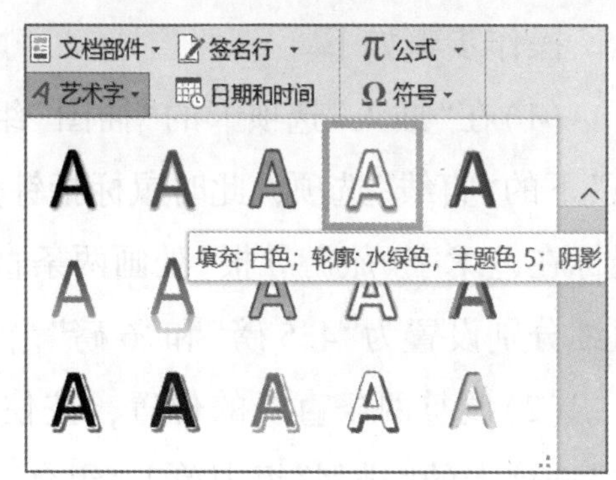

图 2-12　艺术字库

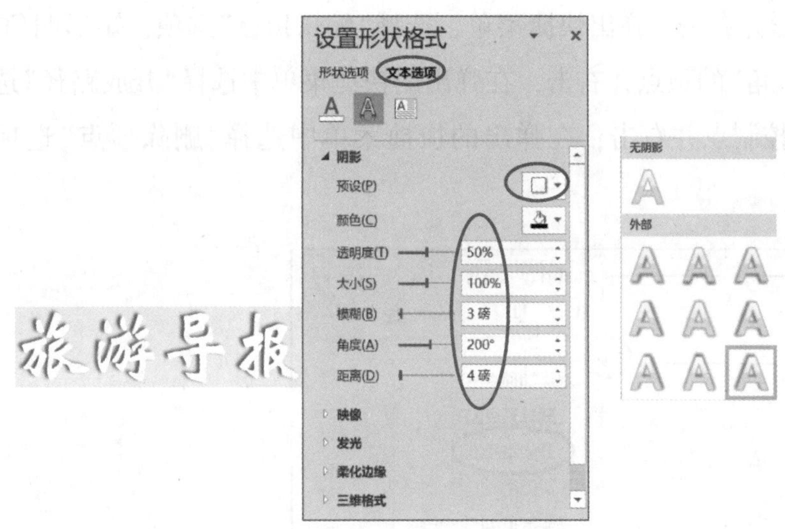

图 2-13　设置阴影效果

(5)单击“旅游导报”艺术字，在“绘图工具/格式”选项卡的“形状样式”组中，设置“形状填充”为“其他填充颜色”中的自定义“RGB：142，197，184”。

(6)参照图 2-11 调整艺术字“旅游导报”的位置。

插入艺术字“5”和“Visiting Guide”。

操作步骤如下。

(1)插入艺术字“5”，选择第 1 行第 4 列样式，设置字体为“华文新魏”、字号为“110”、字形为“加粗”；设置“文本轮廓”为“无轮廓”，设置“文本填充”为“其他填充颜色”中的自定义“RGB：142，197，184”。参照图 2-11 调整其位置。

(2)插入艺术字“Visiting Guide”，选择第 2 行第 2 列样式，设置字体为“Calibri”、字号为“小二”。参照图 2-11 调整其位置。

为第一版的报头添加形状背景。

操作步骤如下。

(1)在“插入”选项卡的“插图”组中单击“形状”下拉按钮，在弹出的下拉菜单中选择“线条”下的“直线”选项，此时鼠标指针变成一个“十”字形。参照图 2-11，按住鼠标左键用十字光标在艺术字“旅游导报”处画两条直线，“形状轮廓”设置为“主题颜色”中的“白色，背景 1”，粗细分别设置为“4.5 磅”和“6 磅”。

(2)调整两条直线的位置，按住 Ctrl 键，依次单击两条直线和艺术字，在“绘图工具/格式”选项卡的“排列”组中单击“组合”下拉按钮，在弹出的下拉菜单中选择“组合”选项，将这 3 个图形进行组合。

(3)参照图 2-11，绘制一个矩形，“形状填充”设置为“无填充”，“形状轮廓”设置为“主题颜色”中的“黑色，文字 1”，粗细设置为“0.25 磅”。

(4)选择此矩形并右击，弹出快捷菜单，选择“编辑顶点”选项，矩形四角会出现 4 个黑色的控制点，选择“右下角”的顶点并右击，在弹出的快捷菜单中选择“开放路径”选项，如图 2-14 所示；选择已断开的控制点并右击，在弹出的快捷菜单中选择“删除顶点”选项，效果如图 2-15 所示。

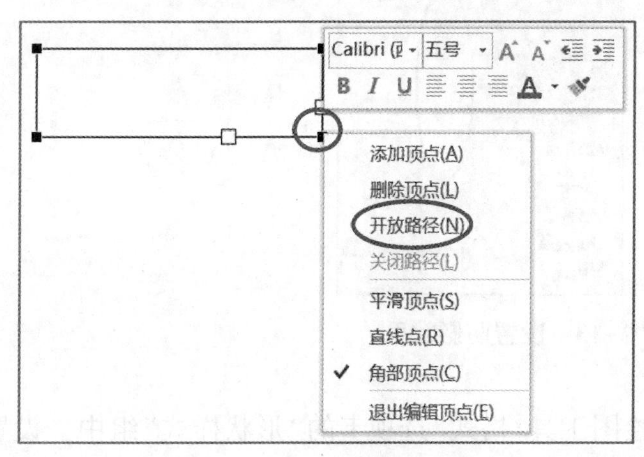

图 2-14　编辑开放路径

图 2-15　编辑后的矩形

(5)调整矩形的大小与位置，并将其设置为“置于底层”。

(6)参照图 2-11，在报头的最下面，按住 Shift 键，绘制一条水平的直线。在“绘图工具/格式”选项卡中的“形状样式”组中，单击右下角的“对话框启动器”按钮，在右侧窗口弹出“设置形状格式”窗格，如图 2-16 所示，在“填充与线条”选项卡中，将“线条宽度”设置为“3 磅”，将“颜色”设置为自定义“RGB：75，172，198”；在“效果”选项卡中，将“透明度、大小、模糊、角度、距离”分别设置为“65%、100%、3.15 磅、90 度、1.8 磅”。

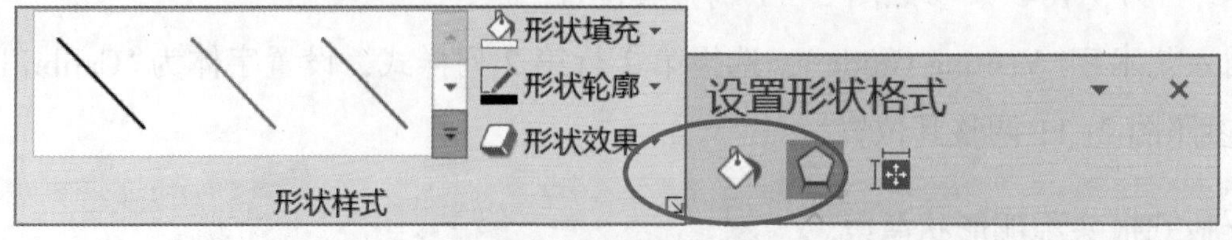

图 2-16　形状样式设置

(7)参照图 2-11，在报头中插入文本框，输入“版式设计、责任编辑”等相关文字，设置文字及文本框格式，调整各部分的大小及位置，完成小报报头的艺术化设计。

(8)按住 Shift 键，将报头中的所有艺术字、文本框、形状等选中，进行组合。

3. “冉庄地道战”版块制作

“冉庄地道战”版块效果如图 2-17 所示。

冉庄地道战，抗日战争时期，河北省中部清苑县冉庄民兵挖筑地道对日伪军进行的作战。1937 年七七事变后，日本侵略军的铁蹄踏进华北，冉庄人民为保存自己，抗御外侮，开始挖地洞，逐步由单口洞发展为双口洞、多口洞和战斗地道。

冉庄地道战遗址，位于河北省保定市西南 30 公里处清苑县境内，是抗日战争时期中国共产党领导下的华北抗日主战场上一处极为重要的战争遗址，是冉庄人民光辉斗争业绩的历史见证。

图 2-17 “冉庄地道战”版块效果

设置“冉庄地道战”版块标题。

操作步骤如下。

(1)在报头下面左侧插入“图片素材”文件夹中的“形状 1. png”。

(2)选择图片，在其“布局选项”的“文字环绕”中选择“四周型”，调整图片的大小与位置。

(3)在图片上绘制一个大小合适的横排文本框，文本框设置“无填充”“无轮廓”。

(4)在文本框中输入文字“冉庄地道战”，文字设置为“隶书、三号”，字符间距为“加宽”，磅值根据需要进行设置。调整文本框的大小与位置，效果如图 2-17 所示。

(5)将文本框及图片进行组合，组合后的图片设置为“置于底层”。

输入“冉庄地道战”版块文本内容。

操作步骤如下。

(1)在第一版“冉庄地道战”标题下方插入文本框，设置文本框为“无填充”“无轮廓”。

(2)将“旅游导报文字素材 . txt”文件中“冉庄地道战”标题下的相关文字复制到文本框中。

(3)将文本框中的文字设置为“宋体、小四号、首行缩进 2 字符、单倍行距”。

(4)调整文本框的大小与位置，效果如图 2-17 所示。

插入“冉庄地道战”版块 SmartArt 图形。

操作步骤如下。

(1)在“插入”选项卡的“插图”组中单击“SmartArt”按钮，在打开的“选择 SmartArt 图形”对话框中，选择“图片”选项卡中的第一个样式“重音图片”，如图 2-18 所示。单击“确定”按钮。

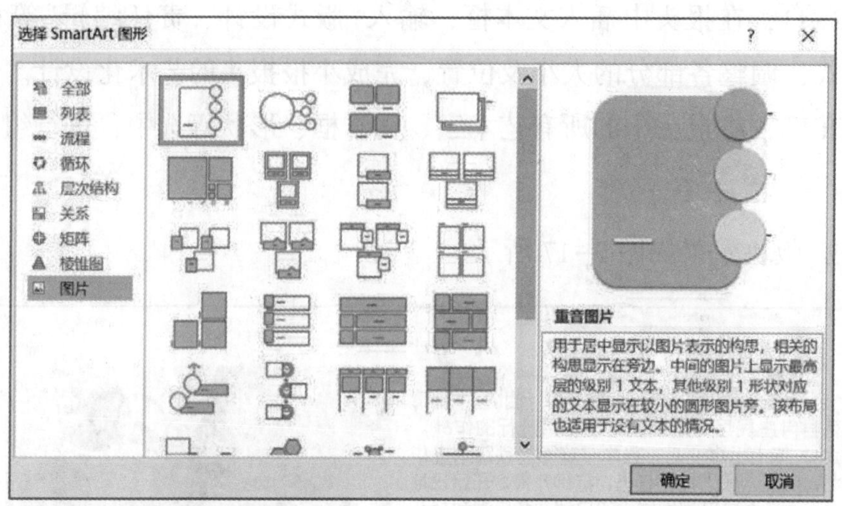

图 2-18 “选择 SmartArt 图形”对话框

(2)选择 SmartArt 图形，在其“布局选项”的“文字环绕”中选择“四周型”，并调整其大小与位置。

(3)在插入的 SmartArt 图形中，分别单击“图片”按钮，在弹出的“插入图片”菜单中选择“来自文件”，参照图 2-17，插入“冉庄地道战 1. jpg、冉庄地道战 2. jpg、冉庄地道战 3. jpg、冉庄地道战 4. jpg”4 张图片。

(4)单击图片“冉庄地道战 1. jpg”，在图片四周出现控制点，可以通过用鼠标拖曳控制点，来调整图片至合适大小。

(5)重复步骤(4)调整“冉庄地道战 2. jpg”“冉庄地道战 3. jpg”“冉庄地道战 4. jpg”图片的大小和位置。

(6)选择 SmartArt 图形，单击〈按钮，打开“文本”窗格，可以在对应图片的文本处给相应图片命名，如不需要输入文字，就删除“文本”字样，如图 2-19 所示。

图 2-19 编辑 SmartArt 图形

(7)再次调整 SmartArt 图形的大小与位置，最终效果如图 2-17 所示。

4."奇山之石——白石山"版块制作

"奇山之石——白石山"版块效果如图 2-20 所示。

奇山之石—— 白 石 山

白石山坐落在河北西部的涞源县境内，这里群山环绕，远离都市，拥有良好的自然生态环境，纯净清新的空气，凉爽宜人的气候。暑期平均温度只有 21.7 度。

白石山山体高大，奇峰林立，具有良好的天然生态环境。地貌景观独特，人文旅游资源丰富，是一个集地质、科研、教学、观赏、旅游为一体的天然地质公园。

白石山因山体遍布白色大理石而得名，核心的大理岩峰林处于原始自然状态，具有很高的科学价值和观赏价值。白石山海拔高，坡度陡，悬崖绝壁，最高峰海拔 2096 米，拥有我国唯一的大理岩峰林地貌，是我国峰林地貌的一种新类型。峰林造型独特，千姿百态。夏季，山中多云雾，云海频现，整个景区可以用雄、奇、险、幻四个字来概括。

图 2-20 "奇山之石——白石山"版块效果

设置"奇山之石——白石山"版块标题。

操作步骤如下。

(1) 在"冉庄地道战"版块下面的左侧，绘制一个圆顶角矩形，调整合适大小，设置"形状填充"为"其他填充颜色"中的自定义"RGB：142，197，184"，"形状轮廓"为"无轮廓"。

(2) 选择此矩形并右击，在弹出的快捷菜单中选择"添加文字"，输入文字"奇山之石——"，设置字体为"白色、黑体、三号、加粗"，调整文字到合适位置。

(3) 在文字"奇山之石——"右侧插入 3 个菱形，调整相同大小，设置为无轮廓、白色填充。

(4) 在菱形上面插入 3 个文本框，调整合适大小，设置文本框为"无填充、无轮廓"，分别输入"白""石""山"文字，文字设置为"隶书、三号"。

(5) 将"奇山之石——白石山"标题的所有图形与文本框进行组合，效果如图 2-20 所示。

输入"奇山之石——白石山"文本内容。

操作步骤如下。

(1) 在"奇山之石——白石山"标题下方插入横排文本框，设置文本框为"无填充、无轮廓"。

（2）将“旅游导报文字素材.txt”文件中“奇山之石——白石山”标题下的相关文字复制到文本框中。

（3）选中文本框中的文字，设置为“宋体、小四号、首行缩进2字符、单倍行距”。

（4）调整文本框的大小与位置，效果如图2-20所示。

在“奇山之石——白石山”版块中插入图片、裁剪形状、组合，并设置图片样式。

操作步骤如下。

（1）在文本框下面插入“图片素材”文件夹中的“白石山1.jpg”图片，在其“布局选项”的“文字环绕”中选择“四周型”，并调整其大小与位置。

（2）选中图片“白石山1.jpg”，在“图片工具/格式”选项卡的“大小”组中单击“裁剪”下拉按钮，在弹出的下拉菜单中选择“裁剪为形状”选项，在级联菜单中选择“基本形状”选项区域中的“六边形”，图片自动被裁剪成六边形形状，如图2-21所示。

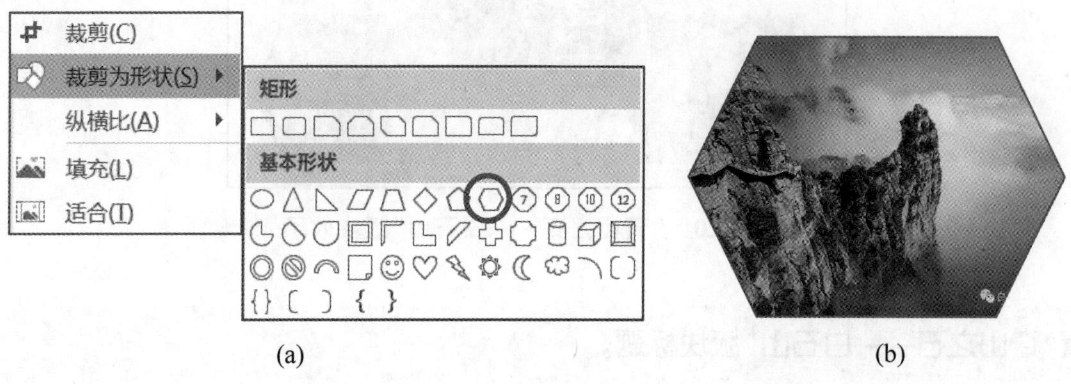

图2-21 “裁剪”下拉菜单及裁剪后效果

（3）用同样的方法，依次完成对图片“白石山2.jpg”和“白石山3.jpg”的插入、调整大小、裁剪等操作。

（4）调整3张图片的大小与位置（3张图片大小要一致），并将其进行组合。

（5）参照图2-20，将光标定位到“奇山之石——白石山”文本框中，在文字结尾处按Enter键换行，将组合图形剪切粘贴到此处，并调整大小及位置。

（6）选中组合图形，在“图片工具/格式”选项卡的“图片样式”组中，选择“快速样式”中的第1行第5列“映像圆角矩形”样式，效果如图2-20所示。

注意：

图片被“裁剪”后，其实际大小并未改变，只是把被裁剪的内容隐藏起来了。如果要恢复初始图片状态，在“图片工具/格式”选项卡的“调整”组中单击“重置图片”按钮，即可还原图片原始状态。

5. “直隶总督署”版块制作

设置“直隶总督署”版块。

操作步骤如下。

(1)在“冉庄地道战”版块下面的右侧插入横排文本框，将“旅游导报文字素材 .txt”文件中“直隶总督署”的相关文字复制到文本框中。

(2)将标题“直隶总督署”设置为“微软雅黑、三号、加粗、居中”，颜色为“其他颜色”中的自定义“RGB：142，197，184”。

(3)选中其他文字，设置为“宋体、小四号、首行缩进 2 字符、单倍行距”。

(4)选中“直隶总督署”文本框，在“绘图工具/格式”选项卡中，设置“形状填充”为“绿色，个性色 6，淡色 80%”。

(5)在“形状样式”组中单击“对话框启动器”按钮，弹出“设置形状格式”窗格，如图 2-22 所示，在“线条”选项区域中，设置线条样式为“实线”，颜色为“其他颜色”中的自定义“RGB：75，172，198”，宽度为“1.5 磅”，短划线类型为“划线-点”，效果如图 2-23 所示。

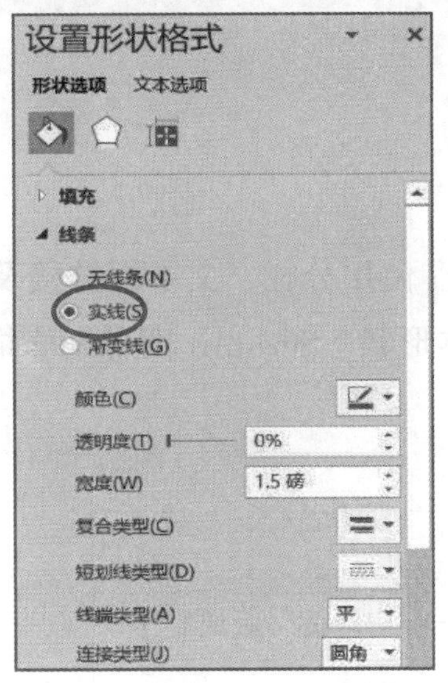

图 2-22 “设置形状格式”窗格

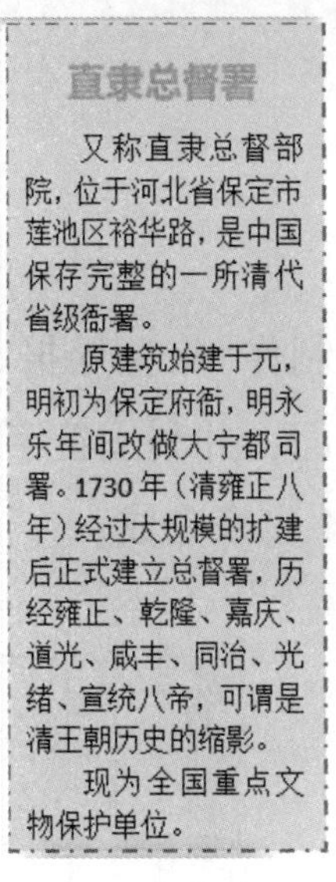

图 2-23 添加边框效果

(6)在“奇山之石——白石山”和“直隶总督署”两个版块中间，插入“形状”中的线条“连接符：肘形箭头”，设置“形状轮廓”粗细为“2 磅”，颜色为“其他颜色”中的自定义“RGB：75，172，198”。

(7)调整合适大小，最终效果如图 2-24 所示。

(8)保存文档。

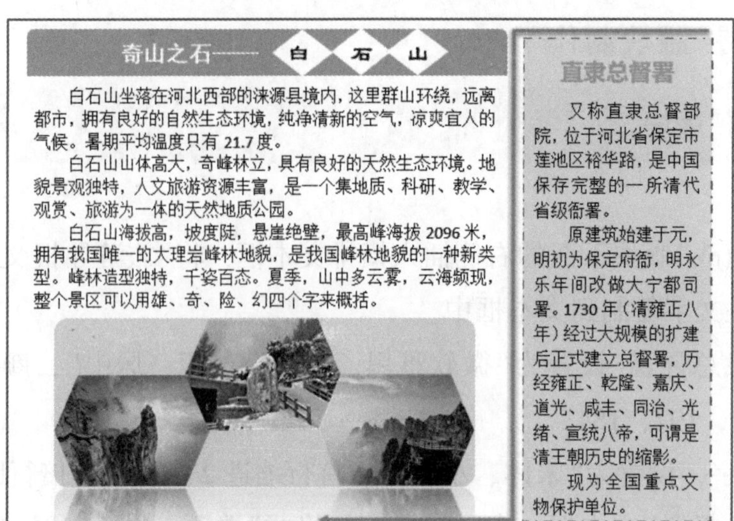

奇山之石——白石山

白石山坐落在河北西部的涞源县境内，这里群山环绕，远离都市，拥有良好的自然生态环境，纯净清新的空气，凉爽宜人的气候。暑期平均温度只有 21.7 度。

白石山山体高大，奇峰林立，具有良好的天然生态环境。地貌景观独特，人文旅游资源丰富，是一个集地质、科研、教学、观赏、旅游为一体的天然地质公园。

白石山海拔高，坡度陡，悬崖绝壁，最高峰海拔 2096 米，拥有我国唯一的大理岩峰林地貌，是我国峰林地貌的一种新类型。峰林造型独特，千姿百态。夏季，山中多云雾，云海频现，整个景区可以用雄、奇、险、幻四个字来概括。

直隶总督署

又称直隶总督部院，位于河北省保定市莲池区裕华路，是中国保存完整的一所清代省级衙署。

原建筑始建于元，明初为保定府衙，明永乐年间改做大宁都司署。1730 年（清雍正八年）经过大规模的扩建后正式建立总督署，历经雍正、乾隆、嘉庆、道光、咸丰、同治、光绪、宣统八帝，可谓是清王朝历史的缩影。

现为全国重点文物保护单位。

图 2-24　最终效果

任务三　旅游导报第二版制作

【任务分析】

本任务的目标是制作“旅游导报”的第二版。使用分栏、文本框链接及竖排文本框来布局旅游导报第二版的版面，并利用首字下沉、基本形状、SmartArt 图形来修饰版面。本任务分解成如图 2-25 所示的 4 步来完成。

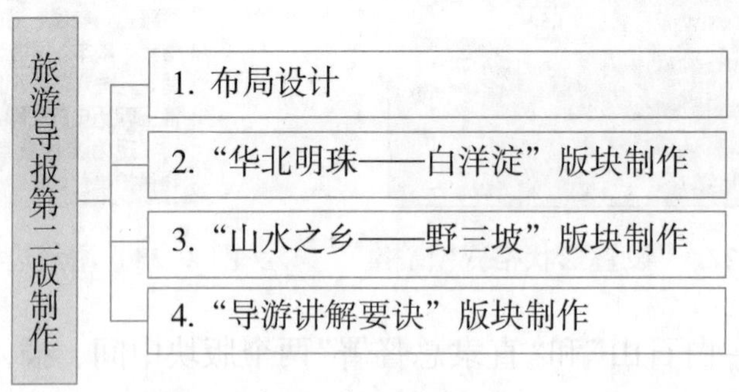

图 2-25　任务三分解

【知识储备】

文本框链接
视频案例

1. 分栏

分栏是文档排版中常用的一种版式，在各种报纸和杂志中广泛运用。它使页面在水平方向上分为几个栏，文字是逐栏排列的，填满一栏后才转到下一栏，文档内容分列于不同的栏中，这种分栏方法使页面排版灵活，阅读方便。

2. 文本框链接

文本框链接的功用是可将文字分别填入不同的文本框中，文字会根据文本框的大小，自动断开并进入下一个文本框，使文本排版更灵活。

【任务实施】

1. 布局设计

设计第二版的版面布局。

根据第二版的版面特点及内容，设计其版面布局如图 2-26 所示。

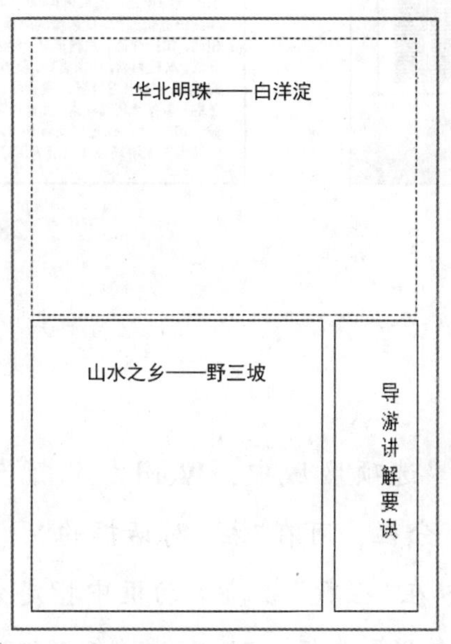

图 2-26　第二版布局

2. “华北明珠——白洋淀”版块制作

输入“华北明珠——白洋淀”版块内容，并设置分栏。

操作步骤如下。

(1)将“旅游导报文字素材 . txt”文件中“华北明珠——白洋淀”的相关文字复制到第二版的页面中。

(2)将标题“华北明珠——白洋淀”设置为“微软雅黑、小二、加粗、居中”，颜色为“其他颜色”中的自定义“RGB：142，197，184”。其他文字设置为“宋体、小四，段落首行缩进 2 字符、单倍行距”。

(3)按 Ctrl+End 组合键将插入点定位到文档末尾，再按 Enter 键插入一个空行(为了下一步只选择需要分栏的文字，而不包括以后的段落)。

(4)选择标题“华北明珠——白洋淀”下面的所有文字(不选择标题和最后一个空行的段落标记)，在“布局”选项卡的“页面设置”组中单击“栏”按钮，在下拉菜单中选择“更多栏”选项，打开“栏”对话框。

(5)在“预设”选项区域中选择“两栏”。

(6)选中“栏宽相等”复选框和“分隔线”复选框，如图 2-27 所示。

(7)单击“确定”按钮，所选文字分成两栏，效果如图 2-28 所示。

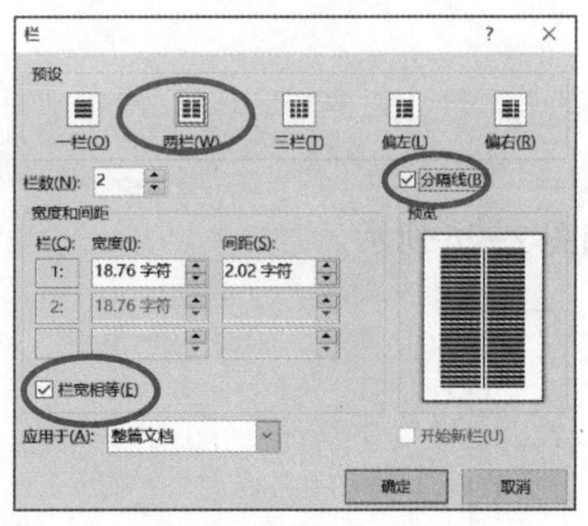

图 2-27 “栏”对话框

华北明珠——白洋淀

白洋淀风景区是中国海河平原上最大的湖泊。位于河北保定市安新县（雄安新区）境内，旧称白羊淀，又称西淀。因电影《小兵张嘎》而驰名中外。是在太行山前的永定河和滹沱河冲积扇交汇处的扇缘洼地上汇水形成。现有大小淀泊 143 个，其中以白洋淀较大，总称白洋淀。面积 336 平方千米。水产资源丰富，淡水鱼有 50 多种，白洋淀由堤防围护，淀内壕沟纵横，河淀相通，田园交错，水村掩映。淀上波光荡漾，水鸟啁啾，芦苇婆娑，荷香暗送，构成了一幅生态美景。素有华北明珠之称、亦有“北国江南、北地西湖”之誉。2007 年，保定市安新县白洋淀景区经国家旅游局正式批准为国家 5A 级旅游景区。

白洋淀人民有着光荣的革命传统。在抗日战争时期，白洋淀地区人民成立了著名的水上游击队“雁翎队”，利用河湖港叉开展游击战争，威震敌胆。抗日游击队“雁翎队”在芦苇迷宫和荷花荡中和日本侵略军捉迷藏，经常将侵略军打得焦头烂额，由此也产生了中国文学以孙犁为代表的“荷花淀派”。

白洋淀水产资源丰富，是有名的淡水鱼场，盛产鲑鱼、鲤鱼、青鱼、虾、河蟹等 40 多种鱼虾，加之水生植物遍布，野鸭大雁栖息，这里的人们可以捕捞鱼虾，采挖莲藕，双可猎取各类水禽，一年四季，一片繁忙。故被人称为“日进斗金，四季皆秋”的聚宝盆。

图 2-28 分栏排版效果

知识链接

①在“栏”对话框的“预设”选项区域中，Word 提供了 5 种预先设计好的分栏形式，如两栏、三栏等。如果要取消分栏，可在“栏”对话框的“预设”选项区域中选择“一栏”。如果要分为“三栏”以上，可以在“栏数”数值滚动框中指定分栏的栏数。

②如果取消选中“栏宽相等”复选框，可以分别在栏的“宽度”和“间距”下指定各栏的栏宽和间距。

为“华北明珠——白洋淀”版块第一段设置首字下沉。

操作步骤如下。

(1)将插入点置于版块“华北明珠——白洋淀”的第一段中。

(2)在“插入”选项卡的“文本”组中单击“首字下沉”按钮，在弹出的下拉菜单中选择“下沉”选项。效果如图 2-29 所示。

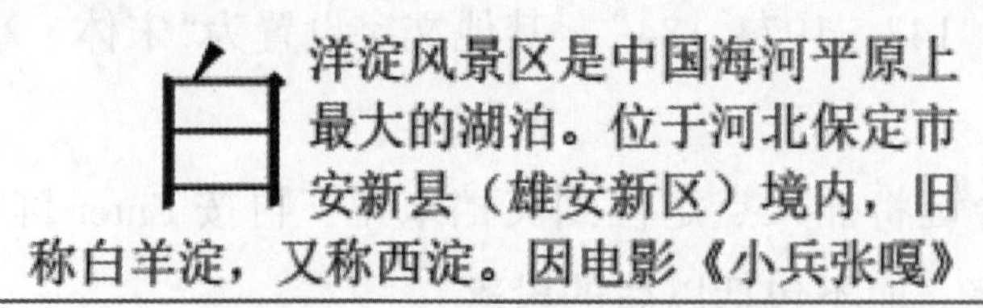
白洋淀风景区是中国海河平原上最大的湖泊。位于河北保定市安新县（雄安新区）境内，旧称白羊淀，又称西淀。因电影《小兵张嘎》

图 2-29 设置首字下沉效果

知识链接

①要取消首字下沉效果，可将插入点置于该段落中，在“首字下沉”下拉菜单中选择“无”选项。

②如果在“首字下沉”下拉菜单中选择“首字下沉选项”命令，可以改变下沉或悬挂字符的字体、下沉行数及距正文的距离。

为“华北明珠——白洋淀”版块插入SmartArt图形。

操作步骤略，效果如图2-30所示。

华北明珠——白洋淀

白洋淀风景区是中国海河平原上最大的湖泊。位于河北保定市安新县（雄安新区）境内，旧称白羊淀，又称西淀。因电影《小兵张嘎》而驰名中外。是在太行山前的永定河和滹沱河冲积扇交汇处的扇缘洼地上汇水形成。现有大小淀泊143个，其中以白洋淀较大，总称白洋淀。面积336平方千米。水产资源丰富，淡水鱼有50多种，白洋淀由堤防围护，淀内壕沟纵横，河淀相通，田园交错，水村掩映。淀上波光荡漾，水鸟啁啾，芦苇婆娑，荷香暗送，构成了一幅生态美景。素有华北明珠之称、亦有“北国江南、北地西湖”之誉。2007年，保定市安新县白洋淀景区经国家旅游局正式批准为国家5A级旅游景区。

白洋淀人民有着光荣的革命传统。在抗日战争时期，白洋淀地区人民成立了著名的水上游击队“雁翎队”，利用河湖港叉开展游击战争，威震敌胆。抗日游击队“雁翎队”在芦苇迷宫和荷花荡中和日本侵略军捉迷藏，经常将侵略军打得焦头烂额，由此也产生了中国文学以孙犁为代表的“荷花淀派”。

白洋淀水产资源丰富，是有名的淡水鱼场，盛产鲑鱼、鲤鱼、青鱼、虾、河蟹等40多种鱼虾，加之水生植物遍布，野鸭大雁栖息，这里的人们可以捕捞鱼虾，采挖莲藕，双可猎取各类水禽，一年四季，一片繁忙。故被人称为“日进斗金，四季皆秋”的聚宝盆。

图2-30　插入SmartArt图形后的效果

3.“山水之乡——野三坡”版块制作

为“山水之乡——野三坡”版块添加背景。

操作步骤如下。

(1)在“华北明珠——白洋淀”版块下面插入文本框。

(2)选中文本框，在“绘图工具/格式”选项卡的“形状样式”组的右下角单击“对话框启动器”按钮，弹出“设置形状格式”对话框。

(3)在“填充”选项区域中，设置填充样式为“图案填充”中的“点线40%”，前景颜色为“绿色，个性色6，淡色80%”，背景颜色为“主题颜色”中的“白色，背景1”，如图2-31所示。

(4)在“线条”选项区域中，设置文本框为“实线”，颜色为“其他颜色”中的自定义“RGB：75，172，198”，宽度为“3磅”，复合类型为“双线”，短划线类型为“长划线-点”，如图2-32所示。

(5)文本框最终效果如图 2-33 所示。

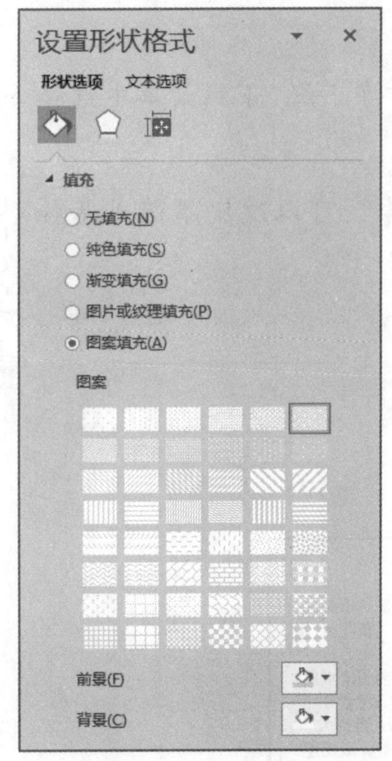

图 2-31　底纹设置

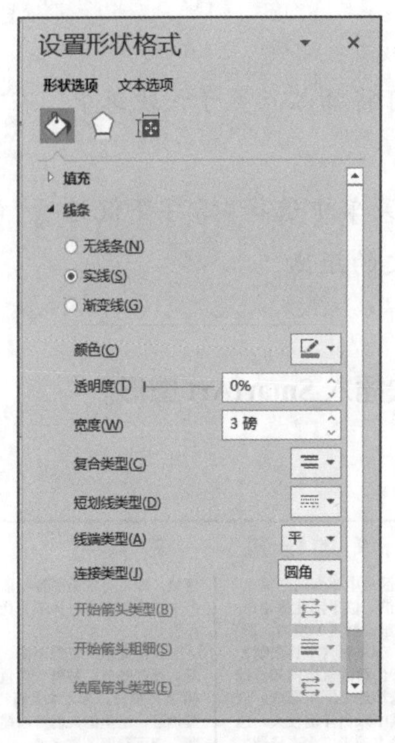

图 2-32　线条设置

图 2-33　文本框效果

 注意:

当文本框或者表格不需要显示底纹时，可以在“绘图工具/格式”选项卡的“形状样式”组中，将“形状填充”设置成“无填充”。

文本框超链接设置。

操作步骤如下。

(1)在刚插入的文本框中，再插入两个“横排文本框”，调整大小与位置，如图 2-34 所示。

(2)将“旅游导报文字素材 . txt”文件中“山水之乡——野三坡”标题下的有关文字复制到第一个小文本框中。

(3)选择第一个文本框，在“绘图工具/格式”选项卡的“文本”组中单击“创建链接”按钮，将鼠标指针移动到第二个小文本框中，单击鼠标。

此时第一个文本框中显示不下的文字就会自动转移到第二个文本框中，而且第二个文本框的内容将紧接第一个文本框的内容，实现了左右两个文本框的链接。

(4)选中两个文本框，设置文本框为“无填充”“无轮廓”；设置文本为“宋体、小四，首行缩进 2 字符、单倍行距”。

(5)调整文本框的大小与位置，效果如图 2-35 所示。

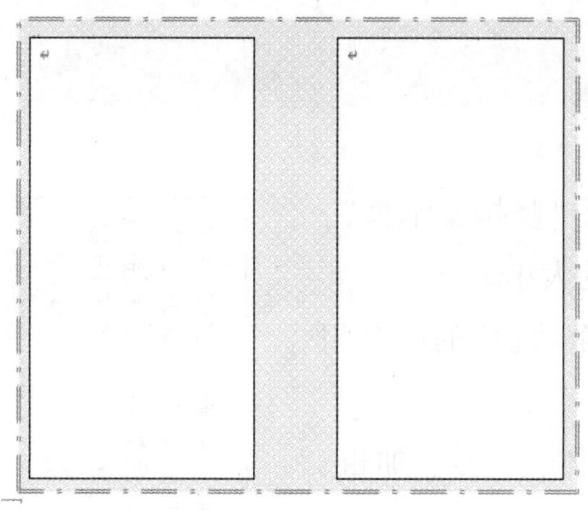

图 2-34　插入两个文本框

野三坡风景名胜区：世界地质公园、国家 AAAAA 级旅游区、国家级重点风景名胜区、国家森林公园、国家地质公园、中华环保生态示范区、中华世界语旅游基地、农村旅游先进典型、全国农业旅游示范点、国家文化产业示范基地 、国家生态旅游示范区。

野三坡风景名胜区位于河北省涞水县，景区总面积 498 平方公里，是国家级重点名胜风景区，风景以天然的山水泉洞、林木花草为主。这里距北京仅 100 公里，是近年来京城郊外游的热点。

野三坡主要包括 6 个景区：百里峡、拒马河、佛洞塔、白草畔国家森林公园、龙门峡和金华山景区。百里峡总面积 110 平方公里，由三条幽深的峡谷：海棠峡、蝎子沟、十悬峡组成，峡谷中最窄的地方不足 10 米，两侧陡峭的绝壁直插云天。峡谷中还有各种不同的石景和溶岩景观，在北谷内分布有“一线天”“龙潭映月”“摩耳崖”“铁头崖”“老虎嘴”、“回头观音”“上天桥”“下天桥”等 68 个景点，这是我国北方罕见的幽谷。

图 2-35　两个文本框链接后的效果

> 注意：
>
> ①两个文本框链接成功后，可以根据左右两个文本框中显示文本内容的多少进行文本框大小微调。
>
> ②如果要取消两个文本框的链接，只需单击“断开链接”按钮即可。

为“山水之乡——野三坡”版块设置标题。

操作步骤如下。

(1) 在两个小文本框之间插入一个“竖排文本框”，设置文本框为“无填充”“无轮廓”。

(2) 在竖排文本框中输入文字“山水之乡——野三坡”，设置为“黑体、二号、加粗、居中”，颜色为“其他颜色”中的自定义“RGB：142，197，184”。最终效果如图 2-36 所示。

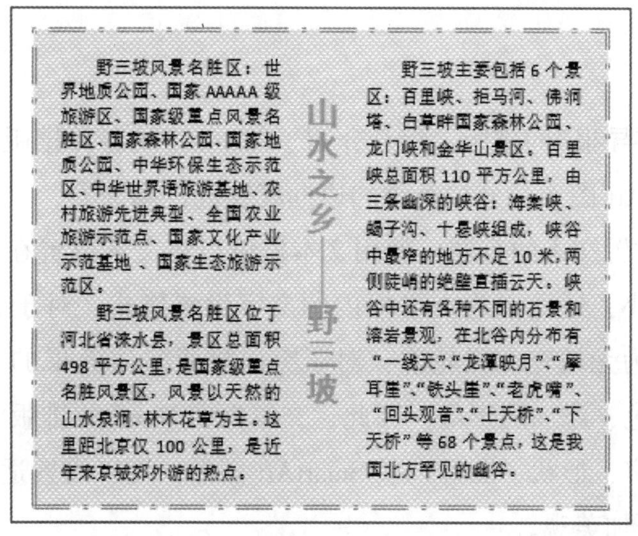

野三坡风景名胜区：世界地质公园、国家 AAAAA 级旅游区、国家级重点风景名胜区、国家森林公园、国家地质公园、中华环保生态示范区、中华世界语旅游基地、农村旅游先进典型、全国农业旅游示范点、国家文化产业示范基地 、国家生态旅游示范区。

野三坡风景名胜区位于河北省涞水县，景区总面积 498 平方公里，是国家级重点名胜风景区，风景以天然的山水泉洞、林木花草为主。这里距北京仅 100 公里，是近年来京城郊外游的热点。

山水之乡——野三坡

野三坡主要包括 6 个景区：百里峡、拒马河、佛洞塔、白草畔国家森林公园、龙门峡和金华山景区。百里峡总面积 110 平方公里，由三条幽深的峡谷：海棠峡、蝎子沟、十悬峡组成，峡谷中最窄的地方不足 10 米，两侧陡峭的绝壁直插云天。峡谷中还有各种不同的石景和溶岩景观，在北谷内分布有“一线天”“龙潭映月”“摩耳崖”“铁头崖”“老虎嘴”、“回头观音”“上天桥”“下天桥”等 68 个景点，这是我国北方罕见的幽谷。

图 2-36　“山水之乡——野三坡”版块效果

4. “导游讲解要诀”版块制作

输入“导游讲解要诀”文本内容，并设置格式。

操作步骤如下。

(1)在“山水之乡——野三坡”版块右侧插入一个“竖排文本框”，设置文本框为“无填充”“无轮廓”，适当调整文本框的大小。

(2)将“旅游导报文字素材 .txt”文件中“导游讲解要诀”的所有相关文字复制到文本框中。

(3)选中标题“导游讲解要诀”，将其设置为“黑体、三号、加粗、居中”，颜色为“其他颜色”中的自定义“RGB：142，197，184”。

(4)选中除标题外的所有文字，设置为“宋体、小四，行距为固定值 18 磅”；根据文本框大小调整字符间距。

(5)给标题“导游讲解要诀”插入修饰符号，将光标定位在标题“导游讲解要诀”上方，在“插入”选项卡的“符号”组中单击“符号”按钮，选择“◆”插入，分别在标题上方和下方各插入 3 个“◆”符号；选中“◆”符号再适当调整字符间距，最终效果如图 2-37 所示。

◆◆◆导游讲解要诀◆◆◆

端正庄重，抬头挺胸；表情自然，笑迎宾客；

运用眼神，注意听众；辅以手势，适当走动；

放缓语速，音量适中；把握节奏，调节轻重；

切勿急躁，重在沟通；坚持不懈，一定成功。

图 2-37　最终效果

(6)保存文档。

> 注意：
>
> 在进行竖版文字排版时，可以选中文本框更改文字方向，也可以直接插入一个“竖版文本框”。

【项目总结】

本项目通过对“旅游导报”的排版，综合介绍了 Word 中的各种排版技术，如文本框、艺术字、形状、图片、SmartArt 图形、分栏及添加边框底纹进行修饰等。

文本框是 Word 中放置文本的容器，使用文本框可以将文本放置在页面中的任意位置，文本框可以设置为任意大小，还可以为文本框内的文字设置格式。对于只突出文字效果的文本框，可以将文本框设置为无填充、无轮廓；对于突出排版整体效果的文本框，也可以设置各种边框格式、选择填充色、添加阴影等。因此，文本框在 Word 的排版中运用非常广泛。

在文档中插入艺术字、形状、图片以及 SmartArt 图形，可以设置适当的“环绕方式”“形状样式”等，使图文混排更加美观。

对报纸杂志进行艺术排版时，可按以下方法实现。

(1)首先通过“页面设置”来设置页面的页边距、纸张大小、纵横方向等，并设置页眉和页脚。

(2)当需要对文档的每个版面进行不同的布局设计时，应该根据各个版面的内容，用表格或文本框进行规划布局。由于文本框可以彼此分离、互不影响，便于单独处理，而且设置文本框的艺术框线效果比表格方便，因此用文本框进行规划更加灵活。

(3)文档正文的整体设计要突出艺术性，做到美观协调。为此，应尽可能使用插入艺术字、图片、图形组合以及SmartArt图形的方法实现图文混排。

(4)为使文档页面排版更加灵活，同时为了阅读方便，对于较长的文档可以运用分栏的方法，把文档内容分列于不同的栏中。

总之，对于宣传小报的整体设计，最终要达到如下效果：版面均衡协调、图文并茂、生动活泼，颜色搭配合理、淡雅而不失美观。

通过本项目的学习，在以后的工作生活中，如果遇到要制作宣传小报、公司的内部刊物等时，相信你会得心应手、游刃有余。

【巩固练习】

制作环境保护手抄报

地球是我们共同的家园，作为青少年的我们，更应该以保护环境为己任。请结合所学的Word排版知识，完成如图2-38所示的环境保护手抄报制作，具体要求如下。

任务一：完成“环境保护手抄报”版面设置，要求如下。

(1)新建文档“环境保护.docx”。

(2)对文档进行页面设置：纸张大小“16开”、页边距：左右“2厘米”、上下“2.5厘米”。

任务二：完成“环境保护手抄报”报头设置，要求如下。

(1)在正文前插入一个横排文本框，调整大小和位置，边框线设置无轮廓。

(2)在文本框中插入文件夹“图片素材”中的“练习1.jpg”图片，调整大小和位置。

(3)插入艺术字“保护环境　人人有责”，艺术字样式为第2行第5列的样式，字体字号设置为“华文行楷、三号”，字体颜色为“其他颜色”中的自定义“RGB：155，187，89”，适当调整字符间距。

(4)插入艺术字“环境保护报”，艺术字样式为第1行第4列的样式，文本轮廓为“实线——浅绿色”，宽度“2磅”，字体字号设置为“华文琥珀、50号”。添加阴影效果，设置“预设外部-偏移左下”，角度“50度”，距离“10磅”。

(5)参照图2-38所示，在艺术字下面插入形状“直线”，设置形状样式为主题样式中的第3行第4列的样式。

任务三：完成“环境保护手抄报”正文综合排版，要求如下。

(1)将“环境保护文字素材.txt”文件中的内容复制到此文档，并将文档1~7段设置首行缩进2字符。

(2)将文档第2、4、6段标题文字字体设置为“华文新魏、小四、加粗”。

(3)将文档2~8段分为等宽3栏，栏宽为“11.61字符”，间距为“2.02字符”，栏间加分隔线。

(4)将光标定位在第3段，设置首字下沉，下沉行数“2行”。

(5)在文章末尾左侧插入横排文本框，将9~16段文字放置其中，调整文本框大小和位置。设置轮廓线“绿色，虚线，2.25磅”，填充纹理为“羊皮纸”。

(6)在文章末尾右侧插入横排文本框，调整大小，设置无轮廓线，在文本框中插入SmartArt图形“图片-六边形群集”。SmartArt样式中，主题颜色设置为“个性色3，第5个”，样式设置为“三维—优雅”，图片内容依次插入“练习2.jpg、练习3.jpg、练习4.jpg”，文本内容输入“共治、共享、共建”，并相应调整大小。

(7)参照图2-38所示，给文档设置页面边框：艺术型，橄榄色，宽度6磅。

(8)完成设置，保存文档。

保护环境 人人有责

环境保护报

当前“绿色消费”浪潮的冲击下，国际经贸格局也在悄悄地发生改变，产品的环境行为成为继产品质量、价格之后的又一竞争武器，这点在我国对外贸易中表现得尤为突出。

一、土壤遭到破坏

据参考消息报道，110个国家可耕地的肥沃程度在降低。在非洲、亚洲、和拉丁美洲，由于森林植被的消失、耕地的过分开发和牧场的过度放牧，土壤剥蚀情况十分严重。裸露的土地变得脆弱了，无法长期抵御风雨的剥蚀。有些地方，土壤的年流失量可达每公顷100吨。这些对土地构成都是不可逆转的污染。

二、气候变化和能源浪费 温室效应严重威胁着整个人类。

据2500名有代表性的专家预计，海平面将升高，许多人口稠密的地区(如孟加拉国、中国沿海地带以及太平洋和印度洋上的多数岛屿)都将被水淹没。气温的升高也将对农业和生态系统带来严重影响。我们应当采用经济鼓励手段，使工业家们改进工业资源利用效率的技术。

三、生物的多样性减少

由于城市化、农业发展、森林减少和环境污染，自然区域变得越来越小了，这就 导致了数以千计物种的灭绝。

当前“绿色消费”浪潮的冲击下，国际经贸格局也在悄悄地发生改变，产品的环境行为成为继产品质量、价格之后的又一竞争武器，这点在我国对外贸易中表现得尤为突出。

2月2日 —国际湿地日
7月11日—世界人口日
3月22日—世界水日
10月4日—世界动物日
3月23日—世界气象日
10月16日—世界粮食日
4月22日—地球日
5月31日—世界无烟日

图2-38　环境保护手抄报样例

【拓展练习】

制作职业生涯规划手抄报

职业生涯规划有助于确立个人发展目标，找出自己的特长，发挥自己的潜能，提高成功的概率。请结合所学的 Word 知识，制作一份图文并茂的职业生涯规划手抄报，要求如下。

(1) 用 A4 纸，完成至少两个版面的设计。

(2) 用表格或文本框对整体版面进行布局设计，要求有页眉和页脚。

(3) 包含艺术字、分隔线、图片或者自选图形，实现版面的图文混排。

(4) 对某些栏目的内容设置分栏。

(5) 部分文本框设置成艺术型边框。

PROJECT 3 项目三

Word高级应用——编排公司宣传文案

项目概述

本项目以编排公司宣传文案为例，详细介绍长文档的高效排版方法与技巧，其中包括应用样式、添加目录、添加页眉和页脚、插入域、制作封面、添加脚注或尾注等内容。

学习导图

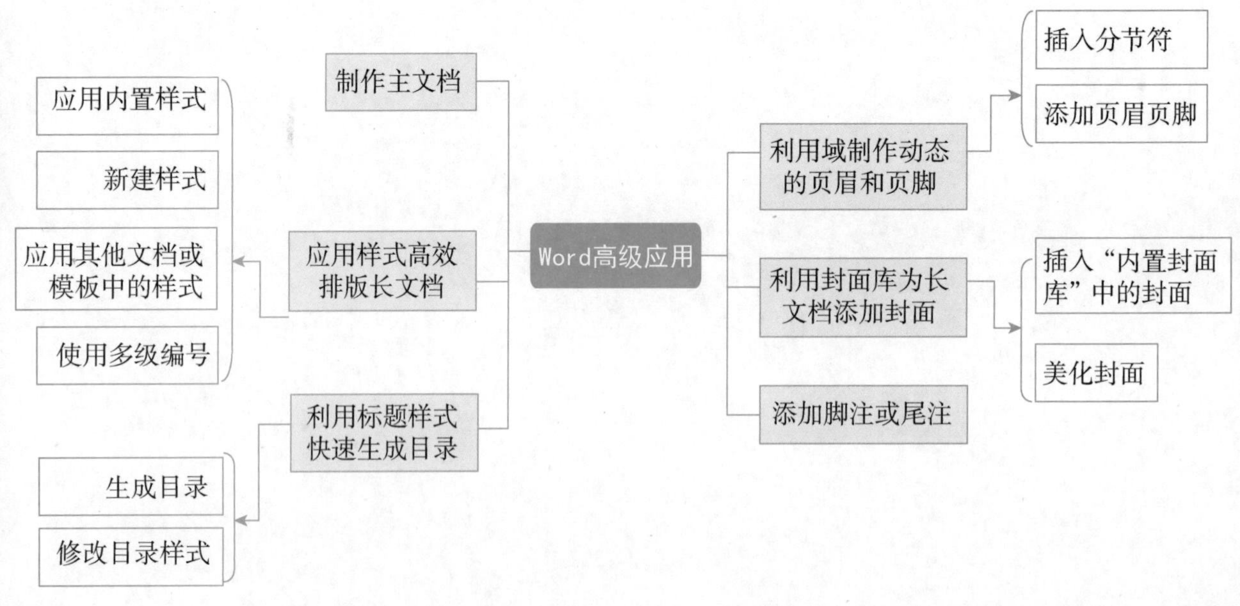

【项目分析】

王乐是一名职业院校的毕业生，在校期间学习成绩优异，专业知识扎实，学习能力强，现应聘到中国石化润滑油北京分公司做文秘工作，上班的第一天，主管就给他分配了一项任务，根据现有素材，利用 Word 制作一份“公司宣传文案”。

通过上网查找资料及自己的思考，王乐确定了以下解决方案。

首先将所需要的文字放入“文字素材”文件夹中，所需要的图片放入“图片素材”文件夹中；接着创建“公司宣传文案”文档，利用样式快速设置相应格式，利用具有大纲级别的标题自动生成目录，利用域灵活插入页眉和页脚等，“公司宣传文案”最终效果如图 3-1 所示。

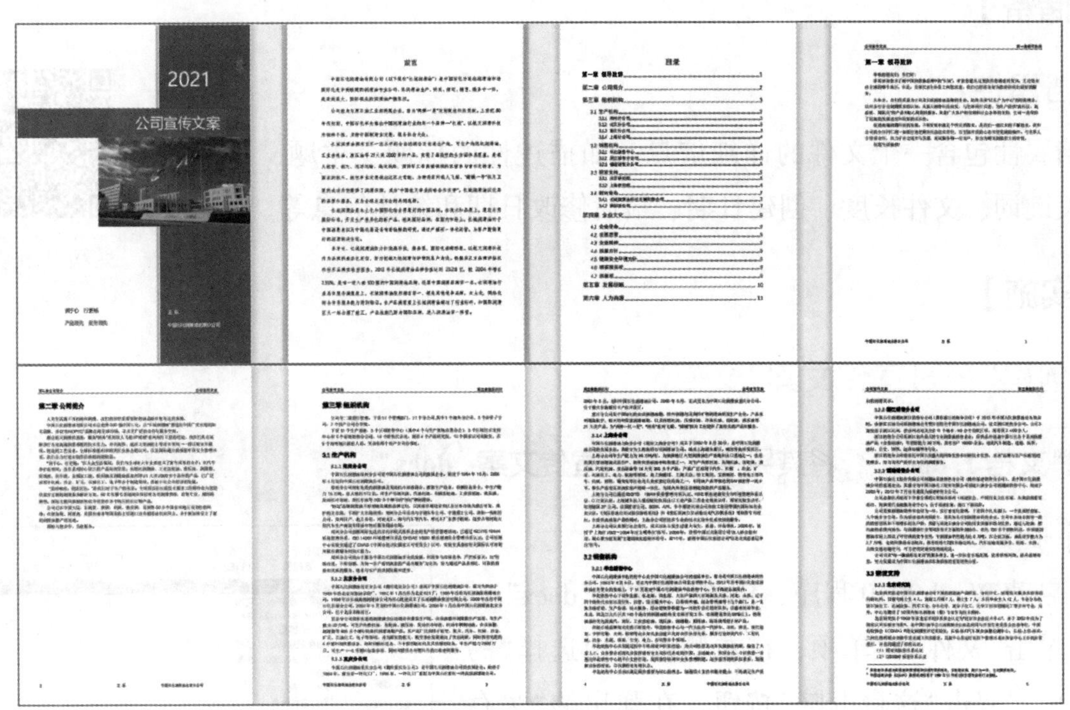

图 3-1　公司宣传文案最终效果

任务一　制作“公司宣传文案”文档

【任务分析】

本任务的目标是利用创建文档、页面设置、文档属性设置等工具，设计“公司宣传文案”文档。本任务分解成如图 3-2 所示的 4 步来完成。

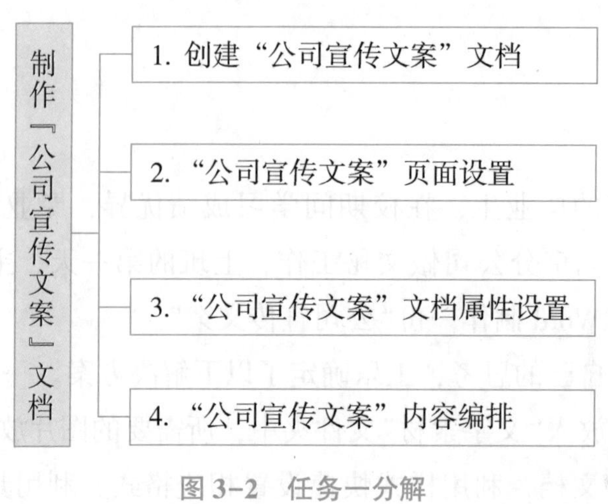

图 3-2 任务一分解

【知识储备】

文档属性

文档属性包含一个文件的详细信息，如描述性的标题、主题、作者、类别、关键词、文件长度、创建日期、最后修改日期和统计信息等。

文档属性案例

【任务实施】

1. 创建“公司宣传文案”文档

新建“文档 1. docx”，将其另存为“公司宣传文案 . docx”。

操作步骤如下。

（1）启动 Word 2019 程序，创建“文档 1. docx”。

（2）单击“文件”菜单项，在左侧窗格中选择“另存为”选项，双击“这台电脑”按钮，在弹出的“另存为”对话框中找到保存文件的位置，输入新的文件名“公司宣传文案”，单击“保存类型”按钮，在弹出的菜单中选择最上面的“Word 文档”，如图 3-3 所示。最后单击“保存”按钮。

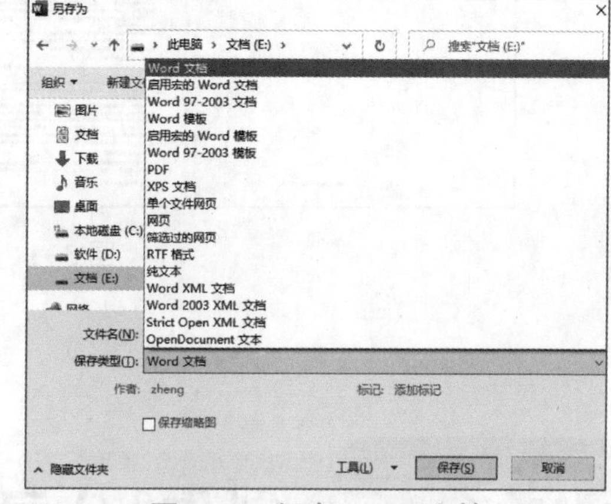

图 3-3 保存 word 文档

2. “公司宣传文案”页面设置

在正式使用 Word 撰写公司宣传文案前，应先对文档进行页面设置。

对“公司宣传文案”文档进行页面设置。纸张大小：“A4”；页边距：上“3 厘米”，下“2.5 厘米”，左“2.5 厘米”，右“2 厘米”；装订线：“0.5 厘米”，“靠左”；布局：页眉和页脚“奇偶页不同”；距边界：页眉“2 厘米”，页脚“1.75 厘米”。

操作步骤如下。

(1)在“布局”选项卡的“页面设置”组的右下角单击“对话框启动器”按钮，打开“页面设置”对话框。

(2)在“页边距”选项卡中，按要求设置上、下、左、右页边距及装订线。

(3)在“纸张”选项卡中，按要求选择纸张大小。

(4)在“布局”选项卡中选中“奇偶页不同”复选框，在“页眉”数值框中输入“2 厘米”，在“页脚”数值框中输入“1.75 厘米”，如图 3-4 所示，单击“确定”按钮。

3.“公司宣传文案”文档属性设置

对“公司宣传文案”文档进行属性设置。标题为“公司宣传文案”，作者为“王乐”，单位为“中国石化润滑油北京分公司”。

操作步骤如下。

(1)在“文件”选项卡的左侧窗格中选择“信息”选项，然后在右侧窗格中单击“属性”下拉按钮，在弹出的下拉菜单中选择“高级属性”命令，打开“属性”对话框。

(2)在“摘要”选项卡中分别填写文档的标题、作者及单位，如图 3-5 所示，单击“确定”按钮，回到文档编辑状态。有了以上设置，在以后的文档编辑中就可以利用插入“域”的方法插入文档的标题、作者及单位了。

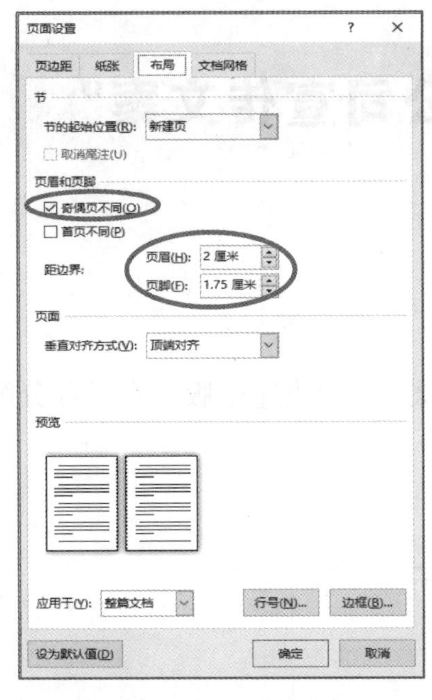

图 3-4 “布局”选项卡

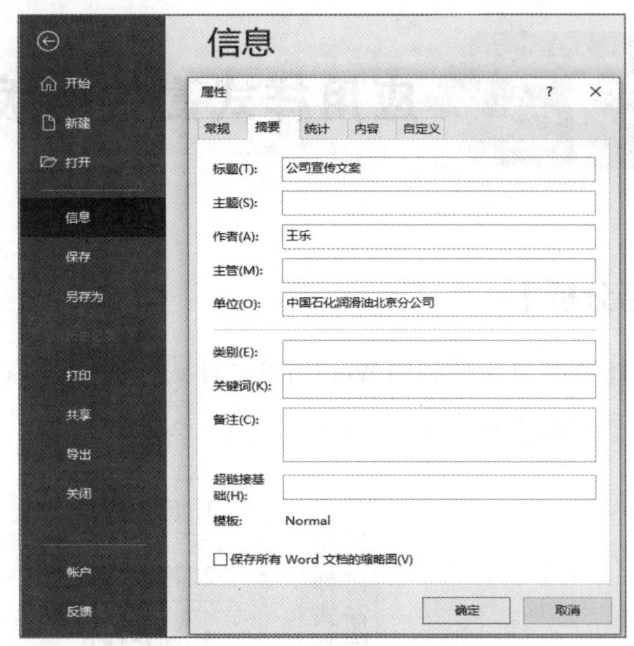

图 3-5 文档“属性”对话框

4.“公司宣传文案”内容编排

当前的“公司宣传文案”为空白文档，需要将公司的各项文字材料合并到此文档中，再进行排版设计。

将文字材料合并到“公司宣传文案”文档中。

操作步骤如下。

(1) 在“公司宣传文案”文档中，单击“插入”选项卡“文本”组中的“对象”下拉按钮，在弹出的下拉菜单中选择“文件中的文字”选项，打开“插入文件”对话框。

(2) 在“插入文件”对话框中找到要合并的文档并选中，如图 3-6 所示。

(3) 单击“插入”按钮，完成多个文档的合并。

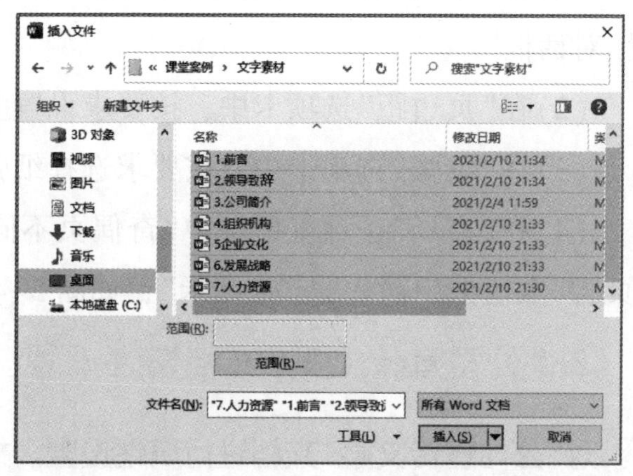

图 3-6 “插入文件”对话框

注意：

为了方便操作，本案例将文字素材进行了适当的设置。在“公司宣传文案”文字材料中所有章名用红色文字标记，节名用蓝色文字标记，小节名用绿色文字标记。在对长文档排版的实际过程中，可根据具体情况直接应用标题样式。

任务二 应用样式高效排版“公司宣传文案”

【任务分析】

本任务的目标是利用 Word 中的“样式”对“公司宣传文案”进行快速排版。本任务分解成如图 3-7 所示的 5 步来完成。

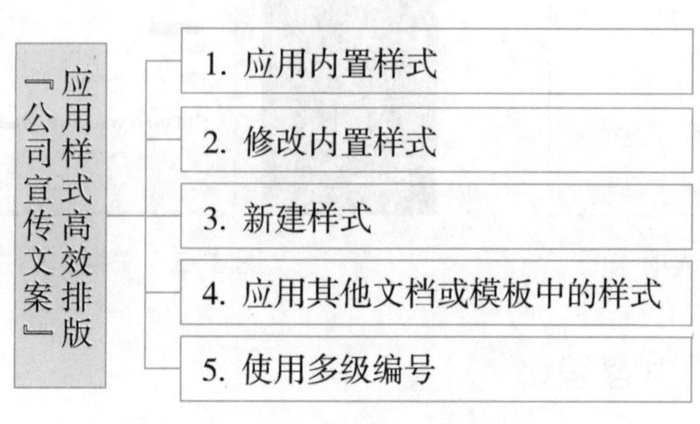

图 3-7 任务二分解

【知识储备】

样式视频案例

样式就是应用于文档对象的一组格式。按样式类别划分，Word 包含字符、段落、链接段落和字符、表格、列表样式等。应用样式可以自动完成该样式中所包含的所有格式的设置工作，从而可以大大提高文档的排版效率。

【任务实施】

1. 应用内置样式

为了使长文档的内容层次分明，便于阅读，需要对不同的内容设置不同级别的格式，如对章名、节名、小节名分别应用 1 级标题、2 级标题、3 级标题等，如表 3-1 所示，而实现这一操作的快速方法就是应用 Word 的内置样式。

表 3-1　章节标题与对应的应用样式

正文章节名	应用样式
章名	标题 1
节名	标题 2
小节名	标题 3

按表 3-1 的设置，将所有的章名应用“标题 1”样式。

操作步骤如下。

(1) 为方便观察应用标题样式后的文档结构变化，在“视图”选项卡的“显示”组中选中“导航窗格”复选框。

此时，Word 文档窗口被分成了两部分，左边显示整个文档的标题结构，右边显示文档内容。

(2) 选择文档中章名“领导致辞”(红色文字) 所在段落，在“开始”选项卡的“样式”组中，选择“快速样式”列表框中的“标题 1”样式，如图 3-8 所示。此时，“领导致辞”应用了“标题 1”样式，同时出现在了“导航”窗格中。

图 3-8　“样式”组中的“快捷样式”列表框

(3) 选择下一个章名“公司简介”(红色文字) 所在段落，按下功能键 F4(功能键 F4 的作用是重复上一次操作，这里表示再次应用“标题 1”样式）。

（4）用同样的方法将其他章名（红色文字）应用“标题 1”样式。

知识链接

①Word 本身自带的样式称为内置样式，如图 3-9 所示的“正文”、“标题 1”、“标题 2”等。使用内置标题样式可以快速创建文档结构，并为自动生成目录打下基础。如图 3-10 所示的“导航”窗格显示了“公司宣传文案 .docx”应用了 1 级、2 级、3 级标题样式后的文档结构。

②Word 2019 的“导航”窗格提供了丰富的导航和搜索功能。其中，标题导航层次分明，操控灵活自如，特别适合宣传文案等要求条理清晰的长文档；页面导航方便快捷，可以定位到相关页面；搜索导航可以针对关键词和特定对象做搜索和导航。因此，充分利用“导航”窗格，可以在长文档中方便快捷地查阅和定位特定的段落、页面、文字和对象。

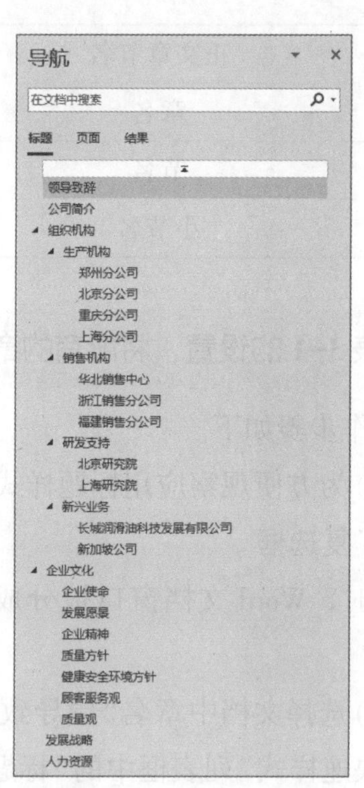

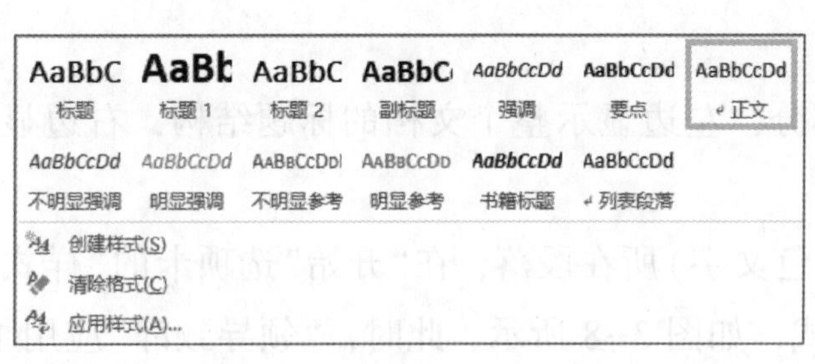

图 3-9　Word 自带的样式

图 3-10　“导航”窗格

按表 3-1 的设置，将所有的节名（蓝色文字）应用“标题 2”样式。

操作步骤如下。

（1）在“开始”选项卡的“样式”组右下角单击“对话框启动器”按钮，打开“样式”窗格，在其下方单击“选项”按钮，打开“样式窗格选项”对话框，在“选择要显示的样式”下拉列表框中选择“当前文档中的样式”选项，在“选择显示为样式的格式”选项区域中选中“字体格式”复选

框，在“选择内置样式名的显示方式”选项区域中选中“在使用了上一级别时显示下一标题”复选框，如图 3-11 所示，单击“确定”按钮。

(2)在“样式”窗格中单击“蓝色”右边的下拉按钮，在弹出的下拉菜单中选择“选择所有 11 个实例”选项，如图 3-12 所示，然后单击“标题 2”样式，将各节名(蓝色文字)全部应用“标题 2”样式。

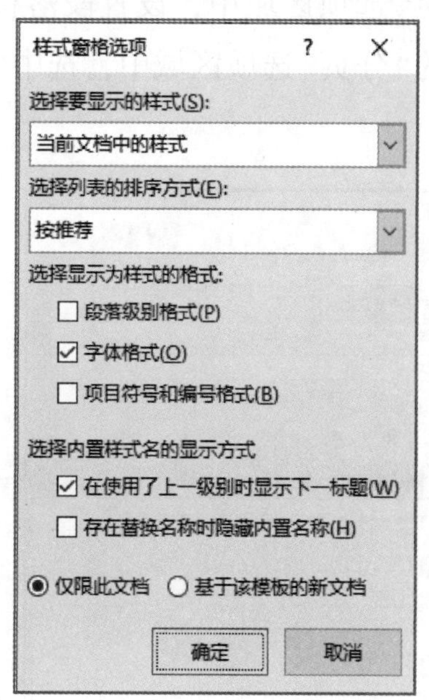

图 3-11 “样式窗格选项”

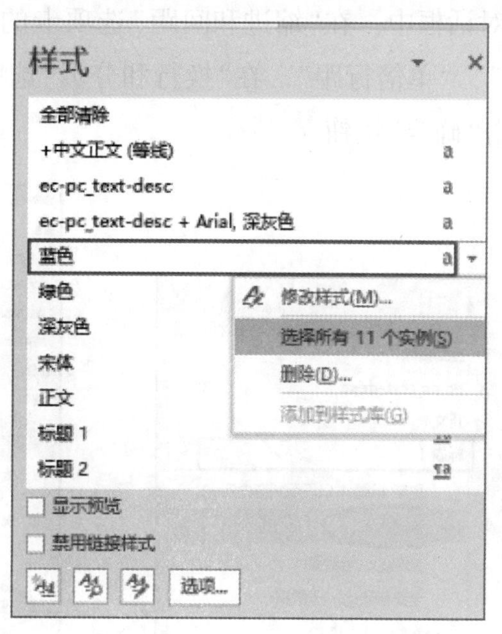

图 3-12 选中所有的“蓝色”文本

按表 3-1 的设置，将所有的小节名(绿色文字)应用“标题 3”样式。

操作步骤略。

此时，“导航”窗格中列出了应用标题样式后的文档结构，如图 3-10 所示。

2. 修改内置样式

上述操作只是应用了 Word 的内置样式，还可以为“公司宣传文案”内置样式进行修改，使文档标题更利于浏览，具体设置如表 3-2 所示。

表 3-2 修改 Word 内置样式

样式名称	字体	字号	段落样式
标题 1	黑体	三号	段前、段后 0.5 行、单倍行距、段前分页
标题 2	黑体	小三号	段前、段后 5 磅、单倍行距
标题 3	宋体	小四号	段前、段后 5 磅、单倍行距

按表 3-2 的设置，修改 Word 内置样式。

操作步骤如下。

(1)在“公司宣传文案.docx”文档中，将插入点置于标题“领导致辞”后。在“样式”窗格的样式列表框中，单击“标题1”样式右边的下拉按钮或右击“标题1”样式，在弹出的下拉菜单中选择“修改”命令，如图3-13所示；打开“修改样式”对话框，在“格式”选项区域中设置字体为“黑体”，字号为“三号”。

(2)单击“格式”下拉按钮，在弹出的下拉菜单中选择“段落”命令，如图3-14所示，在打开的“段落”对话框中，在“缩进和间距”选项卡的“间距”选项区域中，设置段落格式为段前、段后“0.5行”，“单倍行距”。在“换行和分页”选项卡的“分页”选项区域中，选中“段前分页”复选框，单击“确定”按钮。

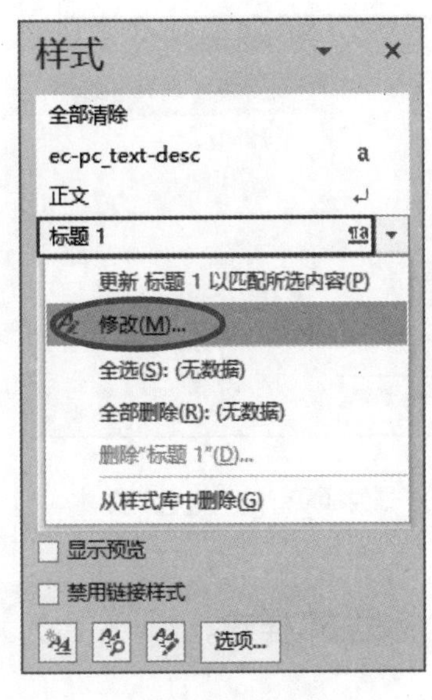

图3-13 “修改”命令

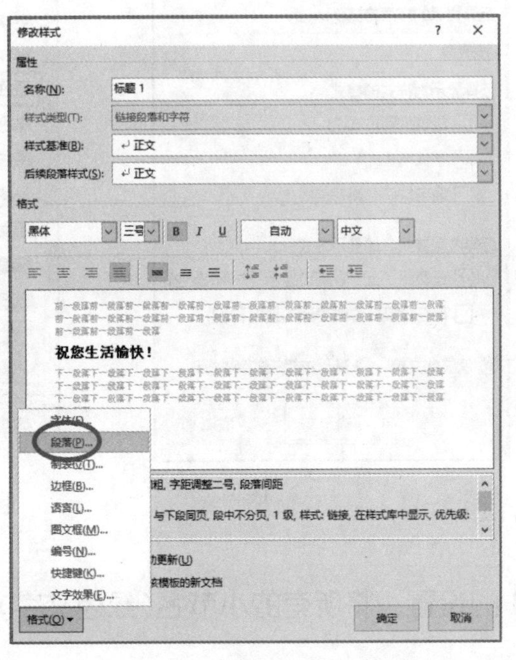

图3-14 “修改样式”对话框

此时，文档中所有章名的格式被成批修改，且每一章均从新的一页开始显示。

(3)用上述方法对标题2和标题3进行修改。

(4)在“视图”选项卡的“视图”组中单击“大纲”按钮，从“显示级别”下拉列表框中选择“3级”选项，观察文档内容，如图3-15所示。可以看到应用样式的优点在于：只要修改样式，就可以修改所有应用该样式的对象，避免了设置对象格式的重复工作。

(5)单击“关闭大纲视图”按钮，切换到页面视图。

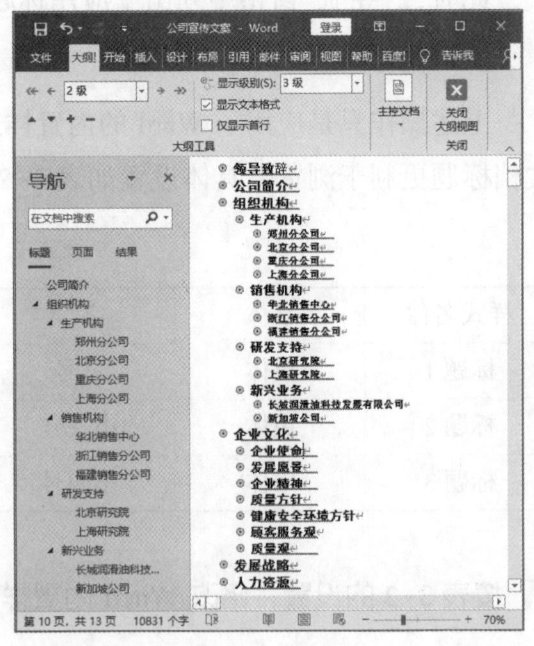

图3-15 大纲视图下显示3级标题内容

3. 新建样式

内置样式非常有限，工作中还可以根据实际情

况自定义样式。例如，目前“公司宣传文案”文档正文的字体格式为“五号、等线”，而要设置的正文格式为“五号、宋体、单倍行距、首行缩进 2 字符”，如何快速将正文格式进行成批修改呢？可以分两步来实现：新建样式和应用样式。

新建一个名称为“宣传文案正文”的样式。

操作步骤如下。

(1)将插入点置于“领导致辞”下面正文文本中的任意位置。

(2)在“样式”窗格的左下角单击“新建样式”按钮，打开“根据格式化创建新样式”对话框。

(3)在“名称”文本框中输入“宣传文案正文”，在“样式基准”和“后续段落样式”下拉列表框中均选择“正文”选项，设置字体格式为宋体、五号，段落格式为单倍行距、首行缩进 2 字符，如图 3-16 所示。

(4)单击“确定”按钮，新建的“宣传文案正文”样式随即出现在“样式”窗格的样式列表框中，如图 3-17 所示。与此同时，插入点所在段落文本格式应用了“宣传文案正文”样式，但其他正文格式未发生变化。

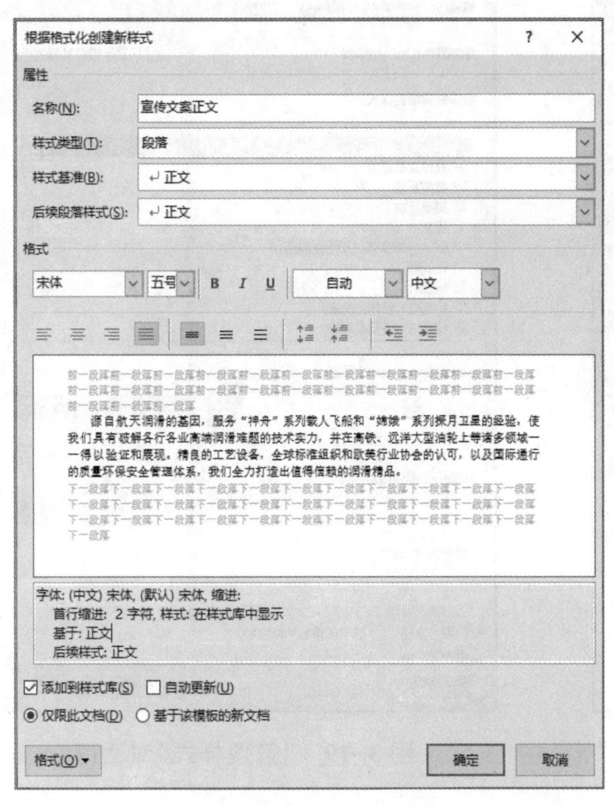

图 3-16 “根据格式化创建新样式”对话框

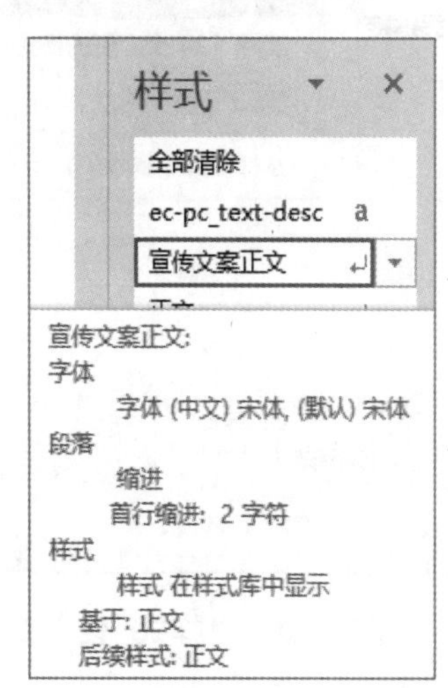

图 3-17 新建的“宣传文案正文”样式

将样式“宣传文案正文”应用于文档的正文文本中。

操作步骤如下。

(1)将插入点置于正文文本中的任意位置，在“样式”窗格中单击“正文”样式右边的下拉按钮，或者右击“正文”样式，在弹出的快捷菜单中选择“选择所有 124 个实例”命令，如图 3-18 所示。

(2)单击样式列表框中的“宣传文案正文”，此时，所有的正文文本全部应用了“宣传文案正文”样式。

4. 应用其他文档或模板中的样式

在当前文档中可以应用其他文档或模板中的样式，以提高排版效率。

将文档“备选样式.docx”中的“前言”“前言正文”样式复制到当前文档“公司宣传文案.docx”中，并将“前言”“前言正文”样式分别应用于宣传文案中的“前言”“前言正文”。

操作步骤如下。

(1)在“样式”窗格的下方单击“管理样式”按钮，打开“管理样式”对话框，如图 3-19 所示。

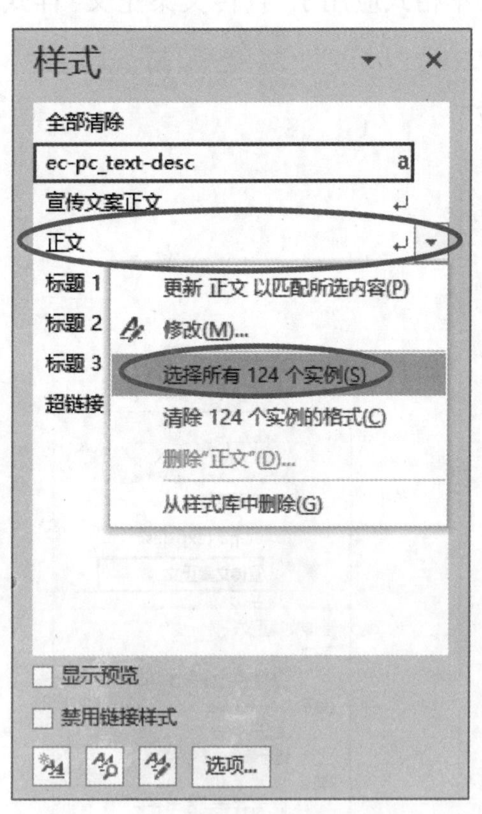

图 3-18 “样式”任务窗格

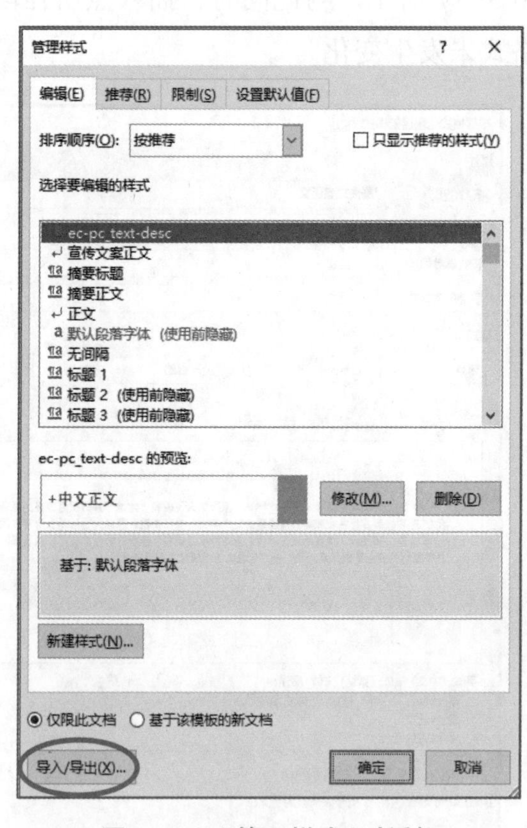

图 3-19 “管理样式”对话框

(2)单击“导入/导出”按钮，打开“管理器”对话框。

(3)在“样式”选项卡中单击右边的“关闭文件”按钮，该按钮变为“打开文件”按钮。

(4)单击“打开文件”按钮，在“打开”对话框中单击右下方的“文件类型”下拉按钮，在弹出的下拉列表框中选择“所有 Word 文档”选项，然后找到“备选样式.docx”，单击“打开”按钮。

(5)如图 3-20 所示，在“管理器”对话框的右侧列表框中，选择“前言”“前言正文”等样式，单击中间的“复制”按钮，选中的样式便会出现在左侧“公司宣传文案”列表框中。

(6)关闭“管理器”对话框。“前言”“前言正文”等样式出现在了当前文档“样式”窗格的样式列表框中。

(7)将“前言”“前言正文”样式分别应用于公司宣传文案的“前言”、前言正文。

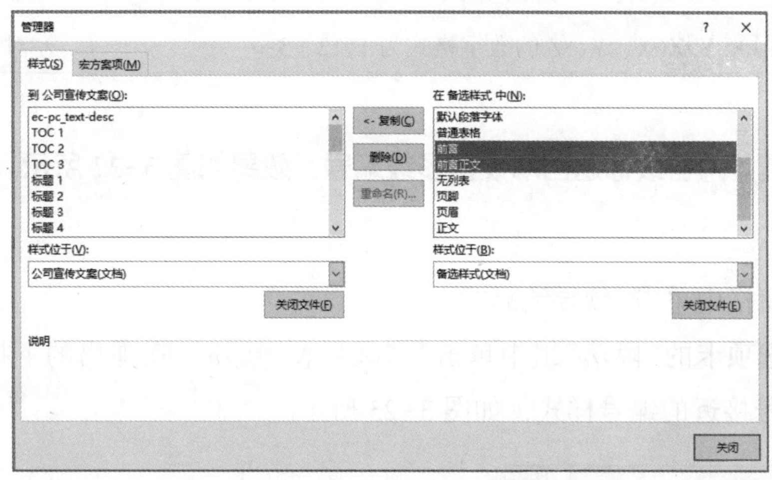

图 3-20 “管理器”对话框

利用“导航”窗格，搜索文档中的“表格”，利用表格样式对所有的表格进行快速美化。

操作步骤如下。

(1)在“导航”窗格中单击“搜索”按钮，在弹出的下拉菜单中选择“表格”选项，如图 3-21 所示。

(2)选中文档中的表格，在“开始”选项卡的“字体”组中单击“清除所有格式”按钮，清除表格已应用的格式。在“表格工具/设计”选项卡的“表格样式”列表框中选择“网格表 4-着色 1”样式，表格即被快速美化。设置表格文字垂直水平居中，完成表格样式设置。

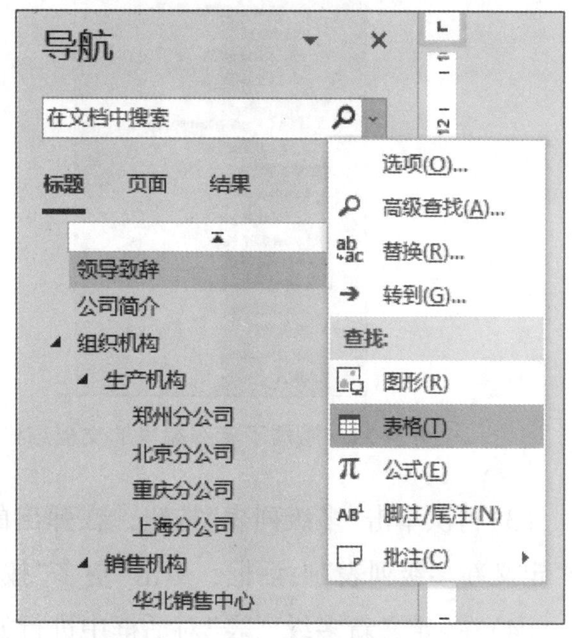

图 3-21 在“导航”窗格中搜索表格

5. 使用多级编号

对于一篇较长的文档，需要使用多种级别的标题编号，如第 1 章、1.1、1.1.1 或一、(一)、1、(1)等。如果手动加入编号，一旦对章节进行了增删或移动，就需要修改相应的编号甚至所有编号。那么如何使标题编号随章节的改变而自动调整呢？这就要使用自动设置多级编号的方法来实现。设置要求如表 3-3 所示。

表 3-3　标题样式与对应的编号格式

样式名称	多级编号	位置
标题 1	第 X 章(X 的数字格式为一、二、三……)	左对齐、0 厘米
标题 2	X. Y(X、Y 的数字格式为 1、2、3……)	左对齐、0 厘米
标题 3	X. Y. Z(X、Y、Z 的数字格式为 1、2、3……)	左对齐、0.75 厘米

按表 3-3 的设置，为各级标题自动设置多级编号，效果如图 3-22 所示。

操作步骤如下。

(1)在“导航”窗格中单击“领导致辞”。

(2)在“开始”选项卡的“段落”组中单击“多级列表”按钮，在弹出的下拉菜单中选择一个与要设置的多级编号接近的编号样式，如图 3-23 所示。

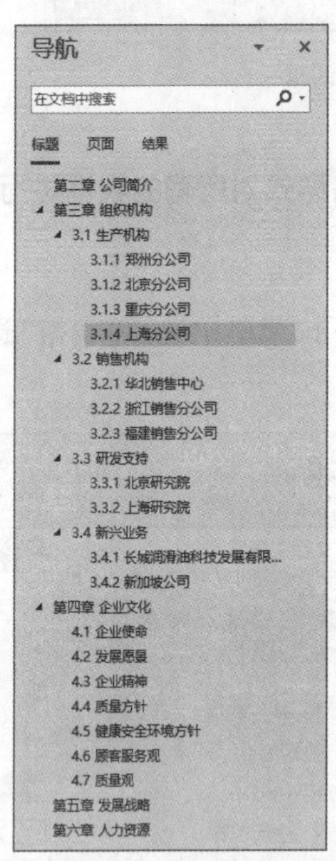

图 3-22　添加了多级编号的文档结构

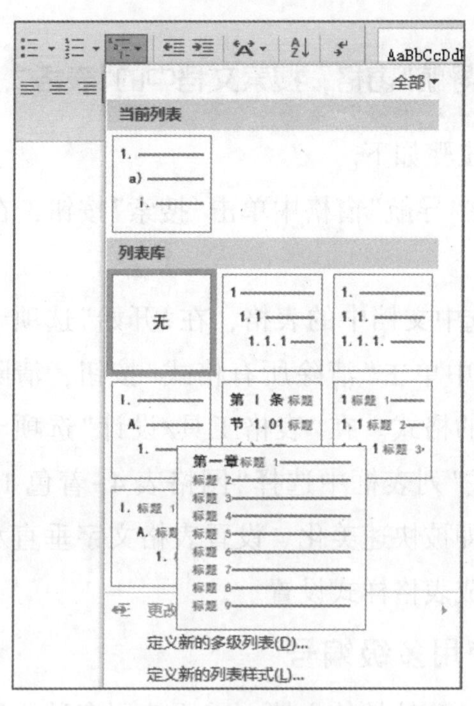

图 3-23　选择编号样式

(3)再次单击“多级列表”按钮，在弹出的下拉菜单中选择“定义新的多级列表”命令，打开“定义新多级列表”对话框，单击“更多”按钮。

(4)在“定义新多级列表”对话框中进行如下设置。

①为“标题 1”设置编号。由于级别 1 的“编号格式”符合要求，直接使用默认格式即可。然后在“编号之后”下拉列表框中选择“空格”选项，其他设置如图 3-24 所示。

②为“标题 2”设置编号。在“单击要修改的级别”列表框中选择“2”选项，此时“输入编号

的格式”文本框中为空，在“包含的级别编号来自”下拉列表框中选择“级别 1”选项，此时“输入编号的格式”文本框中出现“一”，表明它与级别 1 的编号一致。

接着在“输入编号的格式”文本框中“一”的后面输入“.”作为级别 1 与级别 2 的分隔符，这时“输入编号的格式”文本框中出现“一.”。

在“此级别的编号样式”下拉列表框中选择编号样式为“1，2，3，…”表明它是级别 2 本身的编号，此时“输入编号的格式”文本框中为“一.1”。

最后选中右侧的“正规形式编号”复选框，编号格式“一.1”变为“1.1”的形式。

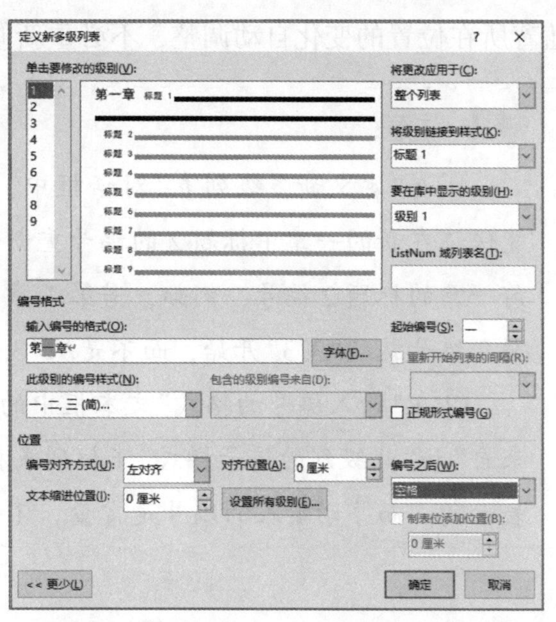

图 3-24 “定义新多级列表”对话框

其他设置结果如图 3-25 所示。

③为“标题 3”设置编号。在“单击要修改的级别”列表框中选择“3”选项，编号格式的设置方法类似于“标题 2”，设置结果如图 3-26 所示。在编号格式“1.1.1”中，第一个“1”表示随“级别 1”变化，第二个“1”表示随“级别 2”变化，第三个“1”表示随“级别 3”变化(级别 3 的格式应在“此级别的编号样式”下拉列表框中选择)。

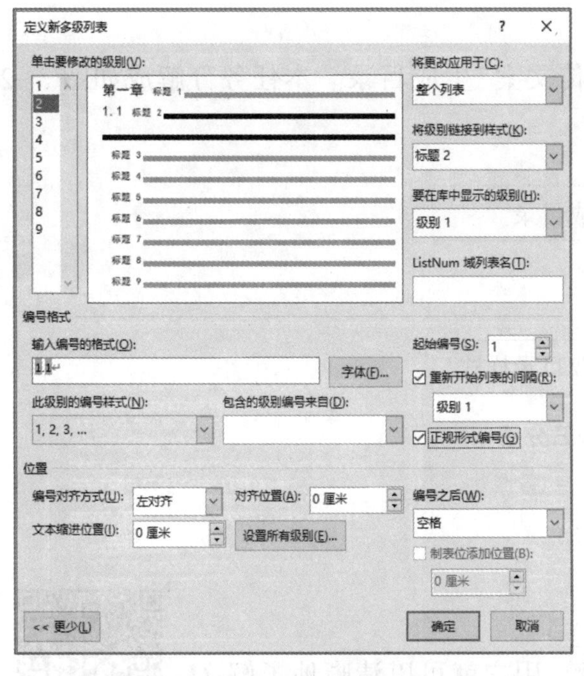

图 3-25 为“标题 2”设置编号

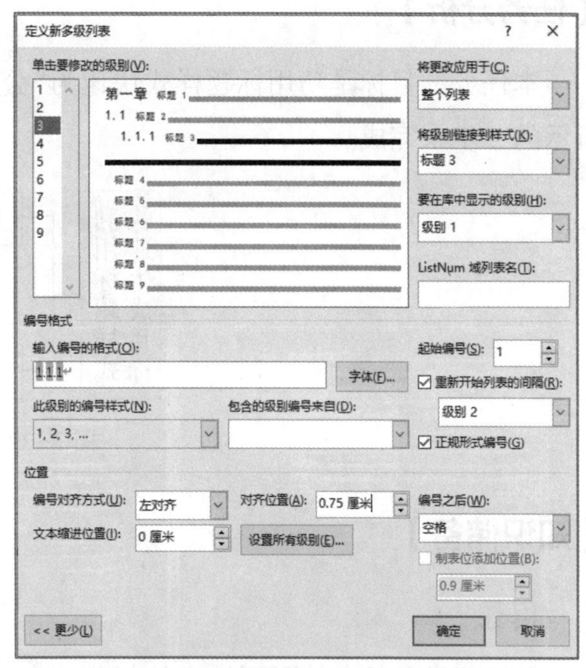

图 3-26 为“标题 3”设置编号

(5)单击“确定”按钮。观察“导航”窗格，在标题 1、标题 2 和标题 3 前面自动添加了相应的编号，效果如图 3-22 所示。

用上述方法为各章节设置标题编号后，一旦对章节进行增删或移动，整个章节的编号会随着所在位置的变化自动调整，不必重新修改后面的编号。

注意:

①在“定义新多级列表”对话框中，应选中“重新开始列表的间隔”复选框，这样才能保证在新的一章中标题2的编号重新开始(从1开始)；否则后一章的标题2编号将续前一章的标题2编号，例如，若第二章的标题2编号分别为“2.1、2.2”，则第三章的标题2编号就从“3.3”开始，而不是从“3.1”开始。

②在“输入编号的格式”文本框中的编号不能手动输入，而必须在“包含的级别编号来自”和“此级别的编号样式”下拉列表框中选择，这时它们是以“域”的形式(灰色底纹)表示的。而手动输入的编号是常量，不会随着所在位置而变化。

任务三 利用标题样式快速生成目录

【任务分析】

本任务的目标是巧用标题样式快速为“公司宣传文案”生成目录。本任务分解成如图 3-27 所示的 2 步来完成。

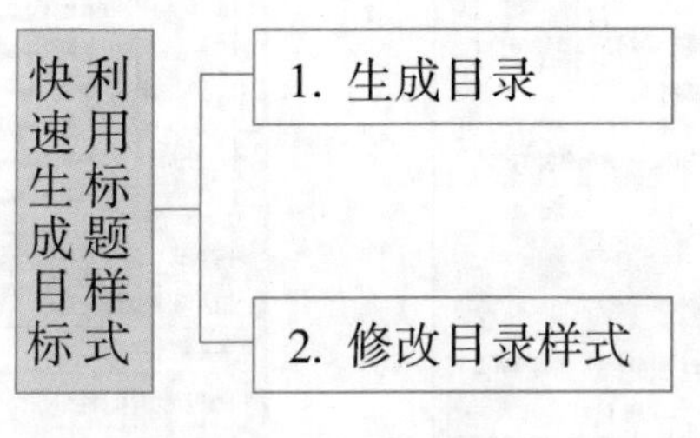

图 3-27 任务三分解

【知识储备】

目录

生成目录
视频案例

目录通常是长文档不可缺少的部分，有了目录，用户就可以清晰地了解文档的结构内容，并快速定位需要查询的内容。目录通常由两部分组成：左侧的目录标题和右侧标题所对应的页码。

【任务实施】

1. 生成目录

利用三级标题样式快速生成目录。

操作步骤如下。

(1)在“前言”内容之后插入一个空行，输入文本“目录”并将其格式设置为“居中、小二、黑体”。

(2)将插入点置于“目录”之后，在“引用”选项卡的“目录”组中单击“目录”按钮，在弹出的下拉菜单中选择“自定义目录”命令，如图 3-28 所示，打开“目录”对话框。

(3)在 “目录”选项卡的“显示级别”数值框中输入“3”，如图 3-29 所示，单击“确定”按钮，在“目录”和“领导致辞”之间自动生成当前文档的目录。

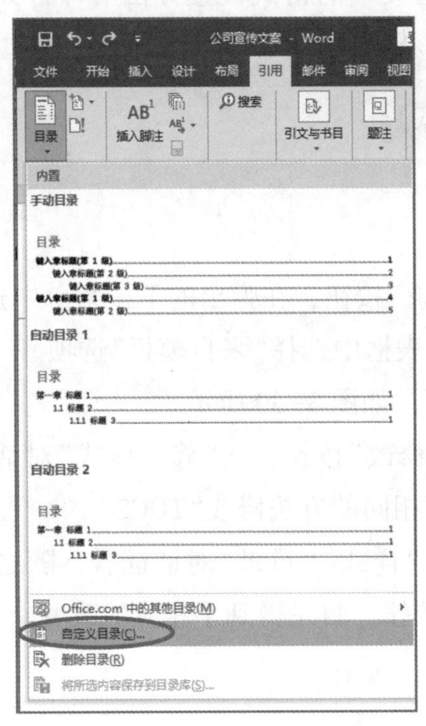

图 3-28 “自定义目录”命令

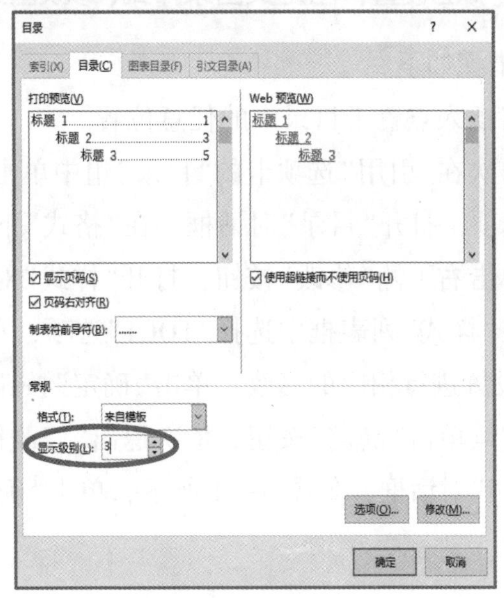

图 3-29 “目录”对话框

注意：

在插入目录前，一定要准确定位插入点，否则所生成的目录将出现在错误的位置。

知识链接

①在自动生成目录后，如果文档内容被修改，例如，内容被增删或对章节进行了调整，页码或标题就有可能发生变化，要使目录中的相关内容也随着变化，只要在目录区中右击，在弹出的快捷菜单中选择“更新域”命令，或按功能键 F9 都将出现“更新目录”对话框。如果只是文章中的正文变化了，选择“只更新页码”选项，如果标题也有所改变，选择“更新整个目录”选项，单击“确定”按钮，就可以自动更新目录了。

②目录中包含相应的标题(标题 1、标题 2、标题 3)及页码，只要将鼠标指针移到目录处，按住 Ctrl 键的同时单击某个标题，就可以定位到需要的位置。

2. 修改目录样式

如果对生成的目录格式做统一修改，那么和普通文本的格式设置方法一样；如果要分别对目录中的标题 1 和标题 2 的格式进行不同的设置，就需要修改目录样式。

按表 3-4 的设置，自定义目录样式(修改目录样式)。

操作步骤如下。

(1)将插入点置于目录中的任意位置。

(2)再次在“引用”选项卡的“目录”组中单击“目录”按钮，在弹出的下拉菜单中选择“自定义目录”选项，打开“目录”对话框，在“格式”下拉列表框中选择“来自模板”选项。

(3)单击右下侧“修改”按钮，打开“样式”对话框，如图 3-30 所示。

(4)在“样式”列表框中选择“TOC1”选项，单击“修改”按钮，在“修改样式”对话框中按表 3-4 中的设置进行相应的修改。单击“确定”按钮后用相同的方法修改“TOC2”。

(5)连续单击“确定”按钮，依次退出“修改样式”“样式”“目录”对话框后，随之打开“Microsoft Word”对话框，如图 3-31 所示，单击“确定”按钮，目录得到了相应的改变。

表 3-4　样式名称与多级编号

样式名称	字　体	字　号	段落格式
目录 1	黑体	四号	段前、段后默认值、单倍行距
目录 2	黑体	小四	段前、段后默认值、行距固定值 20 磅

知识链接

如果要删除自动生成的目录，可以在“引用”选项卡的“目录”组中，单击“目录”按钮，在弹出的下拉菜单中选择“删除目录”选项。

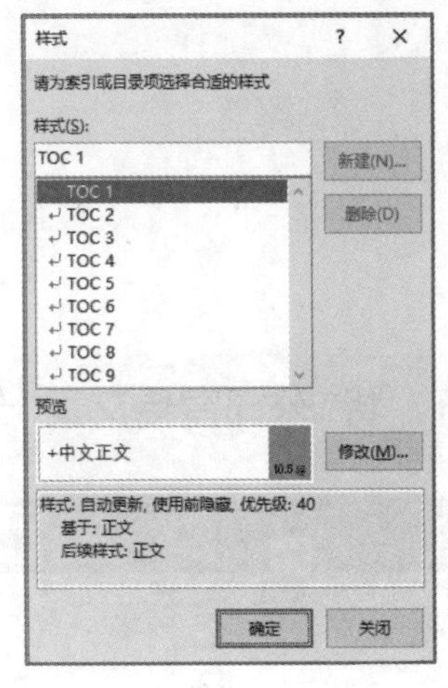

图 3-30 “样式”对话框

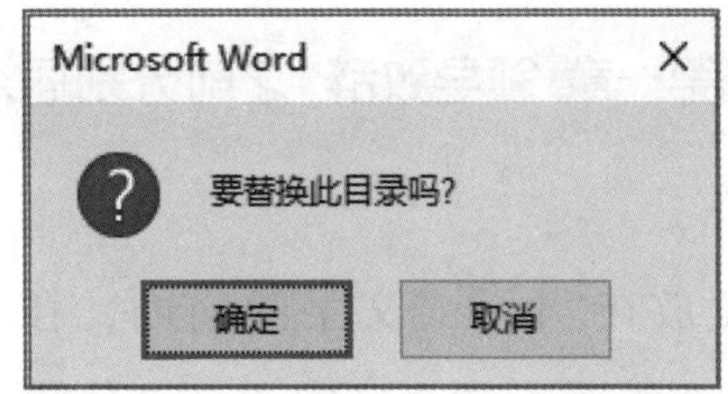

图 3-31 “Microsoft Word”对话框

任务四 利用域制作动态的页眉和页脚

【任务分析】

本任务的目标是利用“分节符”为“公司宣传文案”文档的不同部分设置不同的页眉和页脚。本任务分解成如图 3-32 所示的 3 步来完成。

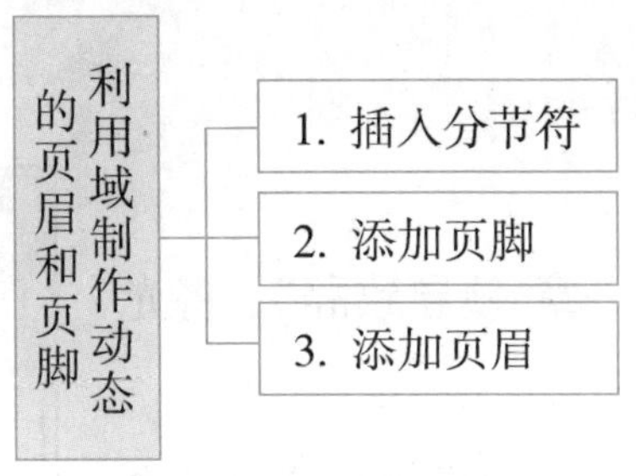

图 3-32 任务四分解

【知识储备】

1. 页眉和页脚

页眉页脚
视频案例

页眉和页脚是页面的两个特殊区域，位于文档中每个页面页边距的顶部和底部区域。通常诸如文档标题、页码、公司徽标、作者名等信息需打印在文档的页眉或页脚处。

2. 页码

页码用来表示每页在文档中的顺序。Word 可以快速地给文档添加页码，并且页码会随文档内容的增删而自动更新。

【任务实施】

1. 插入分节符

在"目录"和"第一章 领导致辞"之前分别插入分节符，将"公司宣传文案"分为 **3** 节。

操作步骤如下。

(1)将插入点放在"目录"文字的前面，在"布局"选项卡的"页面设置"组中单击"分隔符"按钮，在弹出的下拉菜单的"分节符"选项区域中选择"下一页"选项，如图 3-33 所示。

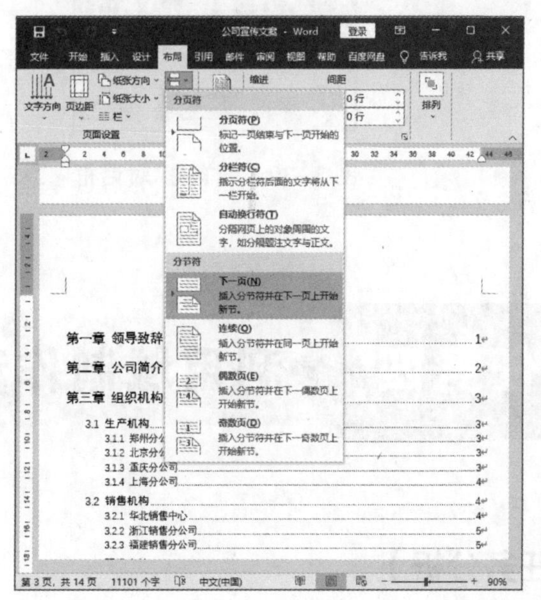

图 3-33 插入"分节符(下一页)"

(2)在"导航"窗格中选择"第一章 领导致辞"，在"第一章 领导致辞"之前插入一个分节符。

此时整篇文档按节分为了 3 个部分。接下来就可以根据需要对前言、目录和正文进行不同页面格式的设置了。

2. 添加页脚

为"公司宣传文案"正文部分添加页码。页码位置：底端，外侧；页码格式为：**1**，**2**，**3**，…，起始页码为 **1**。

操作步骤如下。

(1)在"导航"窗格中选择"第一章 领导致辞"，将光标定位到文档的第 3 节中。

(2)在"插入"选项卡的"页眉和页脚"组中单击"页脚"按钮，在弹出的如图 3-34 所示的列表框中选择"编辑页脚"选项，进入页脚编辑状态，如图 3-35 所示。此时系统自动打开了"页眉和页脚工具/设计"选项卡，如图 3-36 所示。

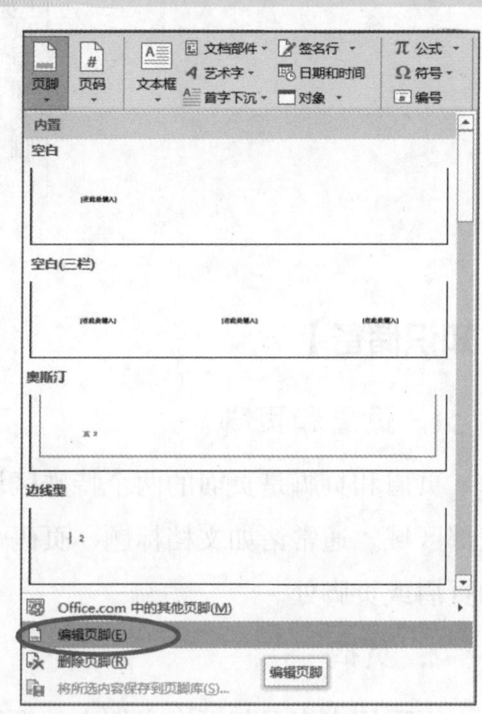

图 3-34 "页脚"下拉列表框

(3)断开各节之间的页脚链接。在如图 3-35 所示"奇数页页脚-第 3 节-"编辑状态下，在如图 3-36 所示的"页眉和页脚工具/设计"选项卡的"导航"组中单击"链接到前一节"按钮，断开奇数页页脚第 3 节与奇数页页脚第 2 节之间的链接，此时页脚右侧的"与上一节相同”字样消失。

在“页眉和页脚工具/设计”选项卡的“导航”组中单击“下一条”按钮，进入“偶数页页脚-第3节-”的编辑状态，用相同的方法断开偶数页页脚第3节与偶数页页脚第2节之间的链接。

单击两次“上一条”按钮，进入“偶数页页脚-第2节-”的编辑状态，断开偶数页第2节与偶数页第1节之间的页脚链接。

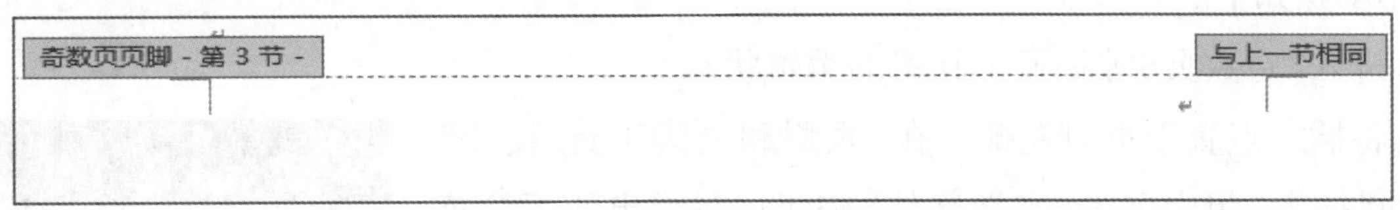

图 3-35　页脚编辑状态

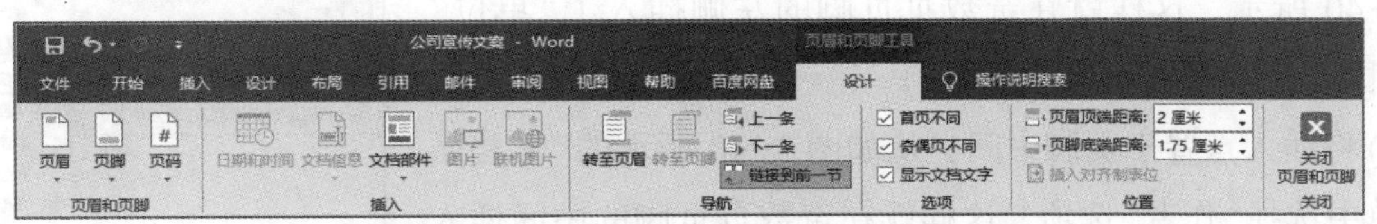

图 3-36　“页眉和页脚工具/设计”选项卡

(4)设置正文的页码。将插入点定位在“公司宣传文案”正文所在的“奇数页页脚-第3节-”中，在“页眉和页脚工具/设计”选项卡的“页眉和页脚”组中单击“页码”按钮，在弹出的下拉菜单中选择“设置页码格式”命令，打开“页码格式”对话框，在“编号格式”下拉列表框中选择“1，2，3，…”选项，在“页码编号”选项区域中选中“起始页码”单选按钮，将起始页码设置为“1”，如图3-37所示，单击“确定”按钮。

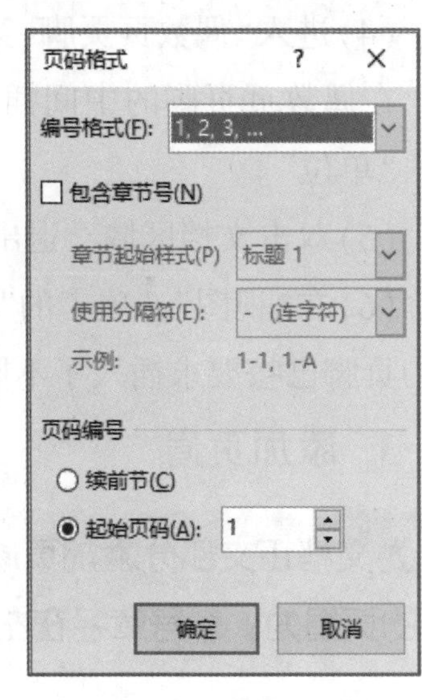

图 3-37　“页码格式”对话框

按两次Tab键，将插入点移至页脚右侧，再次单击“页码”按钮，在弹出的下拉菜单中选择“当前位置”→“普通数字”选项，则在奇数页页脚右侧插入页码“1”。

单击“下一条”按钮，进入“偶数页页脚-第3节-”的编辑状态，用同样的方法，在偶数页页脚的左侧插入页码“2”。

在文档正文部分页脚中间添加文档作者，在奇数页的左边和偶数页的右边分别添加文档单位，效果如图 **3-38** 和图 **3-39** 所示。

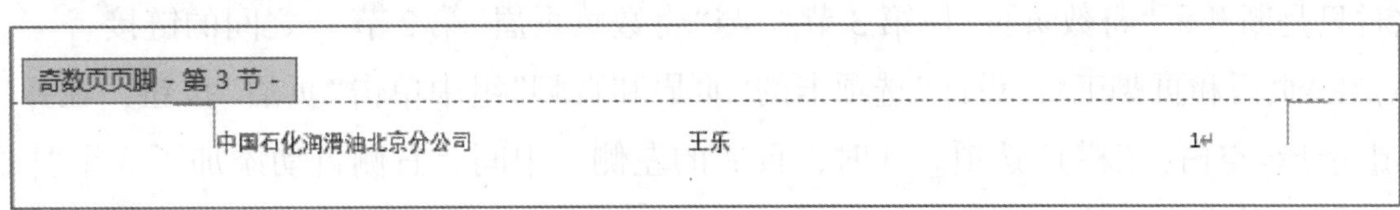

图 3-38　奇数页页脚

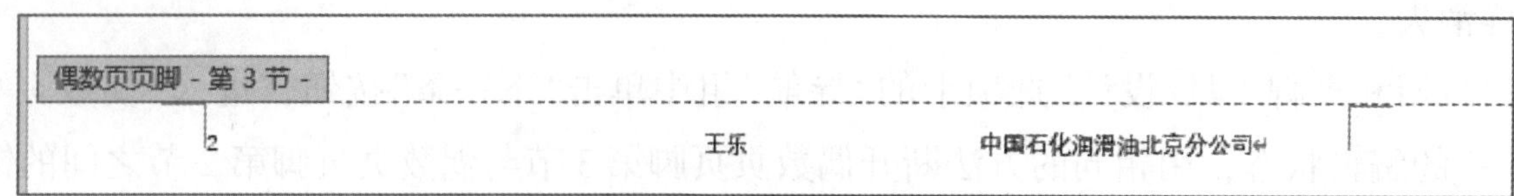

图 3-39　偶数页页脚

操作步骤如下。

(1)进入“奇数页页脚-第 3 节-”的编辑状态。

(2)将插入点置于页脚左侧，在“页眉和页脚工具/设计”选项卡的“插入”组中单击“文档部件”按钮，在弹出的下拉菜单中选择“文档属性”选项，在级联菜单中选择“单位”选项，如图 3-40 所示。这样就在奇数页页脚的左侧插入了“单位”(如“中国石化润滑油北京分公司”)。

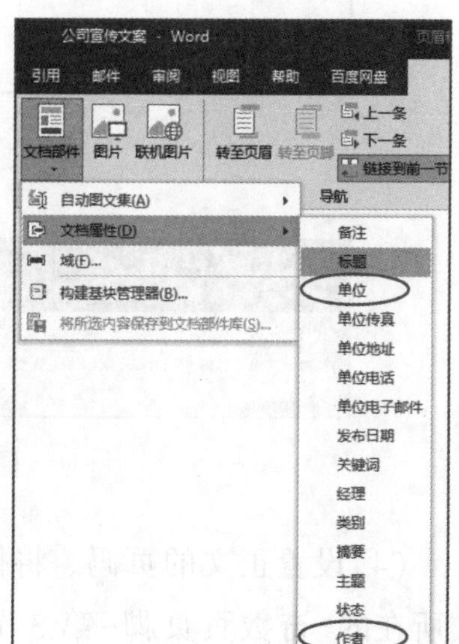

图 3-40　“文档部件”下拉菜单

(3)将插入点置于页脚中间，从如图 3-40 所示的“文档属性”菜单中选择“作者”选项。这样就在奇数页页脚的中间插入了“作者”(如“王乐”)。

(4)进入“偶数页页脚-第 3 节-”的编辑状态，用相同的方法，在偶数页页脚的中间插入“作者”，在偶数页页脚的右侧插入“单位”。

(5)双击文档区域，退出页脚编辑状态。

(6)在“视图”选项卡的“缩放”组中单击“多页”按钮，查看页脚信息，“公司宣传文案”正文的页脚已按要求插入了不同内容。

3. 添加页眉

为文档正文部分添加页眉。奇数页的页眉为：文档标题在左侧，章号章名在右侧。偶数页的页眉为：章号章名在左侧，文档标题在右侧。效果如图 3-41 与图 3-42 所示。

操作步骤如下。

(1)将光标定位到“第一章 领导致辞”处，双击“公司宣传文案”正文的页眉区域，进入页眉编辑状态。

(2)单击“导航”组中的“链接到前一节”，断开奇数页页眉第 3 节与第 2 节之间的链接，使页眉右侧“与上一节相同”的字样消失。

此时只是断开了“奇数页页眉-第 3 节-”与“奇数页页眉-第 2 节-”之间的链接。

(3)在“页眉和页脚工具/设计”选项卡的“页眉和页脚”组中单击“页眉”按钮，在弹出的下拉菜单中选择“空白(三栏)”选项。此时，页眉的左侧、中间、右侧自动添加了 3 个“[在此处键入]”标签。单击中间的“[在此处键入]”标签，按 Delete 键将其删除。

(4)单击左边的“[在此处键入]”标签，在“页眉和页脚工具/设计”选项卡的“插入”组中单击“文档部件”按钮，在弹出的下拉菜单中选择“文档属性”选项，在下一级菜单中选择“标题”选项。这样就在奇数页页眉的左侧插入了“公司宣传文案”。

(5)单击右边的“[在此处键入]”标签，在“页眉和页脚工具/设计”选项卡的“插入”组中单击“文档部件”按钮，在弹出的下拉菜单中选择“域”命令，打开“域”对话框。在“类别”下拉列表框中选择“链接和引用”选项，在“域名”列表框中选择“StyleRef”选项，在“样式名”列表框中选择“标题 1”选项，如图 3-41 所示，单击“确定”按钮。

此时在奇数页页眉右侧出现了宣传文案当前位置中标题 1 的内容。但此时还没有标题编号(如“第一章”)。

(6)将插入点放在章名的左边，重复上一步骤，在图 3-41 所示的对话框中，在“样式名”列表框中选择“标题 1”的同时选中“域选项”选项区域中的“插入段落编号”复选框，单击“确定”按钮。

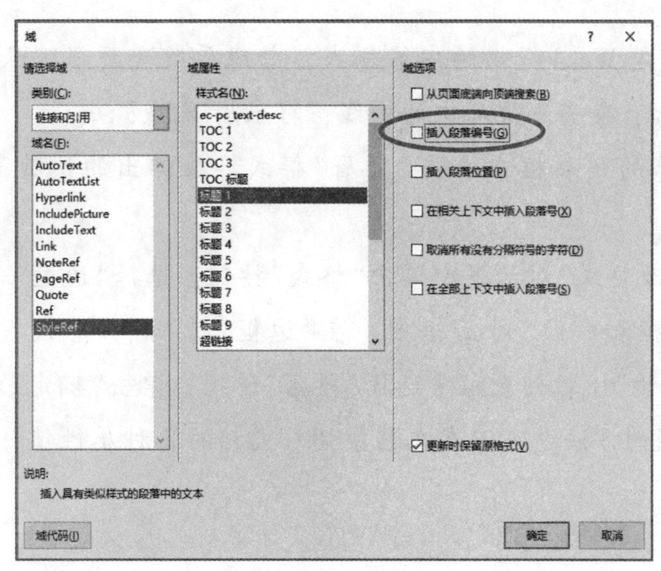

图 3-41　利用“域”对话框插入应用样式“标题 1”的章名

当前位置中标题 1 的编号(如“第一章”)就出现在了章名左侧，效果如图 3-42 所示。

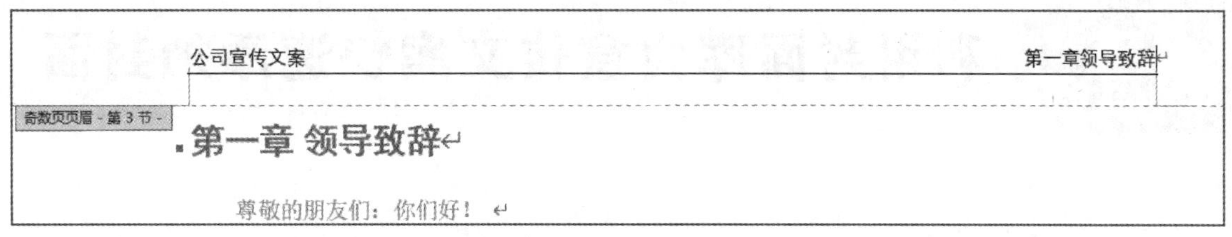

图 3-42　宣传文案正文中的奇数页页眉

(7)在“页眉和页脚工具/设计”选项卡的“导航”组中单击“下一条”按钮，进入“偶数页页眉-第 3 节-”的编辑状态，断开偶数页页眉第 3 节与偶数页页眉第 2 节之间的链接，在偶数页插入页眉，效果如图 3-43 所示。

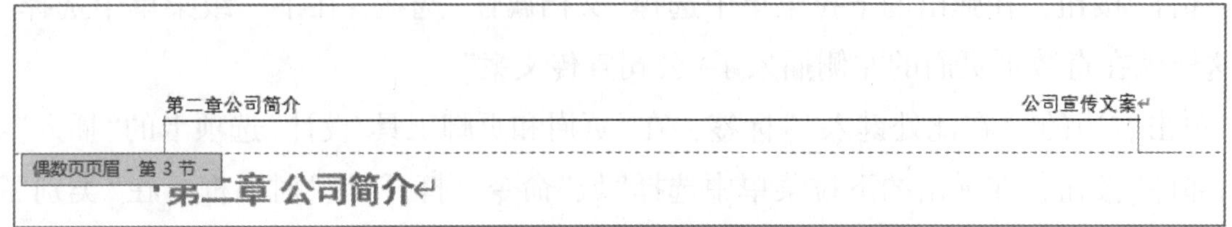

图 3-43　宣传文案正文中的偶数页页眉

(8)单击“关闭页眉和页脚”按钮，返回文档编辑状态。

(9)在“视图”选项卡的“缩放”组中单击“多页”按钮，查看页眉信息，可以看到宣传文案正文的奇/偶数页页眉中已经插入了不同的页眉内容。

知识链接

(1)“页眉”样式是 Word 提供的内置样式，若想要改变页眉默认的样式，则需要修改“页眉”样式。例如，要去除页眉中的横线，可采用下列方法。

①在“样式”窗格的列表框中右击“页眉”样式，在弹出的快捷菜单中选择“修改”命令。

②在打开的“修改样式”对话框中单击“格式”按钮，选择“边框”命令。

③在打开的“边框和底纹”对话框中，在“边框”选项卡的“设置”选项区域中选择“无”选项，在“应用于”下拉列表框中选择“段落”选项，单击“确定”按钮。

(2) 利用插入域的方法也可以在文档中插入文档的各种属性值，如标题、作者和单位等。

任务五　利用封面库为宣传文案快速添加封面

【任务分析】

本任务的目标是利用 Word 2019 提供的封面库，为“公司宣传文案”快速添加封面。本任务分解成如图 3-44 所示的 2 步来完成。

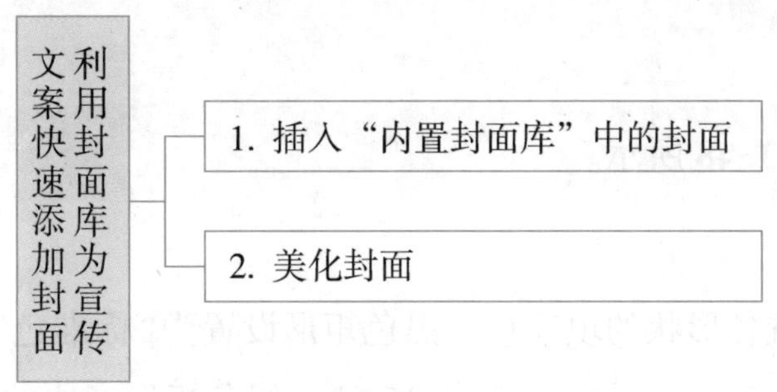

图 3-44　任务 5 分解

【知识储备】

构建基块

构建基块主要用于存储具有固定格式且经常使用的文本、图形、表格或其他特定对象。Word 2019 包含若干构建基块库（如封面库、页眉库、文本框库、文档部件库和公式库等），每个构建基块库中存储有若干构建基块。利用构建基块，可以快速输入具有固定格式的内容，从而提高工作效率。

【任务实施】

1. 插入“内置封面库”中的封面

为“公司宣传文案”文档快速添加封面。

操作步骤如下。

（1）在“插入”选项卡的“页面”组中单击“封面”按钮。打开 Word 2019 提供的内置封面库，其中包含预先设计的各种封面，如图 3-45 所示。

（2）拖动滑块，选择“运动型”封面。封面将自动作为首页插入到文档的开始位置，如图 3-46所示。其中封面的标题、作者、单位自动引用了文档属性设置的标题、作者、单位。

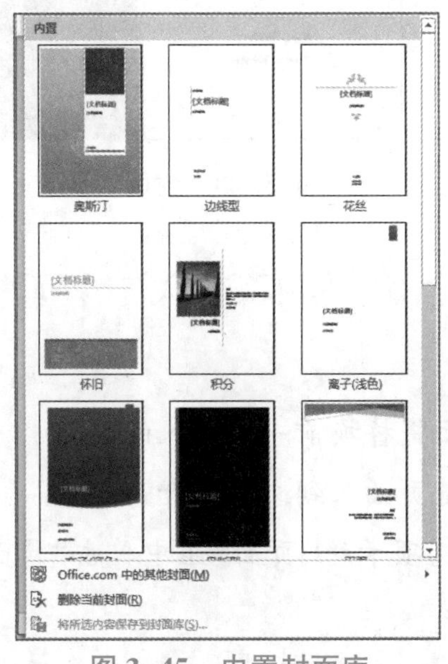

图 3-45　内置封面库

图 3-46　运动型封面

2. 美化封面

美化封面，效果如图 3-48 所示。

操作步骤如下。

(1)参照图 3-48 设置各形状的填充色。黑色矩形设置为“标准色”中的“深红”；绿色矩形设置为“主题颜色”中的“蓝色，个性 1，深色 25%”；绿色矩形旁边的条纹矩形设置为“图案填充”，前景色为“蓝色，个性，淡色 40%”，背景色为“白色”。

(2)选中封面中的图片并右击，在弹出的快捷菜单中选择“更改图片”选项，选择“图片素材”文件夹中的“图 1. jpg”图片，并调整其大小与位置。

(3)选择右上角的“[年]”，单击其右侧的向下按钮，在打开的日期框中单击“今日”按钮，如图 3-47 所示。

(4)删除右下角的“[日期]”。

(5)在左下角插入文本框，设置为“无轮廓”，并输入文本“润于心　行更畅”及“产品领先 服务领先”，如图 3-48 所示。

图 3-47　选择“今日”

图 3-48　封面效果

知识链接

①如果在文档中再次插入一个封面，新的封面将替换前一次插入的封面。

②无论插入点在文档何处，封面将自动作为首页插入到文档的开始位置。

③如果要删除所插入的封面，可以在“插入”选项卡的“页面”组中单击“封面”按钮，在弹出的下拉菜单中选择“删除当前封面”命令。

任务六 添加脚注或尾注

【任务分析】

本任务的目标是为“公司宣传文案”添加脚注，并更新其目录。本任务分解成如图 3-49 所示的 2 步来完成。

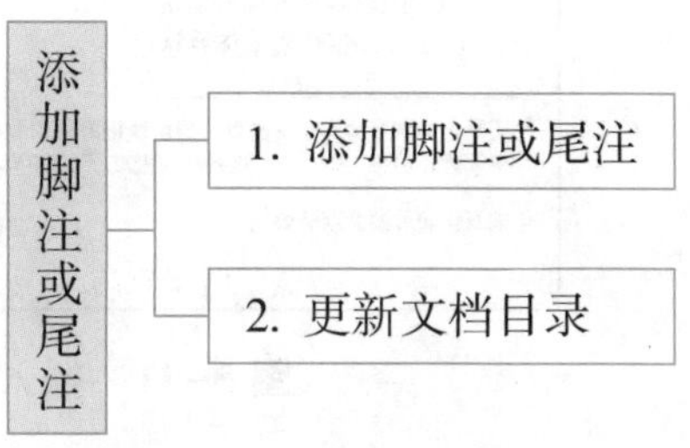

图 3-49 任务六分解

【知识储备】

脚注尾注
视频案例

脚注一般位于每页文档的底端，可以对当前页的内容进行解释，适用于对文档中的难点进行说明；而尾注一般位于文档的末尾，常用来列出文章或书籍的参考文献等。

【任务实施】

1. 添加脚注或尾注

为“公司宣传文案”**3.3.1** 北京研究院的“实验室体系”和“中国齿轮协会(**CGMA**)”添加脚注，效果如图 **3-51** 所示。

操作步骤如下。

(1)将插入点置于要添加脚注的文字“实验室体系”之后。

(2)在“引用”选项卡的“脚注”组右下角单击“对话框启动器”按钮，打开“脚注和尾注”对话框，如图 3-50 所示。

(3)在“位置”选项区域中选中“脚注”单选按钮，在“格式”选项区域中选择“编号格式”为“①、②、③…”，单击“插入”按钮。插入点自动置于页面底部的脚注编辑位置。

(4)输入脚注内容“实验室体系是为实验室的管理提供快捷方便的服务，及数据查询、统计为一体，让检测更高效。”单击文档编辑窗口任意位置，退出脚注编辑状态，完成插入脚注的工作。

(5) 用上述方法为“中国齿轮协会(CGMA)”添加脚注，脚注内容为“中国齿轮协会(CGMA)是经政府批准于1989年11月成立的全国性齿轮行业组织。”

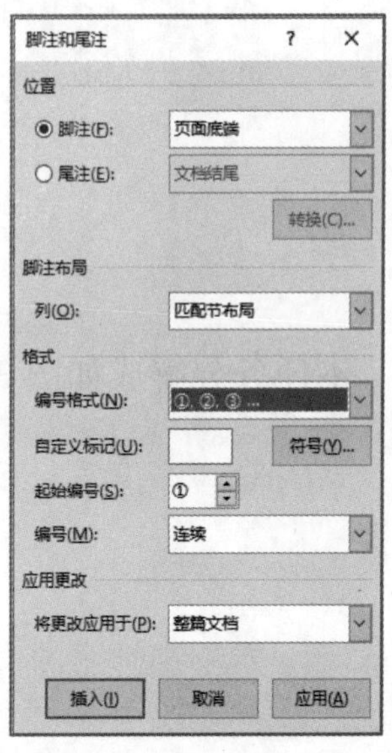

图 3-50 “脚注和尾注”对话框

3.3.1 北京研究院

北京研究院是中国石化润滑油公司下属的润滑油产品研发、分析评定、应用技术服务和咨询的科研机构。目前有博士生4人、高级工程师7人、硕士生7人，本科毕业生人12人，专业分布包括石油化工、机械设备、汽车工业、分析化学、高分子化工、化学工程和精细化工等多种专业。另外，中心还聘请了10国内知名润滑油（脂）专家作为技术顾问。

北京研究院于1999年被北京市经济委员会认定为“北京市企业技术中心”，并于2002年成为了国家认可实验室体系①，是中国石油学会石油炼制分会油品应用与开发专业委员会挂靠单位；中国齿轮协会（CGMA）②指定润滑剂评定实验室；长城-福田汽车联合油脂检测中心；长城-上柴-福田-兰州化物所联合摩擦学及表面工程实验室。目前中心共运行着四个管理体系来保证中心工作的正常进行，并且均通过了相应认证。

（1）国家实验室体系认证

（2）QS9000质量体系认证

① 实验室体系是为实验室的管理提供快捷方便的服务，及数据查询、统计为一体，让检测更高效。

② 中国齿轮协会（CGMA）是经政府批准于1989年11月成立的全国性齿轮行业组织。

中国石化润滑油北京分公司　　王 乐　　5

图 3-51 插入“脚注”后的页面效果

小技巧： ①如果要插入编码格式为“1，2，3，…”的脚注，可以直接在“脚注”组中单击“插入脚注”按钮。

②如果要删除脚注或尾注，可选定文档窗口中的脚注或尾注标记，直接按Delete键即可。

注意：

“公司宣传文案”在经过反复修改后，利用域生成的目录、标题、作者等内容有可能会发生变化，要注意及时更新域。

2. 更新文档目录

为“公司宣传文案”文档更新目录。

操作步骤如下。

(1) 将插入点置于目录中的任意位置并右击。

(2) 在弹出的快捷菜单中选择“更新域”选项，如图3-52所示，在打开的如图3-53所示的“更新目录”对话框中根据需要选择一个单选按钮，单击“确定”按钮，系统会自动完成对目录的更新。

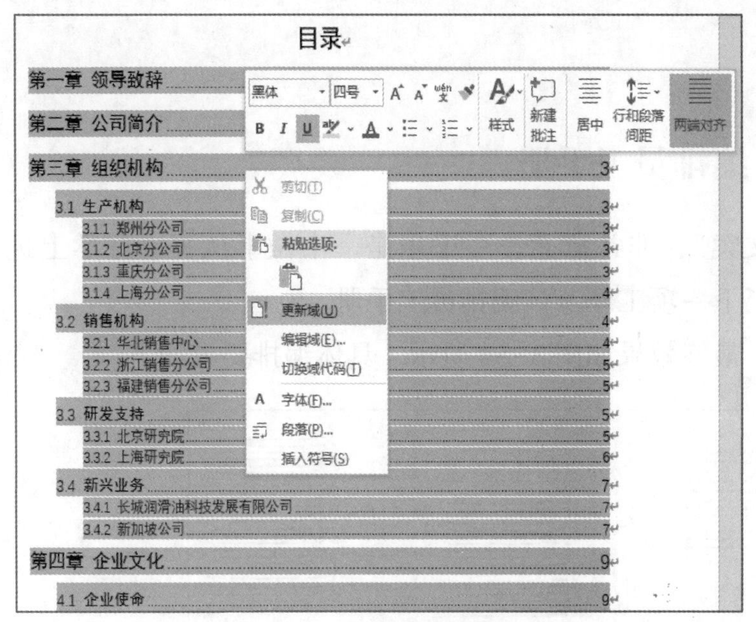

图 3-52　选择“更新域”选项

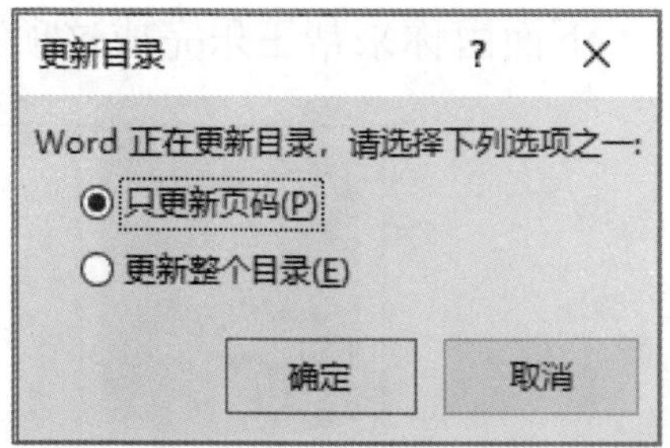

图 3-53　“更新目录”对话框

【项目总结】

本项目以“公司宣传文案”为例，详细介绍了长文档的排版方法与操作技巧。本项目的重点和难点为样式、节、页眉和页脚的设置。

使用样式可以大大提高文档的排版效率，其优点主要有如下几个。

(1)快速创建文档结构。

(2)确保文档格式的一致性。

(3)通过修改样式，可以一次性更改应用该样式的所有对象，从而实现批量修改。

(4)采用样式有助于文档之间格式的复制，可以将一个文档或模板的样式复制到另一个文档或模板中。

在当前 Word 文档中可以使用如下 3 种样式。

①内置样式。

②自定义样式。

③其他文档或模板中的样式。

利用 Word 可以为文档自动添加目录，从而使目录的制作变得非常简便，但前提是要为标题设置标题样式。当目录标题或页码发生变化时，要及时更新目录。

使用分节符可以将文档分为若干“节”，而不同的节可以设置不同的页面格式，如不同的页眉和页脚、不同的页码、不同的页边距、不同的页面边框、不同的分栏等，从而可以编排出复杂的版面，但在使用“分节符”时，注意不要同“分页符”混淆。

通过本项目的学习，还可以对企业年度总结、调查报告、使用手册、讲义、小说、杂志等长文档进行有效的排版。

【巩固练习】

编排员工手册

主管看了王乐制作的“公司宣传文案”，非常满意，夸王乐是一个做事认真、好学上进、踏实肯干的好员工，同时也给他安排了下一项工作——编排员工手册。

下面由你来帮王乐完成这项工作，最终效果如图 3-54 所示。具体编排要求如下。

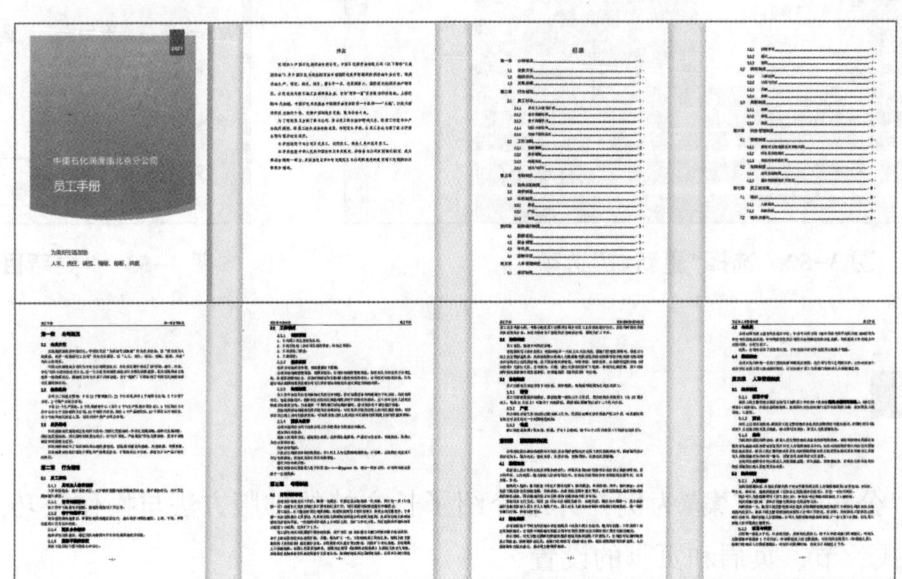

图 3-54　员工手册编排效果

打开“员工手册(素材).docx”，并将其另存为“员工手册.docx”。

任务一：设置页面及文档属性。

(1) 设置页面纸张大小为 A4，页边距：上、下各 2.5 厘米、左 3 厘米、右 2.5 厘米；页眉和页脚：奇偶页不同；距边界：页眉 2 厘米，页脚 2 厘米。

(2) 设置文档属性。标题：“员工手册”；作者：“王乐”；单位：“中国石化润滑油北京分公司”。

任务二：利用样式快速编排文档。

(1) 应用内置标题样式。

①将所有的章名(红色文字)应用“标题 1”样式。

②将所有的节名(蓝色文字)应用“标题 2”样式。

③将所有的小节名(绿色文字)应用“标题 3”样式。

(2)修改内置标题样式，设置如表 3-5 所示。

表 3-5　修改 Word 内置样式要求

样式名称	字体	字号	段落样式
标题 1	黑体	四号	段前、段后 0.5 行、单倍行距、段前分页
标题 2	黑体	小四号	段前、段后 5 磅、单倍行距
标题 3	宋体	小四号	段前、段后 0 磅、多倍行距 1.15

(3)新建“员工手册正文”样式：宋体、五号、首行缩进 2 字符、单倍行距，并将所有正文文字应用此样式。

(4)将文档“备选样式 .docx”中的“前言”“前言正文”样式复制到当前文档“员工手册 .docx”中，并将“前言”“前言正文”样式分别应用于员工手册中的“序言”、序言正文。

(5)为各级标题设置多级编号，要求如表 3-6 所示。

表 3-6　标题样式与对应的编号格式

样式名称	多级编号	位置
标题 1	第 X 章(X 的数字格式为一、二、三……)	左对齐、0 厘米
标题 2	X. Y(X、Y 的数字格式为 1、2、3……)	左对齐、0 厘米
标题 3	X. Y. Z(X、Y、Z 的数字格式为 1、2、3……)	左对齐、0.75 厘米

(6)为文档添加目录，效果如图 3-55 所示。

①在“序言”内容的最下面插入一个空行，输入“目录”，设置为“黑体、小二号，居中”。

②在“目录”下面为文档添加目录，目录的显示级别为 3，并修改目录样式：目录 1 的格式设置为“黑体、小四号、单倍行距”，目录 2 的格式设置为“黑体、小四号、行距 20 磅”，目录 3 的格式设置为“宋体、五号、行距 20 磅”。

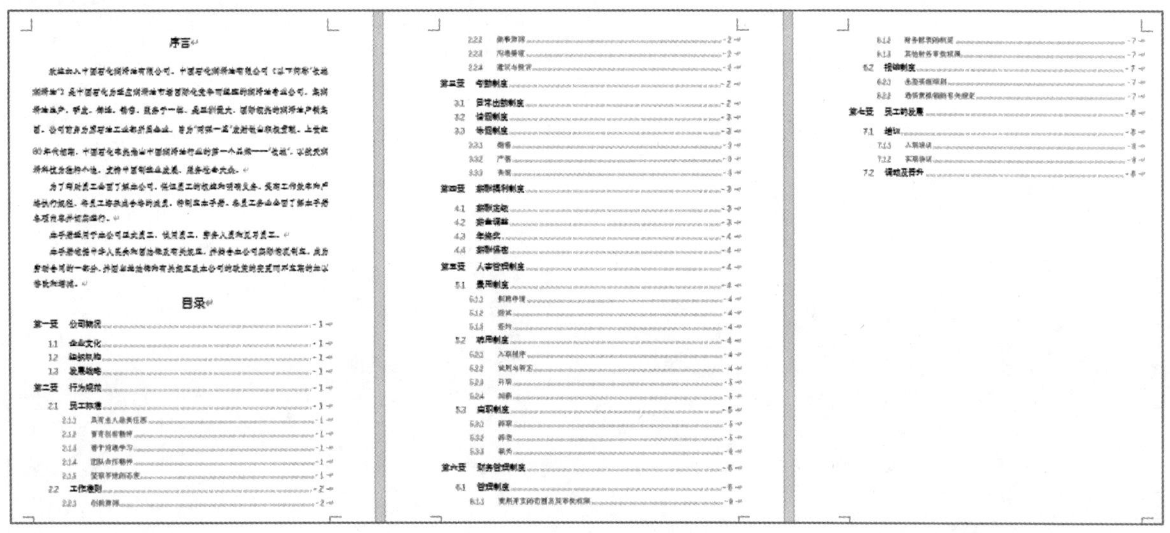

图 3-55　文档目录

任务三：为文档设置动态页眉页脚。

(1) 为文档插入分节符。分别在“目录”和“第一章 公司概况”文字之前插入分节符“下一页”，使整篇文档按序言、目录和正文分为 3 节。

(2) 为文档正文部分添加页脚(其他两节没有页脚)。

页脚处插入页码：页面底端、居中，格式为“-1-，-2-，-3-，…”，起始页码为 1。

(3) 为正文部分添加页眉(其他两节没有页眉)。

奇数页的页眉：文档标题在左侧，章号章名在右侧；偶数页的页眉：章号章名在左侧，文档标题在右侧。

任务四：利用封面库为文档设置封面。

(1) 插入“内置封面库”中的“离子(深色)”封面。

(2) 对封面进行美化。图形采用“渐变填充”，颜色分别为“主题颜色”中的“橙色，个性色 2，淡色 40%”和“橙色，个性色 2”；输入文字并进行设置。封面效果如图 3-56 所示。

图 3-56　封面效果

PROJECT 4 项目四

Word邮件合并应用——制作员工工作证

项目概述

在实际工作中，企业经常遇到给众多客户发送会议信函、公司邀请函，或制作招聘信息通知、员工工作证等情况。这些工作都具有重复率高、工作量大的特点，利用 Word 的“邮件合并”功能就能巧妙、轻松快速地加以解决。

学习导图

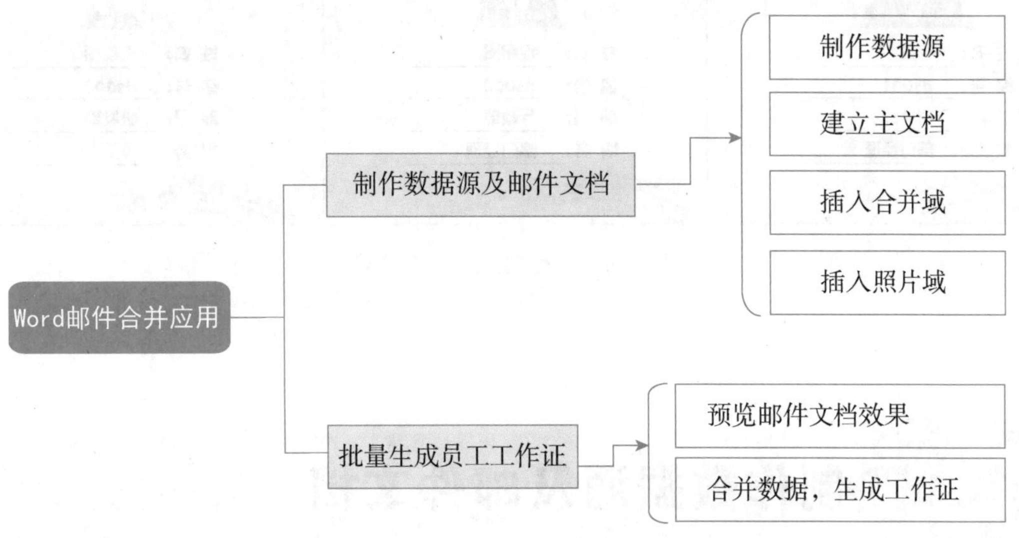

【项目分析】

李亮是一名职业院校的毕业生，应变能力强，善于学习。他被推荐到了东升科技有限公司做文秘工作。李亮上班期间，主管给他安排了一项任务，为公司所有员工制作工作证。

李亮有点犯愁，40 名员工，如果一个一个地制作，费时费力，还容易出错。如何运用学到的计算机知识解决这个问题呢？李亮想到了 Word 的邮件合并功能，借助网络的帮助，他只花了很短的时间，就准确无误地完成了员工工作证的制作。

下面是李亮的解决方案。

他首先根据公司的“员工档案管理 . xlsx”文件，利用 Excel 制作了邮件合并的数据源“员工信息表 . xlsx”，并利用 Word 制作了邮件文档“员工工作证 . docx”；然后利用 Word 的邮件合并功能生成了每个人的工作证，如图 4-1 所示。

图 4-1 “员工工作证”效果

任务一 制作数据源及邮件文档

【任务分析】

本任务的目标是利用 Excel 及 Word 的基本操作制作邮件合并的数据源、设计员工工作证，并利用 Word 邮件合并中的插入域制作邮件文档。本任务分解成如图 4-2 所示的 5 步来完成。

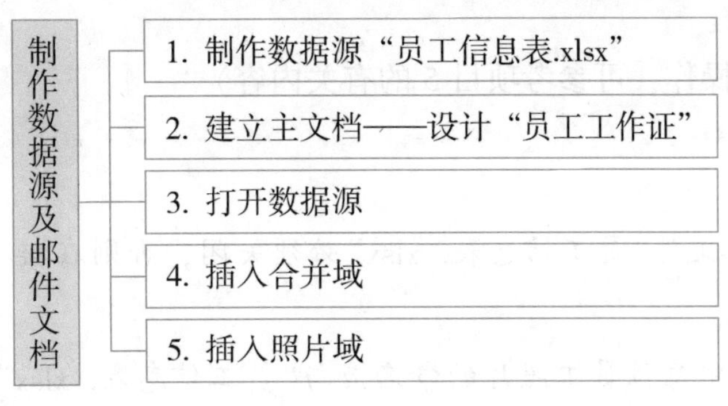

图 4-2　任务一分解

【知识储备】

“邮件合并”是将一组变化的信息（如每位员工的姓名、编号、部门、职务等）逐条插入到一个包含模板内容的 Word 文档中，从而批量生成需要的文档，大大提高工作效率。

包含模板内容的 Word 文档称为邮件文档（也称为主文档），就是包含所有文件共有内容的文档；而包含变化信息的文档称为数据源（也称为收件人），数据源可以是 Word 及 Excel 表格、Access 数据表等。邮件合并功能主要用于批量填写格式相同、只需修改少数内容的文档。

“邮件合并”除了可以批量处理信函、信封等与邮件相关的文档，还可以轻松地批量制作工作证、标签、工资条、成绩单和准考证等。

【任务实施】

1. 制作数据源“员工信息表 . xlsx”

利用“员工档案管理 . xlsx”中的数据生成数据源“员工信息表 . xlsx”。

操作步骤如下。

（1）打开“员工档案管理 . xlsx”文件，将其另存为“员工信息表 . xlsx”（原位置保存）。

（2）删除不需要的“身份证号”“出生日期”“性别”“年龄”列数据。

（3）在“姓名”列左侧插入“序号”列，并录入数据：分别在 A2、A3 单元格输入“1”“2”，同时选中 A2、A3 单元格，双击其右下角的填充柄，完成所有序号列数据的录入。

（4）用同样的方法增加“照片”列，并录入数据“photos \\ 1. jpg、photos \\ 2. jpg……”，如图 4-3 所示（其中“photos \\ 1. jpg、photos \\ 2. jpg……”是照片存放的相对路径及文件名）。

	A	B	C	D	E	F
1	序号	姓名	编号	部门	职务	照片
2	1	李娜	ds001	财务部	部门经理	photos\\1.jpg
3	2	程阳阳	ds002	行政部	部门经理	photos\\2.jpg
4	3	王佳丽	ds003	研发部	员工	photos\\3.jpg
5	4	王林	ds004	后勤部	部门经理	photos\\4.jpg
6	5	刘羽	ds005	销售部	经理助理	photos\\5.jpg
7	6	贾为国	ds006	销售部	员工	photos\\6.jpg
8	7	许国威	ds007	财务部	员工	photos\\7.jpg
9	8	孙茯苓	ds008	销售部	员工	photos\\8.jpg
10	9	刘考彤	ds009	销售部	员工	photos\\9.jpg
11	10	李振兴	ds010	销售部	部门经理	photos\\10.jpg
12	11	杨良蔷	ds011	销售部	员工	photos\\11.jpg
13	12	王桂兰	ds012	销售部	员工	photos\\12.jpg
14	13	李德光	ds013	行政部	员工	photos\\13.jpg
15	14	张国军	ds014	销售部	员工	photos\\14.jpg
16	15	王秀芳	ds015	销售部	员工	photos\\15.jpg
17	16	刘燕燕	ds016	销售部	经理助理	photos\\16.jpg
18	17	张小红	ds017	财务部	员工	photos\\17.jpg
19	18	王向栋	ds018	行政部	员工	photos\\18.jpg
20	19	李弘香	ds019	研发部	员工	photos\\19.jpg
21	20	王望乡	ds020	行政部	员工	photos\\20.jpg

Sheet1

图 4-3　员工信息表

(5)保存并关闭文件。

(此部分为 Excel 的操作，可参考项目 5 的有关内容)

> 注意：
>
> ① 此处的数据源文件“员工信息表. xlsx”必须关闭，否则在接下来的操作中会出现打不开数据源的错误。
>
> ② photos 文件夹中每位员工照片的命名应与“员工信息表. xlsx”中员工的序号一致。

2. 建立主文档——设计“员工工作证”

在 Word 中创建如图 4-4 所示的“员工工作证(主文档). docx”文档。

操作步骤如下。

(1)创建 Word 文档，页面设置：自定义纸张大小，“宽”为“9 厘米”，“高”为“12 厘米”；页边距，“上”“下”“左”“右”均为“1 厘米”。页眉页脚：0 厘米。

(2)背景设置：插入图片“beijing. jpg”作为背景，环绕文字设置为“衬于文字下方”，调整位置与大小。

(3)录入如图 4-4 所示的文字及横线。

(4)插入图片“logo. png”，环绕文字设置为“浮于文字上方”，调整位置与大小，如图 4-4 所示。

(5)将此文档保存在本项目的“课堂案例”文件夹中，文件名为“员工工作证(主文档). docx”。

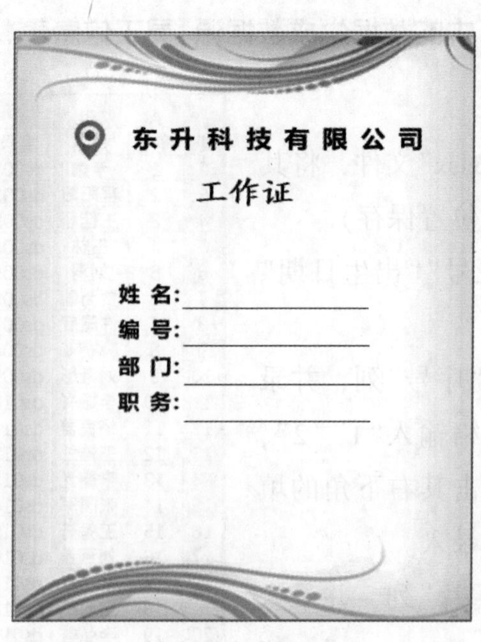

图 4-4　员工工作证

注意:

主文档“员工工作证(主文档). docx”、数据源“员工信息表. xlsx”及存放照片的文件夹“photos”必须存放在同一文件夹中。

3. 打开数据源

打开数据源“员工信息表 . xlsx”，以便邮件文档访问数据源中的信息。

操作步骤如下。

(1)打开“员工工作证(主文档). docx”。

(2)在“邮件”选项卡的“开始邮件合并”组中单击“选择收件人”按钮，在弹出的下拉菜单中选择“使用现有列表”命令，如图 4-5 所示，打开“选取数据源”对话框。

(3)找到数据源“员工信息表 . xlsx”，单击“打开”按钮后弹出“选择表格”对话框，如图 4-6 所示。

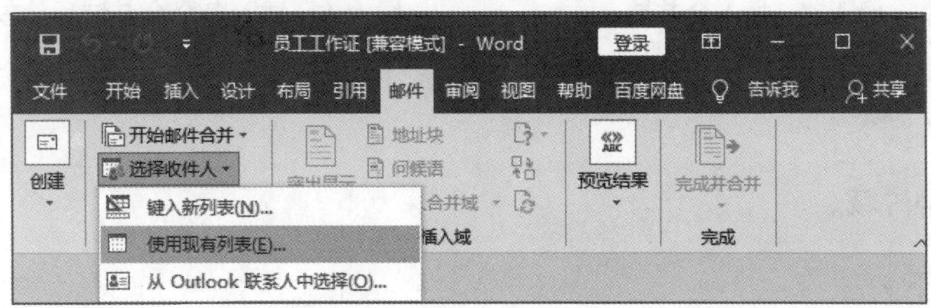

图 4-5 使用现有列表

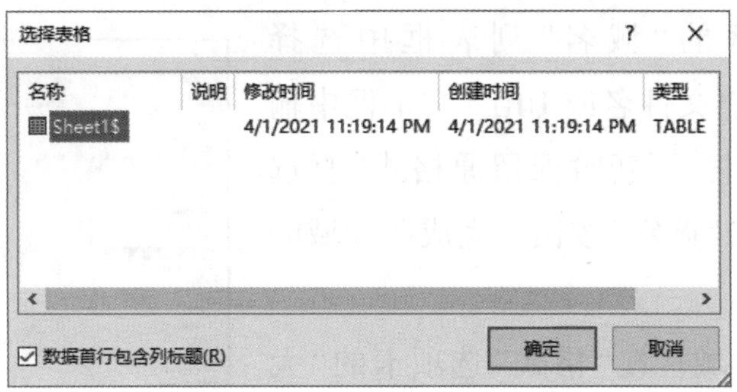

图 4-6 “选择表格”对话框

(4)在“选择表格”对话框中选择“Sheet1 $”选项，单击“确定”按钮，此时数据源“员工信息表 . xlsx”被打开，“邮件”选项卡的“编写和插入域”组中的大部分按钮也被激活。

4. 插入合并域

插入数据源中的姓名、编号、部门、职务等合并域。

操作步骤如下。

（1）将插入点放在“员工工作证（主文档）．docx”文档的“姓名”右边的横线中，在“邮件”选项卡的“编写和插入域”组中单击“插入合并域”下拉按钮，在弹出的下拉菜单中选择“姓名”选项，如图4-7所示，则在当前位置插入合并域“《姓名》”。

（2）重复步骤（1），用同样的方法插入如图4-8所示的其他合并域。

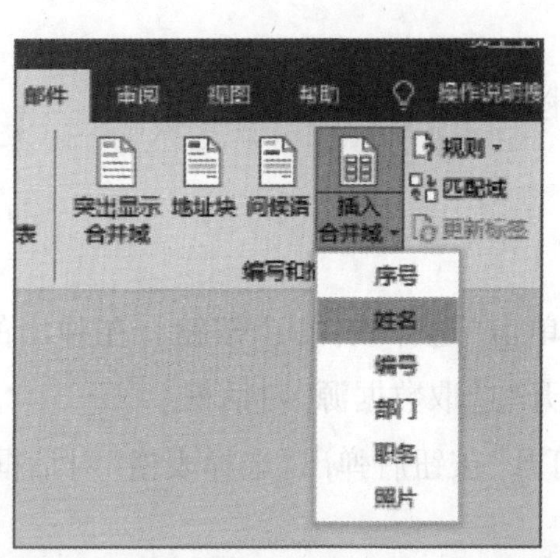

图4-7　插入合并域

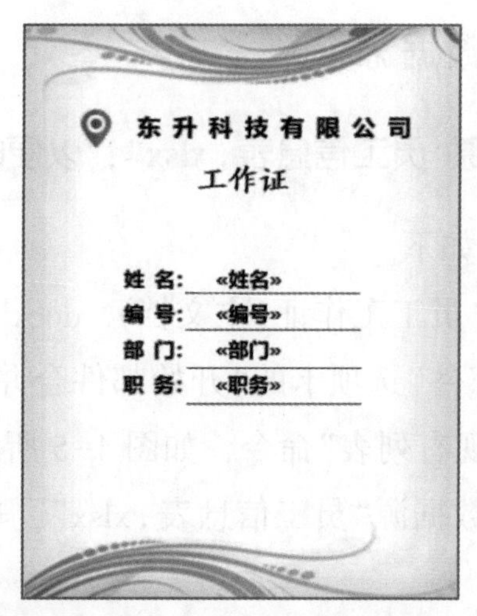

图4-8　插入多个合并域后的效果

5. 插入照片域

插入员工的照片域。

操作步骤如下。

（1）将插入点放在“员工工作证（主文档）．docx”文档需要显示照片的位置，在“插入”选项卡“文本”组中单击“文档部件”按钮，在弹出的下拉菜单中选择“域”命令，打开“域”对话框。

（2）在“域”对话框的“域名”列表框中选择“IncludePicture”选项，在“文件名或URL”文本框中输入任意字符（如A），选中“更新时保留原格式”复选框，如图4-9所示。单击“确定”按钮，完成照片域的插入。

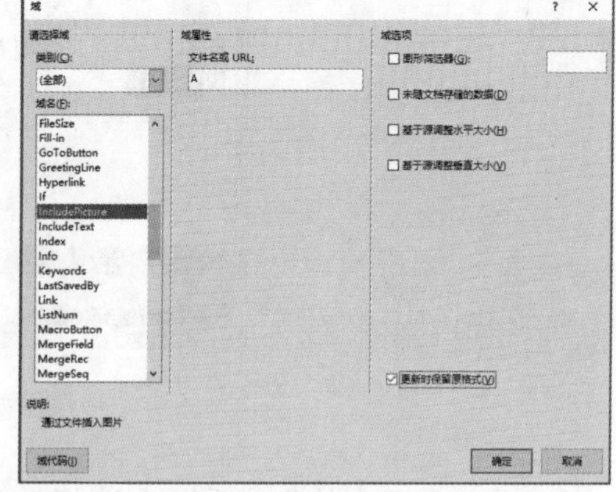

图4-9　“域”对话框

（3）选择插入的照片域，在“格式”选项卡的“大小”组中单击“对话框启动器”按钮，打开“设置图片格式”对话框。

（4）在“设置图片格式”对话框的“大小”选项卡中，取消选中的“锁定纵横比”和“相对原始图片大小”复选框，将其“高度”设置为3厘米，“宽度”设置为2厘米，如图4-10所示，单击“确定”按钮。

(5)选择整个工作证，按 Shift+F9 组合键，切换为如图 4-11 所示的域代码显示方式。

(6)选择“INCLUDEPICTURE”域中的文件名“A”，在“邮件”选项卡的“编写和插入域”组中单击“插入合并域”下拉按钮，在弹出的下拉菜单中选择“照片”选项。

(7)选择整个工作证，按 Shift+F9 组合键，切换到域代码显示方式，可以看到插入的照片域代码变为“{INCLUDEPICTURE" {MERGEFIELD 照片} " *MERGEFORMAT}”。

(8)选择整个工作证，按 F9 键，刷新域显示，可以看到照片已被正确地显示出来，如图 4-12 所示。

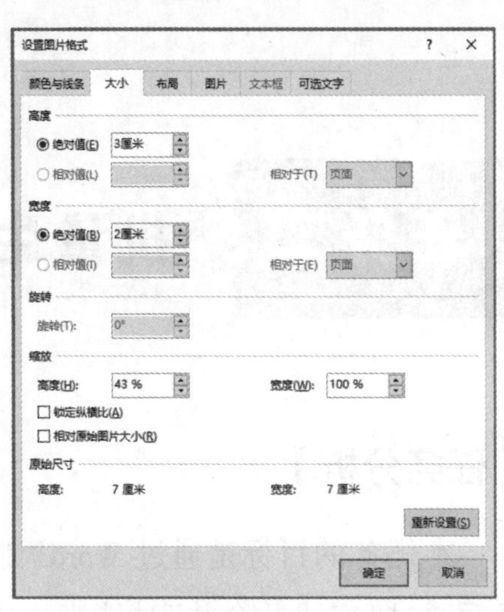

图 4-10　调整照片域大小

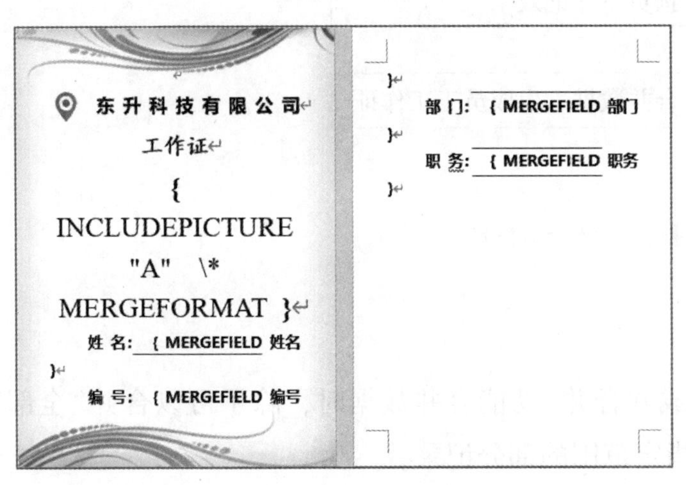

图 4-11　域代码显示方式

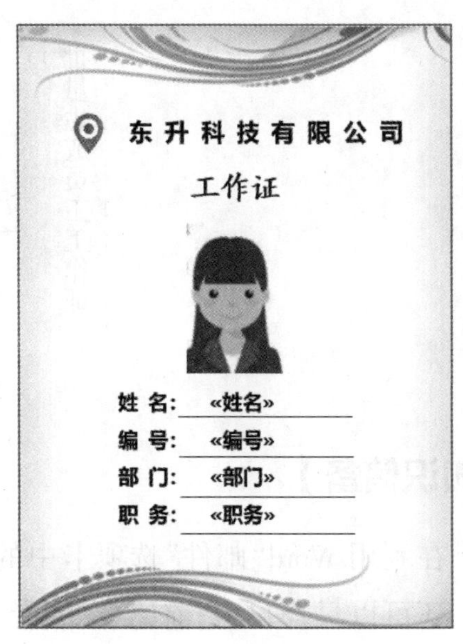

图 4-12　员工工作证

注意:

①在数据源中，存放的不是照片而是照片地址，邮件文档通过访问照片地址来获取照片。

②插入嵌入型的照片后，在图 4-9 中如果取消选中“更新时保留原格式”复选框，照片将按其原始大小进行显示，选中该复选框后，系统自动将图片调整为照片域设定的大小。如果插入的照片不是嵌入型，就不能设置统一尺寸。

任务二 批量生成员工工作证

【任务分析】

本任务的目标是通过 Word“邮件”选项卡中的“预览结果”功能查看员工工作证的效果，满意后通过“完成并合并”功能来生成所有员工的工作证。本任务分解成如图 4-13 所示的 2 步来完成。

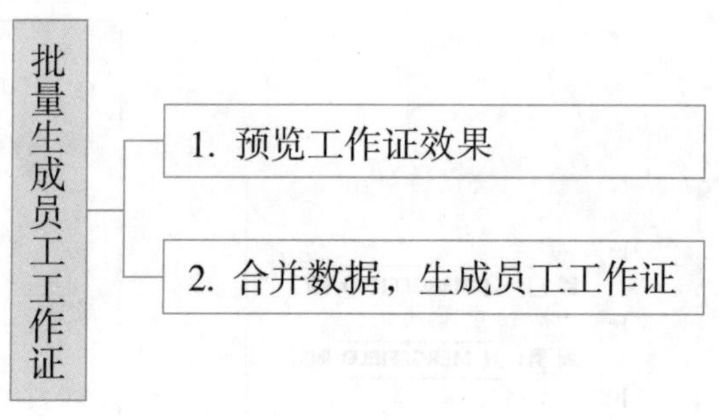

图 4-13　任务二分解

【知识储备】

在利用 Word“邮件”选项卡中的“完成并合并”功能合并数据时，除了可以合并“全部”记录，还可以只合并“当前记录”或者合并指定范围的部分记录。

生成的合并文档需要先进行保存，然后选择整个文档后，按 F9 键更新整个文档，才能看到最终的效果。

【任务实施】

1. 预览工作证效果

在制作好的邮件文档“员工工作证(主文档). docx”中，可以通过预览查看效果是否符合要求。

预览员工工作证效果。

操作步骤如下。

(1)选择“邮件”选项卡，单击“预览结果”组中的“预览结果”按钮，对工作证布局不满意的地方进行简单调整，使版面美观整齐，最终工作证效果如图 4-14 所示。

图 4-14 工作证效果

（2）保存制作好的邮件文档。

2. 合并数据，生成员工工作证

将“员工信息表.xlsx”中的数据合并到“员工工作证(主文档).docx”文档中。

操作步骤如下。

（1）打开“员工工作证(主文档). docx”文档，在弹出的“Microsoft Word”对话框中单击“是”按钮，如图 4-15 所示，打开与“员工工作证(主文档). docx”相关联的数据源。

（2）选择“邮件”选项卡，单击“完成”组中的“完成并合并”按钮，在弹出的下拉菜单中选择“编辑单个文档”命令，打开“合并到新文档”对话框。

（3）在如图 4-16 所示的“合并到新文档”对话框中，在“合并记录”选项区域中选择“全部”单选按钮，单击“确定”按钮，就生成了包含所有员工的新文档，此时该文档中所有照片都是一样的。

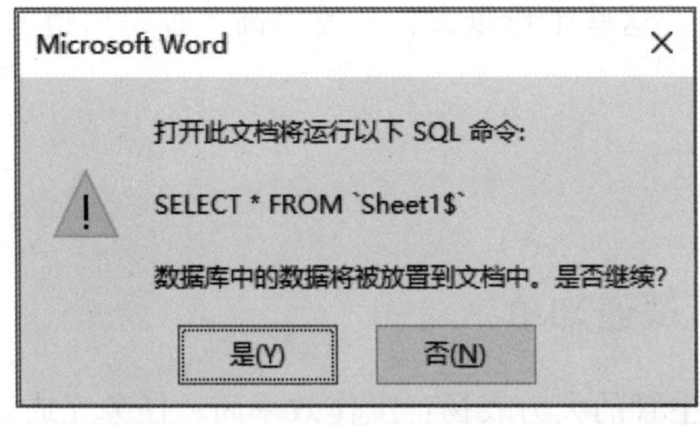

图 4-15 “Microsoft Word”对话框

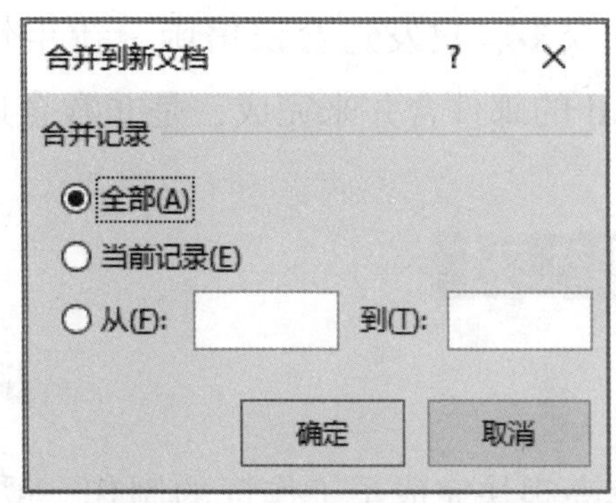

图 4-16 “合并到新文档”对话框

(4)将合并生成的“信函1”文档保存在本项目的“课堂案例”文件夹中，文件命名为“员工工作证”。

(5)按Ctrl+A组合键，选择整个文档，按F9键更新所有域，可以看到生成了如图4-1所示的员工工作证。

> 注意：
>
> ①生成的合并文档如果包含照片，需要先将合并文档保存到邮件文档和数据源文件所在的文件夹中，再刷新整个文档，才能实现照片的正确显示。
>
> ②带有邮件合并功能的文档“员工工作证(主文档).docx”里包含数据源信息，所以在每次打开时一定要保证数据源文件(如“员工信息表.xlsx”)仍然存在，否则就不能将数据源文件中的数据合并。生成的“员工工作证.docx”文档是实现了邮件合并功能后的结果，属于最终结果，与数据源已经脱离关系。

【项目总结】

本项目通过制作“员工工作证”，详细介绍了邮件合并的操作方法和应用技巧。邮件合并的操作主要有以下3个步骤。

(1)建立数据源，通常是Excel中的表格或数据。

(2)建立邮件文档(主文档)，即制作文档中不变的部分(相当于模板)，如“员工工作证”中不变的部分。

(3)插入合并域，即制作文档中变化的部分。将数据源中的相应内容，以域的方式插入到主文档中。

如果要插入照片，需要通过插入“文档部件”及“插入合并域”的方式来实现。

在制作好邮件文档后，最后合并数据，生成需要的员工工作证。可以将数据合并到新文档，也可以合并到打印机直接打印出来，或者合并到电子邮件直接发送出去。在合并数据时，除了可以合并全部记录，还可以只合并当前记录，或只合并指定范围的部分记录。

运用邮件合并，可以在很短的时间内批量制作员工工作证、面试通知书、成绩单，或给企业的众多客户发送会议信函、新年贺卡等。这些工作量大、重复率高、容易出错的工作，用Word的邮件合并来完成，是非常合适的。

【巩固练习】

制作面试通知单

李亮很快完成了工作证的制作，受到了主管的大力表扬：工作效率高、任务完成好、学习能力强。李亮看到主管在用Word的常规方法制作面试通知单，主动把这项任务也要了过来。下面请你帮助李亮完成如图 4-17 所示面试通知单的制作。

具体要求如下：

(1) 页面设置：A4 纸，页边距：上、下 2 厘米，左、右 3 厘米。

(2) 面试通知单主文档用表格制作，并插入背景图片“beijing. jpg”及“logo. png”，调整其位置与大小，如图 4-18 所示。

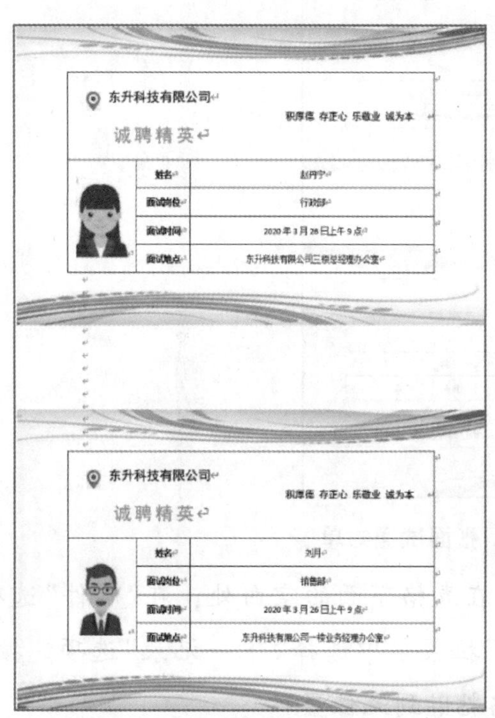

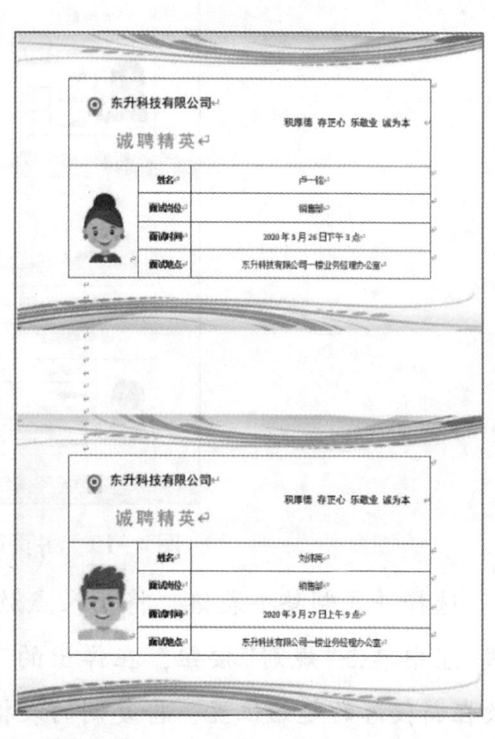

图 4-17　面试通知单

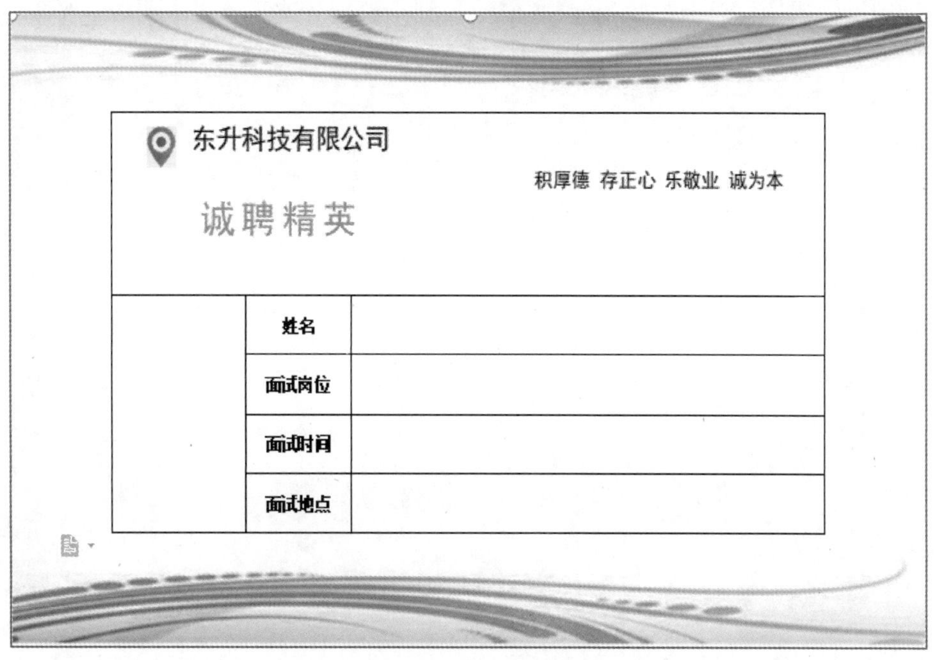

图 4-18　面试通知单背景及表格

(3)数据源文件为“面试信息表.xlsx”，插入姓名、面试岗位、面试时间、面试地点等合并域及照片域，调整照片大小：高 3.5 厘米，宽 2.5 厘米。

(4)每页 A4 纸放两张面试通知单，预览结果如图 4-19 所示。

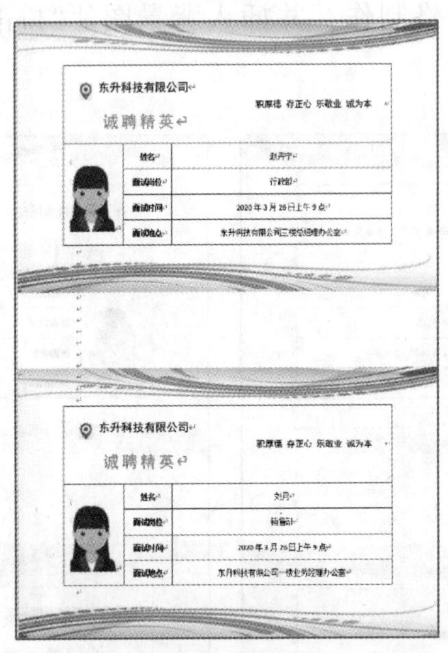

图 4-19　每页两张面试通知单

(提示：选择并复制整个表格，将插入点放在表格下面的空白处，在“邮件”选项卡的“编写和插入域”组中单击“规则”按钮，在弹出的下拉菜单中选择“下一记录”选项。按 Enter 键，将插入点放在新段落的起始位置，将复制的表格粘贴到此位置)

(5)合并数据，生成面试通知单，保存后按 F9 键进行刷新。

模块二

Excel 2019 数据统计分析

PROJECT 5 项目五

Excel基本应用——员工绩效考核成绩统计

项目概述

本项目以处理员工考核成绩为例，介绍Excel的数据采集、数据处理和数据输出。其中包括数据录入、公式与函数、单元格格式化设置、工作表间的操作、数据筛选等内容。此外，还介绍排名函数RANK.EQ、逻辑判断函数IFS及统计类函数COUNT、COUNTA、COUNTIF、COUNTIFS的应用。

学习导图

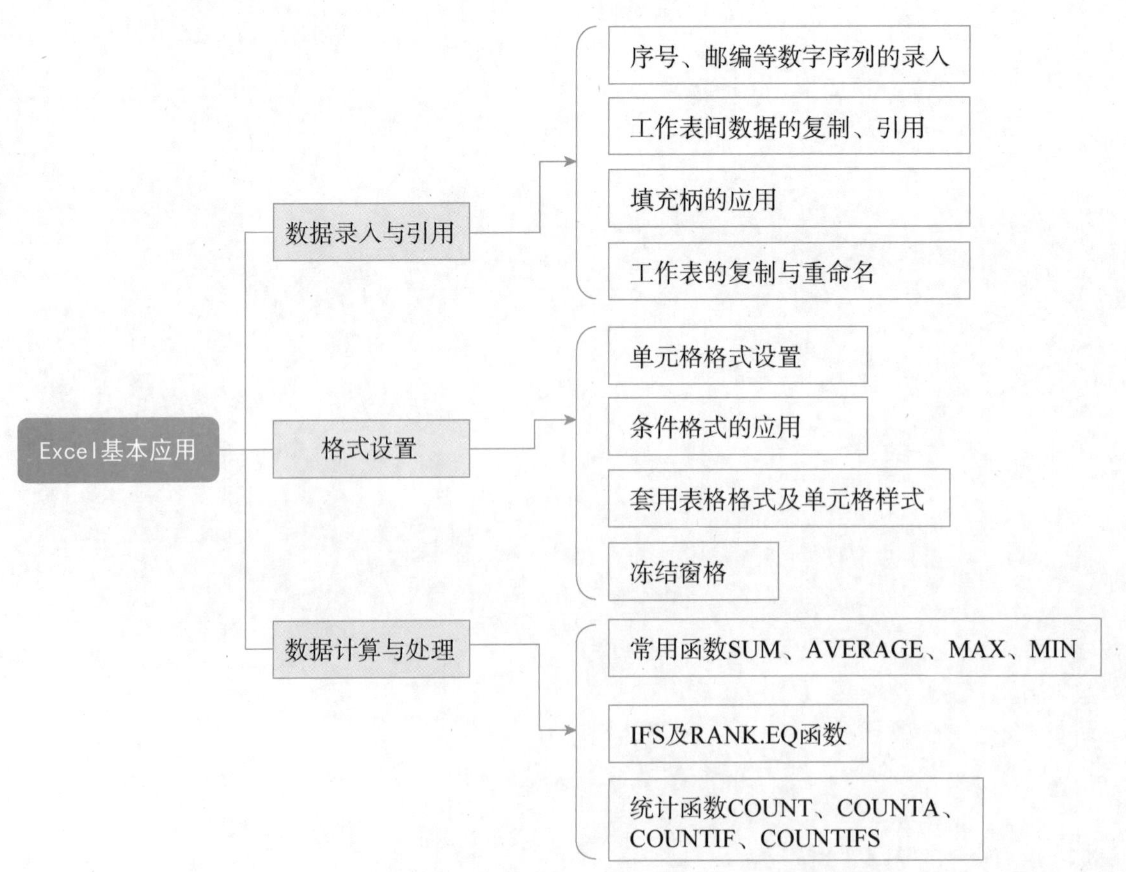

【项目分析】

李亮用极短的时间完成工作证和面试通知单的制作之后，“Office 高手”的称号就在同事之间传开了。领导也很欣赏李亮的学习能力和踏实认真的工作态度，在年终员工绩效考核之后，把很重要的一项任务——绩效考核成绩统计交给他来完成。

李亮看着 40 名员工的考核成绩，心里有些紧张：第一，在成绩公布之前，这些数据得保密；第二，大家都想尽快知道考核成绩。于是，他又学起了 Excel。经过一个晚上的学习和分析，李亮确定了下面的解决方案。

李亮首先完善“考核成绩”工作表，计算出“总成绩”“考核名次”及各考核项的最高分、最低分和平均分，如图 5-1 所示。接下来他又设计了如图 5-2 所示的“考核等级”、如图 5-3 所示的“考核等级打印”、如图 5-4 所示的“业务水平为 A 的员工”、如图 5-5 所示的“各考核项都为 A 的员工”、如图 5-6 所示的“至少有 1 项为 D 的员工”等几个工作表。

东升科技有限公司绩效考核成绩表

序号	员工姓名	工作态度	基础能力	业务水平	责任感	总成绩	考核名次
001	李娜	79	100	100	84	363	4
002	程阳阳	91	94	75	81	341	11
003	王佳丽	92	97	98	95	382	1
004	王林	84	95	96	95	370	2
005	刘羽	81	95	95	80	351	7
006	贾为国	81	79	94	93	347	8
007	许国威	84	100	72	98	354	5
008	孙茯苓	70	97	90	73	330	15

考核成绩　考核等级　考核等级 …

图 5-1　“考核成绩”工作表

东升科技有限公司绩效考核等级表

序号	员工姓名	工作态度	基础能力	业务水平	责任感
016	刘燕燕	B	B	A	B
017	张小红	B	A	A	A
018	王向栋	C	B	A	D
019	李弘香	D	D	D	D
020	王望乡	B	D	B	D
021	张长舸	C	A	B	A
022	王强	A	C	B	A
023	李翠莲	A	A	B	A
024	赵铁钧	C	A	D	B

考核成绩　考核等级 …

图 5-2　“考核等级”工作表

序号	员工姓名	工作态度	基础能力	业务水平	责任感
001	李娜	B	A	A	A
序号	员工姓名	工作态度	基础能力	业务水平	责任感
002	程阳阳	A	A	B	A
序号	员工姓名	工作态度	基础能力	业务水平	责任感
003	王佳丽	A	A	A	A
序号	员工姓名	工作态度	基础能力	业务水平	责任感
004	王林	A	A	A	A
序号	员工姓名	工作态度	基础能力	业务水平	责任感
005	刘羽	A	A	A	A

… 考核等级打印　业务水平 …

图 5-3　“考核等级打印”工作表

序号	员工姓名	工作态度	基础能力	业务水平	责任感
001	李娜	B	A	A	A
003	王佳丽	A	A	A	A
004	王林	A	A	A	A
005	刘羽	A	A	A	A
006	贾为国	A	B	A	A
008	孙茯苓	B	A	A	B
010	李振兴	B	B	A	C
011	杨良蔷	C	A	A	A
013	李德光	A	A	A	B
014	张国军	B	C	A	A
015	王秀芳	A	C	A	A
016	刘燕燕	B	B	A	B
017	张小红	B	A	A	A
018	王向栋	C	B	A	D
026	赵宏	A	A	A	A
029	杨阳	A	A	A	A
030	李国强	C	B	A	B
031	彭国华	A	A	A	A
033	孙丽萍	C	B	A	B
034	王保国	B	A	A	C
040	张兴	A	B	A	C

… 业务水平为A的员工 …

图 5-4　“业务水平为 A 的员工”工作表

	A	B	C	D	E	F
1	工作态度	基础能力	业务水平	责任感		
2	A	A	A	A		
3						
4						
5						
6	序号	员工姓名	工作态度	基础能力	业务水平	责任感
7	003	王佳丽	A	A	A	A
8	004	王林	A	A	A	A
9	005	刘羽	A	A	A	A
10	026	赵宏	A	A	A	A
11	029	杨阳	A	A	A	A
12	031	彭国华	A	A	A	A
13						

各考核项都为A的员工

图 5-5 “各考核项都为 A 的员工”工作表

	A	B	C	D	E	F
1	工作态度	基础能力	业务水平	责任感		
2	D					
3		D				
4			D			
5				D		
6						
7						
8	序号	员工姓名	工作态度	基础能力	业务水平	责任感
9	018	王向栋	C	B	A	D
10	019	李弘香	D	D	D	D
11	020	王望乡	B	D	B	D
12	024	赵铁钧	C	A	D	B
13	027	王红	D	A	D	C
14	032	赵青军	B	A	D	B
15	035	韩学平	A	D	B	C
16	036	吴子进	C	C	D	C
17	037	薄明明	D	D	D	D
18	039	钟华	B	D	C	C

至少有1项为D的员工

图 5-6 “至少有 1 项为 D 的员工”工作表

任务一 完善“考核成绩”工作表

【任务分析】

本任务的目标是利用各种录入技巧、常用函数及 RANK. EQ 函数完善“考核成绩”工作表，并对单元格进行格式化设置，效果如图 5-1 所示。本任务分解成如图 5-7 所示的 4 步来完成。

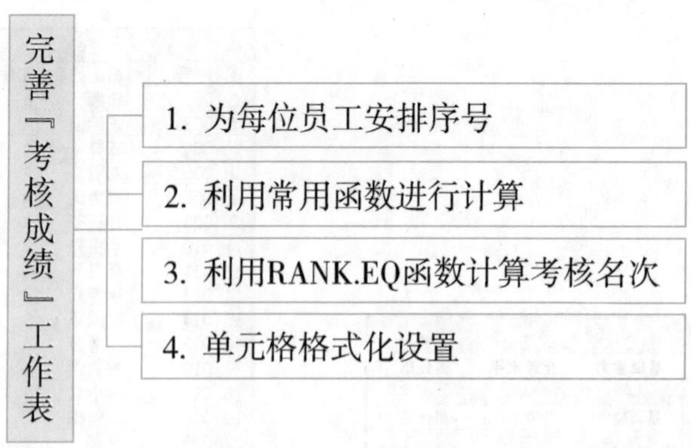

图 5-7 任务 1 分解

【知识储备】

1. 常用数据类型及录入技巧

在 Excel 中，数据有多种类型，最常用的数据类型有数值型、文本型、日期型等。数值型

数据包括0~9、+、-、E、%、小数点和千分位符号等，默认对齐方式为右对齐；文本型数据包括汉字、字母、数字、空格和符号等，默认对齐方式为左对齐。

快速录入有很多技巧，如利用填充柄自动填充、按 Ctrl+Enter 组合键在不相邻的单元格中自动填充重复数据等。

快速录入
视频案例

2. 公式和常用函数的使用

Excel 中的“公式”是指在单元格中执行计算功能的等式，所有公式都必须以等号“=”开头，“=”后面是参与计算的运算数和运算符。

Excel 中的“函数”是一种预定义的内置公式，它使用一些称为参数的特定数值，按特定的顺序或结构进行计算，然后返回结果。大部分函数都包含函数名、参数和圆括号三部分。

3. 排名函数 RANK. EQ

RANK. EQ
视频实例

RANK. EQ 是计算排名的函数，返回一个数字在一列数字中相对于其他数值的大小排名。若多个值具有相同的排名，则返回该组数值的最佳排名。

语法格式：RANK. EQ(number, ref, [order])

参数说明：

number：需要找到排名的数字。

ref：一组数或对一个数字列表的引用。ref 中的非数字值将被忽略。

order：一个数字，指定排名的方式。如果为 0 或忽略，降序；非零值，升序。

函数 RANK. EQ 对重复数的排名相同，返回该组数值的最佳排名。但重复数的存在将影响后续数值的排名。例如，在一列按降序排列的数中，如果有两个第 1 名，就没有第 2 名，如果有 3 个第 1 名，就没有第 2 名和第 3 名。

4. 单元格的格式化设置

单元格的格式化包括设置数据类型、字体、单元格对齐方式、单元格边框及底纹等。

【任务实施】

1. 为每位员工安排序号

为了方便后面的操作，首先为每位员工安排序号。

打开“员工绩效考核成绩(素材). xlsx”，将其另存为“员工绩效考核成绩 . xlsx”。

操作步骤如下。

(1)启动 Excel 程序，选择左侧窗格中的“打开”选项，双击“这台电脑”按钮，在弹出的“打开”对话框中找到“员工绩效考核成绩(素材). xlsx”文件，单击“打开”按钮。也可以在不启动 Excel 程序的情况下，双击 “员工绩效考核成绩(素材). xlsx”文件名直接打开文件。

(2)单击“文件”菜单项，在左侧窗格中选择“另存为”选项，选择保存文件的位置，在“文件名”组合框中输入新的文件名“员工绩效考核成绩”，单击“保存类型”下拉按钮，在弹出的菜单中选择最上面的“Excel 工作簿”，如图 5-8 所示。最后单击“保存”按钮，即可将文件保存在指定文件夹中。

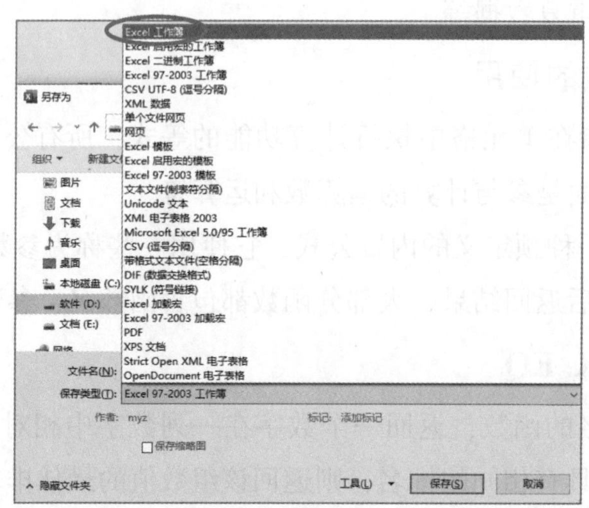

图 5-8　保存类型为 Excel 工作簿

知识链接

①每个工作簿都是一个 Excel 文件，通常由多个工作表组成，启动 Excel 时，新建空白工作簿“工作簿 1”。如图 5-9 所示，“工作簿 1”中包含“Sheet1”一张工作表，用户可根据实际需要插入或者删除工作表。

②每个工作表都是一个由若干行或列组成的二维表格，它是 Excel 的工作区。每个行列的交叉点称为单元格。每个单元格用其所在的列标和行号表示，称为单元格地址。例如：工作表第 3 行、第 5 列的单元格用 E3 表示。

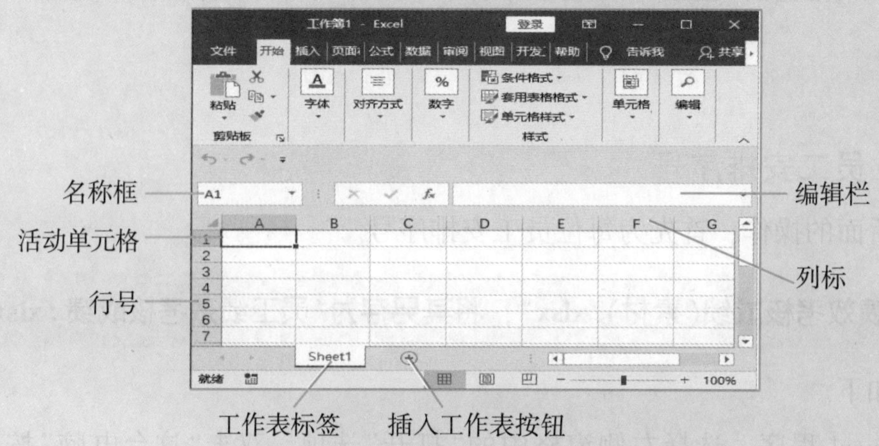

图 5-9　Excel 工作界面

③当前被选中的单元格就是活动单元格，任何数据都只能在活动单元格中输入。活动单元格的数据还会显示在编辑栏中，可以直接在编辑栏中修改数据。

④名称框用于显示活动单元格的地址或定义单元格区域的名称。

注意：

如果 Excel 文件是兼容模式，一定要另存为“Excel 工作簿”保存类型，否则 Excel 的部分功能将不能使用。

在“考核成绩”工作表中插入“序号”列，为每位员工安排序号(001、002……)。

操作步骤如下。

(1)在“考核成绩”工作表中选择 A 列数据并右击，在弹出的快捷菜单中选择“插入”选项，则在“员工姓名”前面插入一个空白列，在 A1 单元格中输入“序号”。

(2)选择 A2 单元格，输入西文单引号“'”后，再输入序号“001”，按 Enter 键。

(3)鼠标指针指向 A2 单元格的“填充柄”(位于单元格右下角的小方块)，当鼠标指针变为黑十字形时，拖动鼠标至目标单元格 A41，此时完成了序号的输入。

知识链接

①在实际工作中，像学号、电话号码、身份证号、银行账户、邮政编号、以零开头的序列号等数字信息将以“文本”的形式对待。除了在数字前加上西文单引号“'”，还可以先选择要改变数字格式的单元格，在“开始”选项卡“数字”组中的“数字格式”下拉菜单中选择“文本”选项，将单元格的格式设置为“文本”类型，再输入即可。

②使用 Excel 提供的“自动填充”功能，可以极大地减少数据输入的工作量。自动填充可以进行文本、数字、日期等序列的填充，也可以进行数据和公式的复制等。

③填充柄是位于所选择的单元格或单元格区域右下角的小方块。

小技巧：如图 5-10 所示：

①在 Excel 中，如果要填充的序列是数值，如 A、B、C 列，A 列只需要输入一行即可使用填充功能，B 和 C 列则需要输入两行，并选择两行，再使用填充功能。

②对于日期型数据或文本类型的数字信息，如 D、E 列，只要输入一行即可使用填充功能。

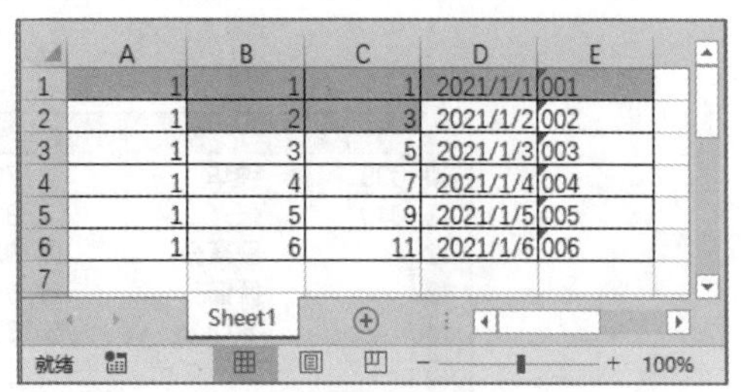

	A	B	C	D	E
1	1	1	1	2021/1/1	001
2	1	2	3	2021/1/2	002
3	1	3	5	2021/1/3	003
4	1	4	7	2021/1/4	004
5	1	5	9	2021/1/5	005
6	1	6	11	2021/1/6	006
7					

图 5-10　数据填充

2. 利用常用函数进行计算

在日常工作中有时需要计算大量的数据信息，Excel 为用户提供了丰富的常用函数，用户通过使用这些函数就能对复杂数据进行计算处理。

计算每位员工的总成绩。

操作步骤如下。

(1)选择目标单元格 G2，在“开始”选项卡“编辑”组中单击“自动求和”按钮，单元格中出现了求和函数“SUM”，并自动选择了范围 C2:F2，在函数下方还有函数的输入格式提示，如图 5-11 所示，按 Enter 键或单击编辑栏的“输入”按钮确认。G2 单元格中显示出计算结果。

IFS　=SUM(C2:F2)

	B	C	D	E	F	G	H	I
1	员工姓名	工作态度	基础能力	业务水平	责任感	总成绩	考核名次	
2	李娜	79	100	100	84	=SUM(C2:F2)		
3	程阳阳	91	94	75	81	SUM(number1, [number2], ...)		
4	王佳丽	92	97	98	95			
5	王林	94	95	96	95			

考核成绩

图 5-11　求和函数 SUM

(2)将鼠标指针指向 G2 单元格右下角的“填充柄”，当鼠标指针变为黑十字形时，拖动鼠标至目标单元格 G41，就完成了所有员工的总成绩计算。

计算各考核项的最高分、最低分和平均分。

操作步骤如下。

(1)选择目标单元格 C42，在“公式”选项卡的“函数库”组中单击“自动求和”下拉按钮，在弹出的下拉菜单中选择“最大值”选项，单元格中出现了求最大值函数“MAX”，并自动选择了参数范围 C2:C41，如果这个范围是错误的，就用鼠标重新选择参数范围，单击编辑栏中的“输入”按钮确认，则在 C42 单元格中显示计算结果。

(2)将鼠标指针指向 C42 单元格右下角的“填充柄”，当鼠标指针变为黑十字形时，向右拖动鼠标至目标单元格 F42，这样其他考核项的最高分就计算出来了。

(3)用同样的方法计算最低分、平均分，一定要注意参数范围的选择，结果如图 5-12 所示。

	A	B	C	D	E	F	G
40	039	钟华	70	56	60	61	247
41	040	张兴	82	76	85	60	303
42		最高分	92	100	100	99	
43		最低分	55	50	50	54	
44		平均分	75.125	80.225	78.35	76.5	
45							

考核成绩

图 5-12　计算各考核项的最高分、最低分、平均分

知识链接

(1)求和是人们日常生活中最常用的一种数据运算，因此Excel提供了快捷的“自动求和”按钮，就是“开始”选项卡和“公式”选项卡中的“自动求和”按钮，它将自动对活动单元格上方或左侧的数据进行求和计算。“自动求和”按钮对应的是一个SUM函数。

(2)在“自动求和”按钮的下拉菜单中还有常用的统计函数平均值(AVERAGE)、计数(COUNT)、最大值(MAX)、最小值(MIN)，如图5-13所示，这些函数还可以在“插入函数”对话框的“统计”类中进行选择，如图5-14所示。

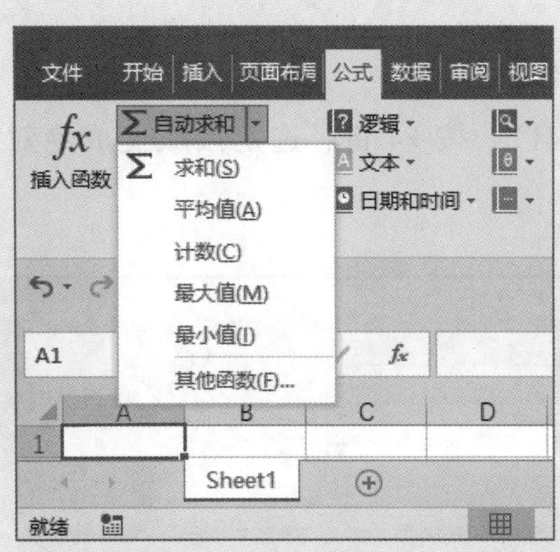

图5-13 “自动求和”菜单

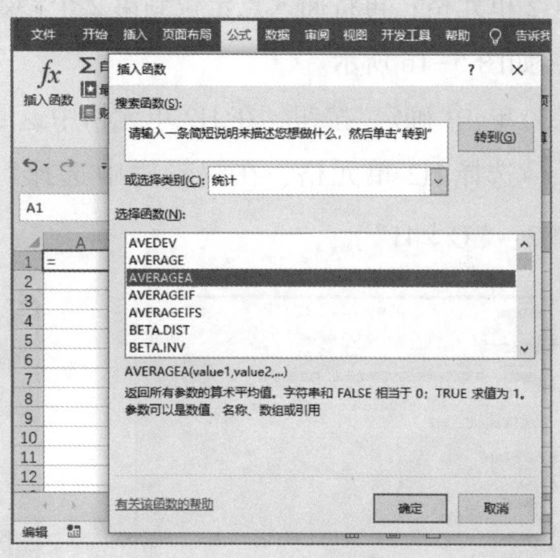

图5-14 “插入函数”对话框

(3)大部分函数都包含函数名称、参数和圆括号三部分，如SUM函数：

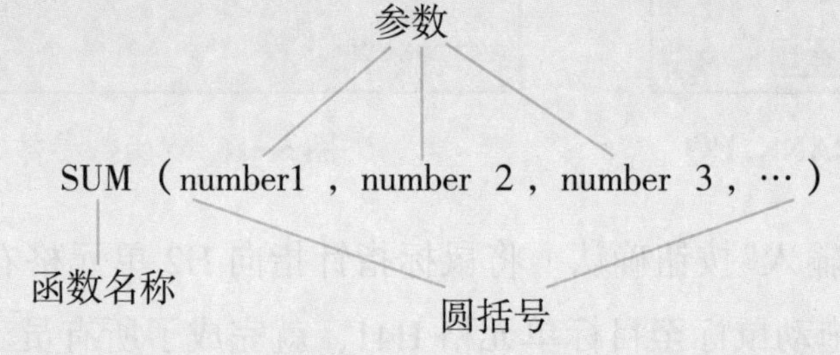

①从函数名称可以看出函数的功能和用途。

②参数是函数在计算时所必须使用的数据，可以是数值、字符、逻辑值、单元格引用或其他函数返回值，如MAX(C2:C51)、MAX(SUM(C2:C5), SUM(D2:D5))。

注意：

函数中用到的括号、逗号、冒号、双引号等必须是在西文输入状态下输入的。

3. 利用 RANK. EQ 函数计算考核名次

利用 RANK. EQ 函数计算每位员工的考核名次。

操作步骤如下。

(1)选择"H2"单元格，单击编辑栏左侧的"插入函数"按钮，打开"插入函数"对话框，在"或选择类别"下拉列表框中选择"全部"选项，在"选择函数"列表框中选择"RANK. EQ"函数，如图 5-15 所示。单击"确定"按钮，打开"函数参数"对话框。

(2)在"函数参数"对话框中，将插入点定位到第 1 个参数"Number"处，从当前工作表中选择 G2 单元格；再将插入点定位到第 2 个参数"Ref"处，从当前工作表中选择 G2:G41 单元格区域，如图 5-16 所示。

(3)单击"确定"按钮，在 H2 单元格中返回计算结果"4"。

(4)选择 H2 单元格，在编辑栏中选择"G2:G41"，按 F4 键，选定区域变成绝对引用"$G$2:$G$41"。

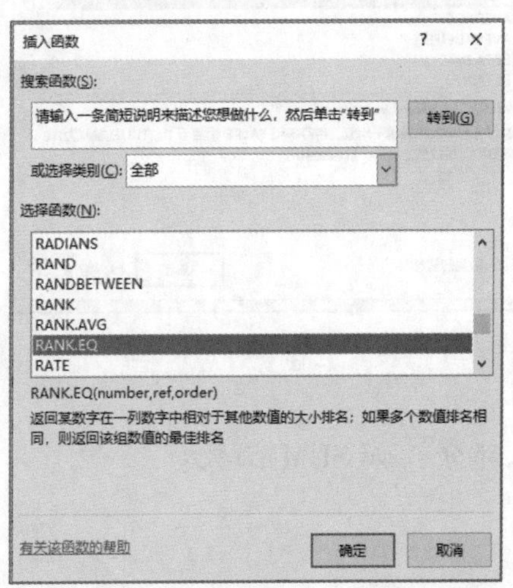

图 5-15 插入函数 RANK. EQ

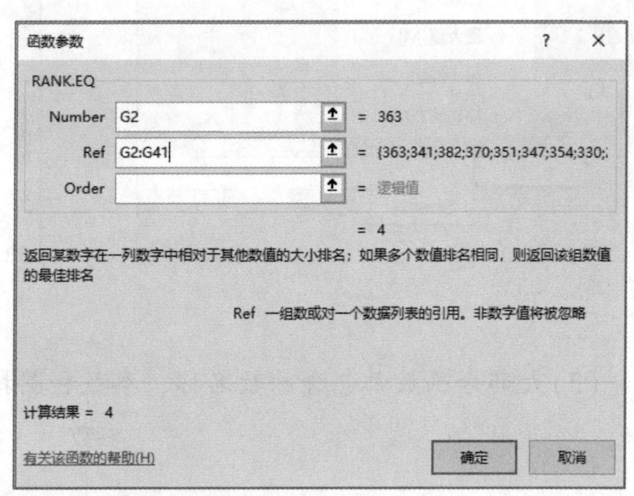

图 5-16 "函数参数"对话框

(5)单击编辑栏中的"输入"按钮确认。将鼠标指针指向 H2 单元格右下角的填充柄，当鼠标指针变为黑十字形时，拖动鼠标至目标单元格 H41，就完成了所有员工考核名次的计算，如图 5-17 所示。

A	B	C	D	E	F	G	H
序号	员工姓名	工作态度	基础能力	业务水平	责任感	总成绩	考核名次
001	李娜	79	100	100	84	363	4
002	程阳阳	91	94	75	81	341	11
003	王佳丽	92	97	98	95	382	1
004	王林	84	95	96	95	370	2
005	刘羽	81	95	95	80	351	7
006	贾为国	81	79	94	93	347	8
007	许国威	84	100	72	98	354	5
008	孙茯苓	70	97	90	73	330	15
009	刘考彤	68	92	70	69	299	26

考核成绩

图 5-17 计算考核名次

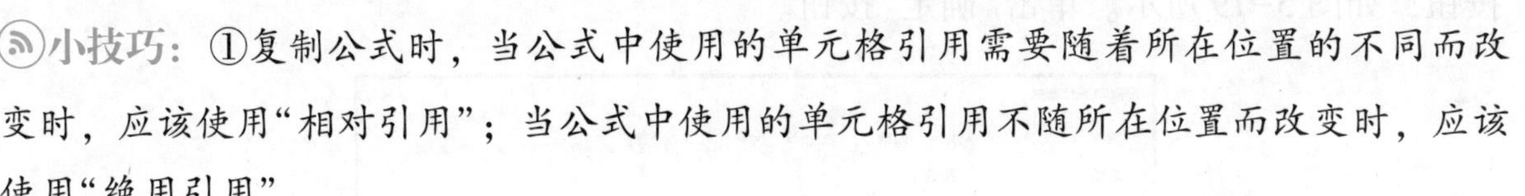

小技巧：①复制公式时，当公式中使用的单元格引用需要随着所在位置的不同而改变时，应该使用“相对引用”；当公式中使用的单元格引用不随所在位置而改变时，应该使用“绝用引用”。

②引用单元格地址后，选中该单元格地址，按 F4 键，就可以在相对地址、绝对地址和混合地址之间进行切换。例如，引用 M2 后，选中“M2”，每按一次 F4 键，改变一次地址表示方法，依次在“M2”→“＄M＄2”→“M＄2”→“＄M2”→“M2”之间循环变化。

③使用 Ctrl+Shift+上下左右方向键可以进行快速大批量的行列选取。例如，先选择需要选择数据的第一行，同时按下 Ctrl 键和 Shift 键，然后再按方向键中的“↓”键，即可选定有数据范围的所有行。

4. 单元格格式化设置

为了使表格更美观，需要对工作表进行格式化，包括设置字体字号、边框底纹、行高列宽、单元格中的数据格式、对齐方式等。

将数据区域 A1:H44 所有单元格的字体设置为“宋体、10”，水平与垂直对齐方式均设置为“居中”。

操作步骤如下。

(1)选择单元格区域 A1:H44。

(2)在“开始”选项卡的“字体”组中设置字体为“宋体”、字号为“10”。

(3)在“开始”选项卡的“对齐方式”组中，分别单击“垂直居中”按钮和“居中”按钮，如图 5-18 所示。

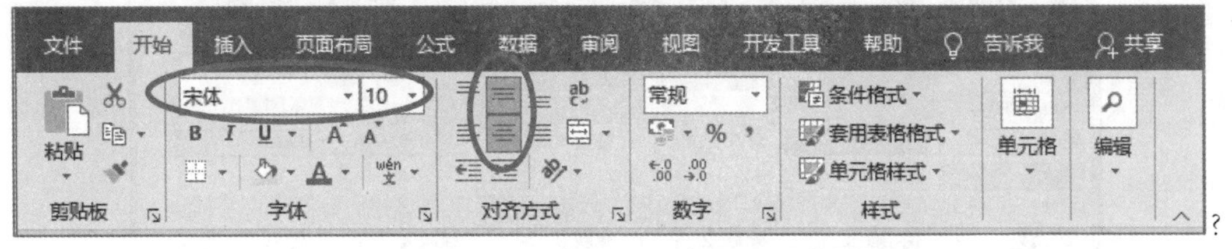

图 5-18 在“开始”选项卡中设置格式

将表格的外边框设置为双细线，内边框设置为单细线。

操作步骤如下。

(1)选择单元格区域 A1:H44。

(2)在“开始”选项卡“字体”组的右下角单击“对话框启动器”按钮，打开“设置单元格格式”对话框，选择“边框”选项卡。在“直线”选项区域的“样式”列表框中选择双细线，再单击右侧的“外边框”按钮；在“直线”选项区域的“样式”列表框中选择单细线，再单击右侧的“内部”按钮，如图 5-19 所示。单击“确定”按钮。

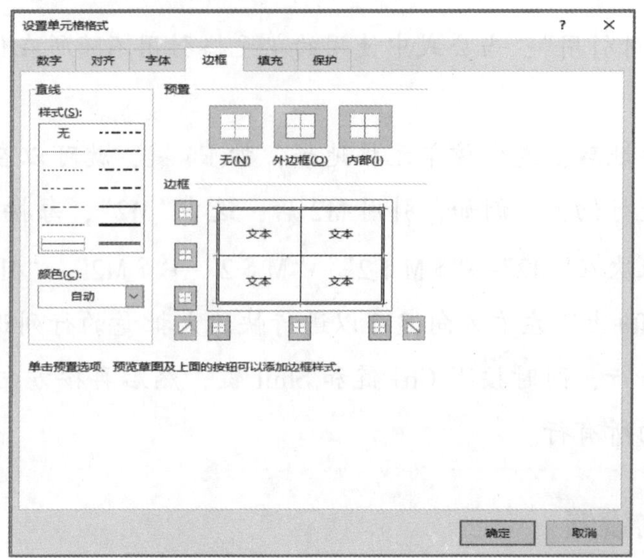

图 5-19　边框设置

为表格列标题区域 **A1:H1** 套用单元格样式，其行高设置为“**20**”。

操作步骤如下。

(1)选择单元格区域 A1:H1。

(2)在“开始”选项卡的“样式”组中单击“单元格样式”按钮，在弹出的下拉列表中选择“主题单元格样式”选项区域的“40%-着色 1”选项，如图 5-20 所示。

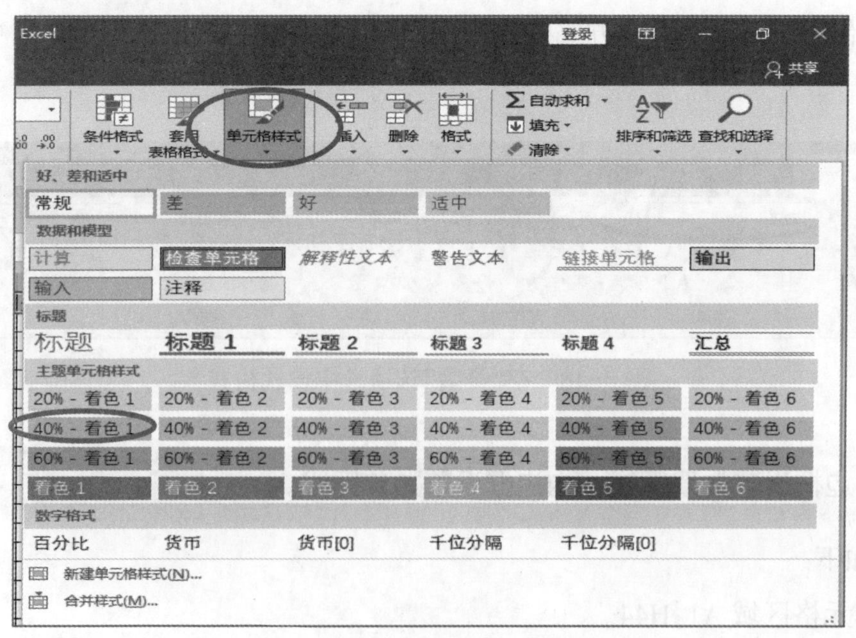

图 5-20　“单元格样式”下拉列表

(3)在“开始”选项卡的“单元格”组中单击“格式”按钮，在弹出的下拉菜单中选择“行高”选项，打开“行高”对话框，在“行高”对话框中输入“20”，单击“确定”按钮。

小技巧：①鼠标指针指向文档窗口的“行号”或“列标”处并右击，在弹出的快捷菜单中选择“行高”或“列宽”命令，也可以精确调整行高或列宽。

②如果要设置多行行高相同或多列列宽相同(可不连续)，那么先选择这些行或列，再按①操作。

③调整行高或列宽除了可以使用对话框精确设置，还可以使用拖动鼠标的方法快速调整。调整行高时，移动鼠标指针到行号区域中要改变行高的行下方的分隔线上，按住鼠标左键上下拖动鼠标，鼠标指针所在位置出现一条水平虚线，并且出现一个显示行高的标签，当标签中显示的值符合要求时，释放鼠标，即可完成行高的设置。用相同的方法，移动鼠标指针到列标区域中要改变列宽的列右侧的分隔线上，按住鼠标左键左右拖动鼠标，到适当位置时释放鼠标，可调整列宽。

为表格区域 B42:H44 设置填充效果，图案颜色为“浅蓝”，图案样式为“25%，灰色”。

操作步骤如下。

(1)选择单元格区域 B42:H44。

(2)在“开始”选项卡“字体”组的右下角单击“对话框启动器”按钮，打开“设置单元格格式”对话框，选择“填充”选项卡，“图案颜色”选择“浅蓝”，“图案样式”选择“25%，灰色”，如图 5-21 所示。单击“确定”按钮，效果如图 5-22 所示。

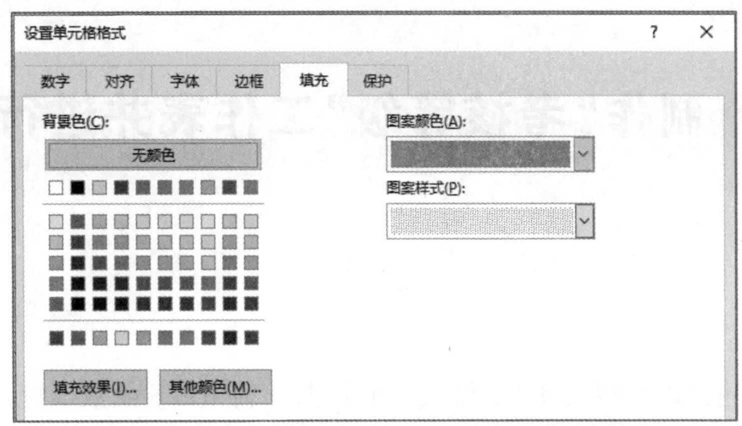

图 5-21　填充设置

	A	B	C	D	E	F	G	H
40	039	钟华	70	56	60	61	247	38
41	040	张兴	82	76	85	60	303	23
42		最高分	92	100	100	99		
43		最低分	55	50	50	54		
44		平均分	75.125	80.225	78.35	76.5		

考核成绩

图 5-22　填充效果

为表格添加标题“东升科技有限公司绩效考核成绩表”，字体设置为“黑体，14”，在 A1:H1 单元格区域中“合并后居中”，并设置其行高为“30”、垂直对齐方式为“居中”。

操作步骤如下。

(1)在“考核成绩”工作表中，右击行号“1”，在弹出的快捷菜单中选择“插入”选项，则在列标题行上面插入一个空白行。

(2)选择 A1 单元格，输入“东升科技有限公司绩效考核成绩表”，字体设置为“黑体、14”。

(3)选择 A1:H1 单元格区域，在“开始”选项卡的“对齐方式”组中，单击“合并后居中”按钮及“垂直居中”按钮。

(4)设置其行高为“30”。标题效果如图 5-23 所示。

	A	B	C	D	E	F	G	H
1	东升科技有限公司绩效考核成绩表							
2	序号	员工姓名	工作态度	基础能力	业务水平	责任感	总成绩	考核名次
3	001	李娜	79	100	100	84	363	4
4	002	程阳阳	91	94	75	81	341	11
5	003	王佳丽	92	97	98	95	382	1

考核成绩

图 5-23　标题效果

任务二　制作“考核等级”工作表并进行统计

【任务分析】

本任务的目标是依据“考核成绩”工作表中的数据，利用 IFS 函数及统计类函数制作 “考核等级”工作表，并对其进行格式化设置，效果如图 5-2 所示。本任务分解成如图 5-24 所示的 3 步来完成。

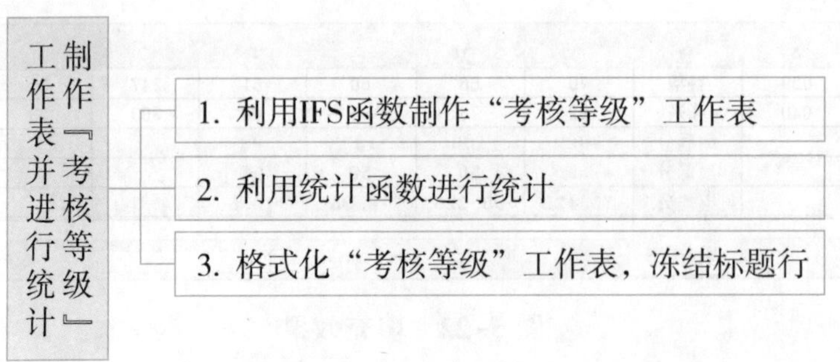

图 5-24　任务二分解

【知识储备】

1. 逻辑判断函数 IFS

IFS 函数是检查是否满足一个或多个条件并返回与第一个 TRUE 条件对应的值。

IFS 视频案例

语法结构为：IFS(Logical_ test1，Value_ if_ true1，Logical_ test2，Value_ if_ true2…Logical_ test127，Value_ if_ true127)

其中 Logical_ test1 和 Value_ if_ true1 是不能省略的，当 IFS 的所有条件都不成立时，其返回值为“#N/A”，表示在公式或函数中引用了一个暂时没有符合条件的数据单元格。

相比较 IF 函数的嵌套使用，IFS 函数简化了许多，它是将多个条件并列展示，最多可支持 127 个不同条件。

2. 统计函数 COUNT、COUNTA、COUNTIF、COUNTIFS

①COUNT 函数返回指定范围内数字型单元格的个数。

②COUNTA 函数返回指定范围内非空单元格的个数，单元格的类型不限。

③COUNTIF 函数用来统计指定范围内满足给定条件的单元格数目。

语法格式：COUNTIF(Range，Criteria)

其中，Range 表示指定的单元格区域，Criteria 表示指定的条件表达式。

条件表达式的形式可以为数字、表达式或文本。例如，条件可以表示为 60、"60"、"<60"或"A"等。

④COUNTIFS 函数用来计算多个区域中满足给定条件的单元格的个数。

统计函数
视频案例

语法格式：COUNTIFS(criteria_ range1，criteria1，criteria_ range2，criteria2，…)

其中，criteria_ range1 为第一个需要计算其中满足某个条件的单元格数目的单元格区域(简称条件区域)，criteria1 为第一个区域中将被计算在内的条件(简称条件)，其形式可以为数字、表达式或文本；同理，criteria_ range2 为第二个条件区域，criteria2 为第二个条件，依次类推。

最终结果为满足所有条件的单元格个数。

3. 条件格式

条件格式
视频案例

条件格式的功能是突出显示满足特定条件的单元格，如果单元格中的值发生改变而不满足设定的条件，Excel 会取消该单元格的突出显示。在 Excel 2019 中还可以采用数据条、色阶和图标集等突出显示所关注的单元格区域，用于直观地表现数据。条件格式会基于条件来更改单元格区域的外观。

【任务实施】

1. 利用 IFS 函数制作“考核等级”工作表

IFS 函数是 Excel 2019 新增加的函数，利用它可以快速将考核成绩换算成相应的考核等级。

将“考核成绩”工作表复制一份，并将复制后的工作表重命名为“考核等级”。

操作步骤如下。

(1) 单击“考核成绩”工作表标签，按住 Ctrl 键不放，用鼠标拖动工作表标签，生成“考核成绩”工作表的副本“考核成绩(2)”。

(2) 将“考核成绩(2)”重命名为“考核等级”。

(3) 在“考核等级”工作表中选中 G、H 两列，将其删除，并将标题“东升科技有限公司绩效考核成绩表”改为“东升科技有限公司绩效考核等级表”。

(4) 选择单元格区域 A43:F45，在“开始”选项卡的“编辑”组中单击“清除”按钮，在弹出的下拉菜单中选择“全部清除”命令，清除 A43:F45 单元格区域中的数据及格式。

(5) 选择单元格区域 C3:F42，在“开始”选项卡的“编辑”组中单击“清除”按钮，在弹出的下拉菜单中选择“清除内容”命令，清除 C3:F42 区域中的数据，保留格式。

此时，“考核等级”工作表的效果如图 5-25 所示。

东升科技有限公司绩效考核等级表

序号	员工姓名	工作态度	基础能力	业务水平	责任感
001	李娜				
002	程阳阳				
003	王佳丽				
004	王林				
005	刘羽				
006	贾为国				
007	许国威				
008	孙茯苓				
009	刘考彤				
010	李振兴				
011	杨良蔷				
012	王桂兰				
013	李德光				
014	张国军				
015	王秀芳				
016	刘燕燕				
017	张小红				

考核成绩　考核等级

图 5-25　考核等级表

在“考核等级”工作表中，利用 IFS 函数，根据“表 5-1 考核成绩与考核等级对应关系表”将“考核成绩”工作表中每位员工的成绩转换为相应等级。

表 5-1　考核成绩与考核等级对应关系表

分数	考核等级	分数	考核等级
分数>=80	A	70>分数>=60	C
80>分数>=70	B	分数<60	D

操作步骤如下。

(1) 在“考核等级”工作表中，选择 C3 单元格。

(2) 在“公式”选项卡的“函数库”组中单击“逻辑”按钮，在弹出的下拉菜单中选择“IFS”选项，打开“函数参数”对话框。

(3)在打开的"函数参数"对话框中，将插入点放置在第 1 个参数 Logical_ test1 处，单击"考核成绩"工作表中的 C3 单元格，则"考核成绩！ C3"出现在第 1 个参数处，在"考核成绩！ C3"后面接着输入">=80"；在第 2 个参数 Value_ if_ true1 处输入""A""。

(4)复制第 1 个参数 Logical_ test1 处的"考核成绩！ C3>=80"，将其粘贴到第 3 个参数 Logical_ test2 处，并修改为"考核成绩！ C3>=70"，在参数 Value_ if_ true2 处输入""B""。

(5)拖动如图 5-26 所示对话框右侧的滑块，按步骤(3)将"表 5-1　考核成绩与考核等级对应关系表"中的分数及对应等级输入完毕，如图 5-27 所示。

(6)单击"确定"按钮，C3 单元格的值为"B"，其编辑栏中的内容为"=IFS(考核成绩！ C3>=80,"A"，考核成绩！ C3>=70,"B"，考核成绩！ C3>=60,"C"，考核成绩！ C3<60，"D")"。

(7)选择 C3 单元格，双击右下角的填充柄，计算出所有员工的"工作态度"等级。

(8)选择单元格区域 C3:C42，拖动其填充柄至单元格 F42。结果如图 5-28 所示。

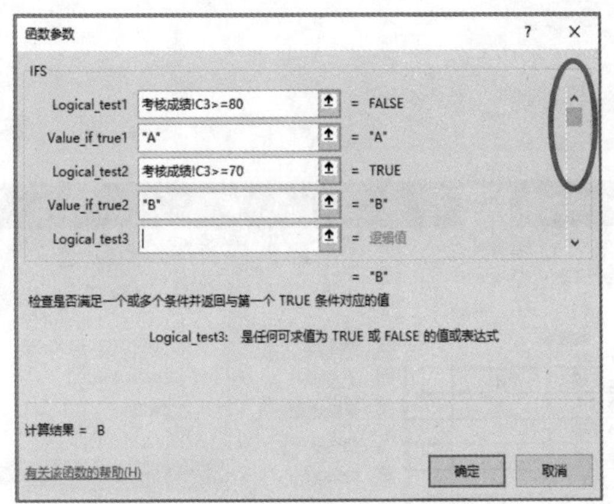

图 5-26　"函数参数"对话框 1

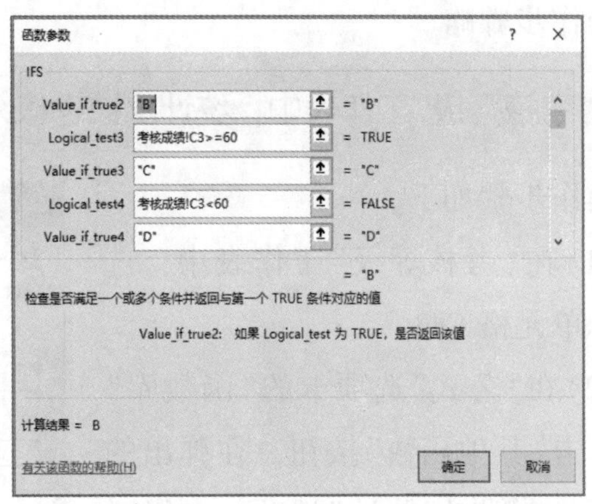

图 5-27　"函数参数"对话框 2

注意：

①IFS 函数返回的是与第一个 TRUE 条件对应的值，在本案例中，C3 单元格中的"=IFS(考核成绩！ C3>=80,"A"，考核成绩！ C3>=70,"B"，考核成绩！ C3>=60,"C"，考核成绩！ C3<60,"D")"，其中条件的顺序是不能改变的，否则返回值会出错。

②在编辑栏直接编辑 IFS 函数时，字符型数据必须加西文的双引号""，而在"函数参数"对话框中 Logical_ test 参数处字符型数据必须加西文的双引号""，Value_ if_ true 参数处字符型数据可以不加西文的双引号""。

③由于"考核等级"工作表中等级的计算都引用了"考核成绩"工作表中的数据，因此千万不要对"考核成绩"工作表中的数据进行任何误操作，否则将会导致"考核等级"工作表中引用数据的丢失而出现结果异常的现象。

2. 利用统计函数进行统计

Excel 中的统计函数，如 COUNT、COUNTA、COUNTIF 等，可以快速准确地统计出所需要的结果。

在“考核等级”工作表中，增加如图 5-29 所示的数据行。

图 5-28　考核等级

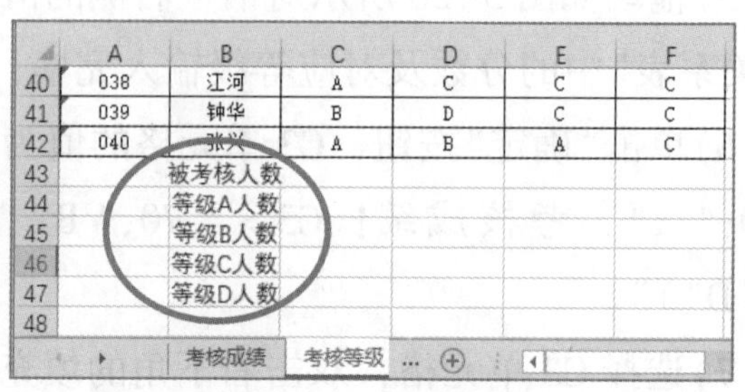

图 5-29　增加数据行

操作步骤略。

在“考核等级”工作表中，统计出被考核人数。

操作步骤如下。

(1) 在“考核等级”工作表中，选择目标单元格 C43。

(2) 在“公式”选项卡的“函数库”组中单击“其他函数”按钮，在弹出的下拉菜单中选择“统计”选项，在级联菜单中选择“COUNTA”函数，如图 5-30 所示。

图 5-30　选择“COUNTA”函数

(3) 在打开的“函数参数”对话框中，将插入点定位在第一个参数“Value 1”处，在当前工作表中选择参数范围为 C3:C42 单元格区域，然后单击“确定”按钮。此时在 C43 单元格中显示出计算结果“40”。

在“考核等级”工作表的相应单元格中，统计出各考核项各考核等级的人数。

操作步骤如下。

(1) 在“考核等级”工作表中，选择目标单元格 C44。

(2) 插入“统计”函数 COUNTIF。

(3) 在打开的“函数参数”对话框中，第 1 个参数“Range”选择当前工作表的 C3:C42 单元格区域，第 2 个参数“Criteria”输入“"A"”，如图 5-31 所示。单击“确定”按钮，此时编辑栏中

的函数为“=COUNTIF(C3:C42,"A")”。

(4)在“考核等级”工作表的 C45 单元格中输入“=”，此时在名称框中出现“COUNTIF”，如图 5-32 所示，单击名称框，打开“函数参数”对话框。重复步骤(3)，在第 2 个参数“Criteria”处，将统计条件改为“"B"”，单击“确定”按钮。

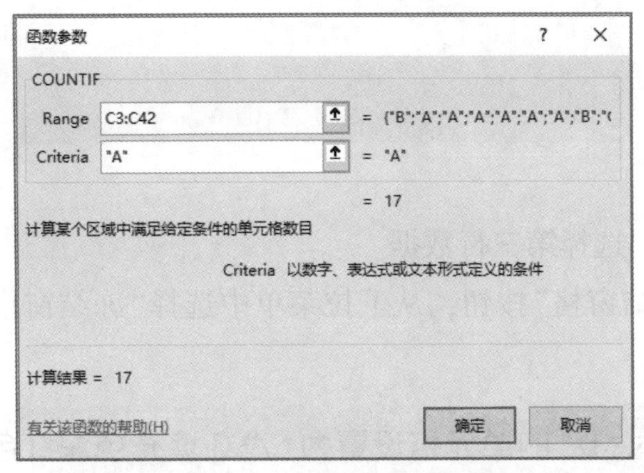

图 5-31 “函数参数”对话框

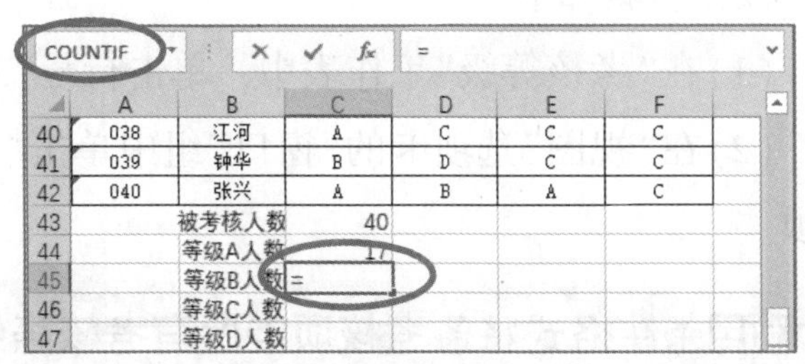

图 5-32 名称框中出现“COUNTIF”

(5)在“考核等级”工作表的 C46、C47 单元格中，用同样的方法求出等级“C”“D”的人数。

(6)在“考核等级”工作表中，选择 C43:C47 单元格区城，鼠标指针指向 C47 单元格右下角的填充柄，向右拖动至 F47 单元格，统计出其他考核项各等级的人数。

小技巧：①在 Excel 中，如果要重复使用同一个函数，在第 2 次插入此函数时可以在目标单元格中输入“=”，此时在名称框中会出现该函数名，单击名称框就可以直接打开此函数的“函数参数”对话框。若单击名称框右侧的下拉按钮，则可以选择最近使用过的 10 个函数。

②在“公式”选项卡的“函数库”组中单击“最近使用的函数”按钮，也可以选择最近使用过的 10 个函数。

注意：

①当复制包含 COUNTIF 函数的单元格时，如果要求“Range”参数的引用区域固定不变，通常使用“绝对引用”。

②COUNTIF 函数的第 2 个参数“Criteria”如果是表达式，应该为“"<60"”的形式，表示是在第 1 个参数“Range”的范围内统计出满足“Criteria”给定条件的单元格数目。注意，必须在表达式或字符串两边加上西文双引号，如"<60"或"A"等。

3. 格式化“考核等级”工作表，冻结标题行

将数据区域(A2：F47)所有单元格的字体设置为“宋体、10”，水平与垂直对齐方式均为“居中”，表格的外边框线为双细线，内边框线为单细线。

操作步骤略。

冻结表格区域 A1：F2。

操作步骤如下。

(1)在“考核等级”工作表中，单击行号“3”，选择第三行数据。

(2)在“视图”选项卡的“窗口”组中单击“冻结窗格”按钮，从下拉菜单中选择“冻结窗格”选项。

利用条件格式将各考核项中所有考核等级为“D”的单元格设置为“浅红填充色深红色文本”。

操作步骤如下。

(1)在“考核等级”工作表中，选择目标单元格区域 C3:F42。

(2)在“开始”选项卡的“样式”组中单击“条件格式”下拉按钮，在弹出的下拉菜单中选择“突出显示单元格规则”选项，在级联菜单中选择“等于”命令，如图 5-33 所示。

(3)在打开的“等于”对话框的“为等于以下值的单元格设置格式”文本框中输入“D”，在“设置为”下拉列表框中选择“浅红填充色深红色文本”选项，如图 5-34 所示，然后单击“确定”按钮。

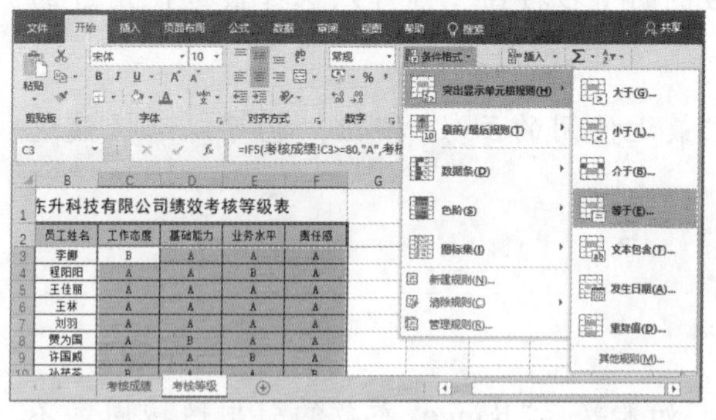

图 5-33　在“突出显示单元格规则”子菜单中选择“等于”命令

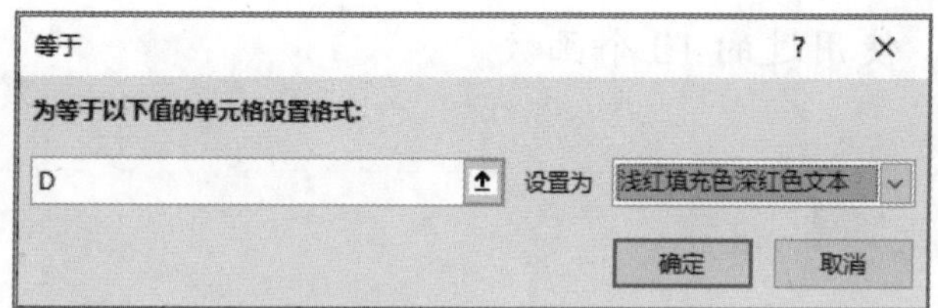

图 5-34　“等于”对话框

利用条件格式将“工作态度”考核项考核等级为“D”的员工所有信息设置为红色加粗字体，黄色填充效果。

操作步骤如下。

(1)在“考核等级”工作表中，选择目标单元格区域 A3:F42。

(2)在“开始”选项卡的“样式”组中单击“条件格式”按钮，在弹出的下拉菜单中选择“新建

规则”命令，如图 5-35 所示。

(3)在打开的“新建格式规则”对话框中，“选择规则类型”选择“使用公式确定要设置格式的单元格”，“编辑规则说明”文本框中输入公式“=$ C3="D"”，再单击“格式”按钮，设置“红色加粗字体，黄色填充”效果。如图 5-36 所示，单击“确定”按钮。

“考核等级”工作表的最终效果如图 5-2 所示。

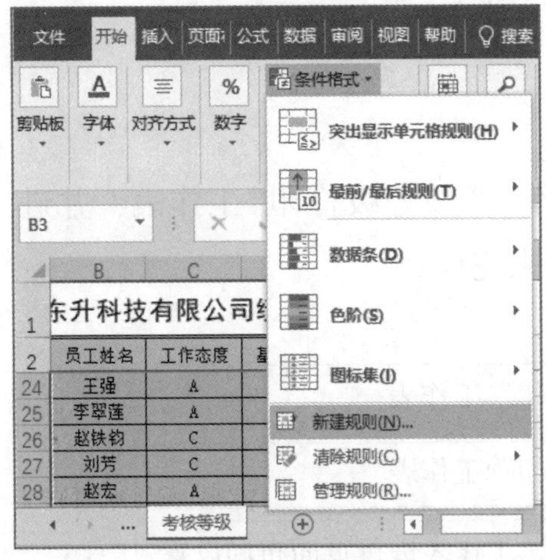

图 5-35　新建规则

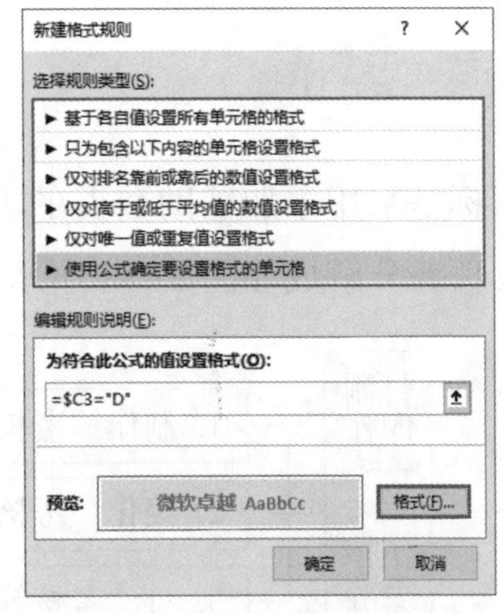

图 5-36　“新建格式规则”对话框

知识链接

①在设置条件格式之前，必须正确选择要使用条件格式的区域，否则不能达到预期效果。

②若要取消设置好的条件格式，可以将其删除。方法：先选择要删除条件格式的单元格区域，再单击“条件格式”按钮，在弹出的下拉菜单中选择“管理规则”命令，打开如图 5-37 所示的“条件格式规则管理器”对话框，选择要删除的条件格式，再单击“删除规则”按钮，即可删除指定的条件格式。

图 5-37　“条件格式规则管理器”对话框

③当同一个区域使用了多个条件时，最后设置的条件优先级最高，可以使用对话框中的“上移”按钮和“下移”按钮更改优先级顺序。

任务三 制作“考核等级打印”工作表

【任务分析】

本任务的目标是采用添加辅助数据的方法制作“考核等级打印”工作表，并进行美化和页面布局设置。本任务分解成如图 5-38 所示的 3 步来完成。

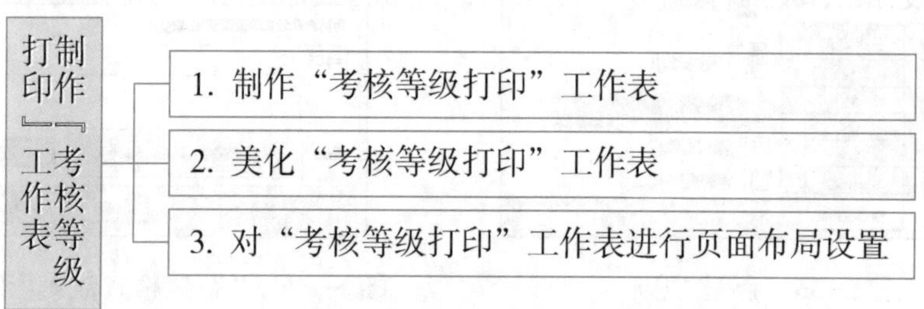

图 5-38 任务三分解

【知识储备】

在 Excel 2019 中预设了多种内置样式，可以将工作区域或单元格中的数据套用内置样式实现快速美化表格的效果。

【任务实施】

1. 制作“考核等级打印”工作表

插入一张新的工作表，更名为“考核等级打印”，并将“考核等级”工作表 **A2:F42** 单元格区域中的数据复制到“考核等级打印”工作表中。

操作步骤如下。

(1) 在当前工作簿窗口下方的工作表标签区的右侧，单击“新工作表”按钮，在所有工作表之后添加一张新的工作表。

(2) 双击新工作表标签，输入新工作表名“考核等级打印”，按 Enter 键确认。

(3) 在“考核等级”工作表中，选择要复制的单元格区域 A2:F42。

(4) 在“开始”选项卡的“剪贴板”组中单击“复制”按钮。

(5) 切换到“考核等级打印”工作表，选择 A1 单元格。

(6) 在“开始”选项卡的“剪贴板”组中单击“粘贴”下拉按钮，在弹出的下拉菜单中选择“选

择性粘贴”选项，打开“选择性粘贴”对话框，在“粘贴”选项区域中选中“数值”单选按钮，如图 5-39 所示，单击“确定”按钮，所复制的数据被粘贴到目标单元格。

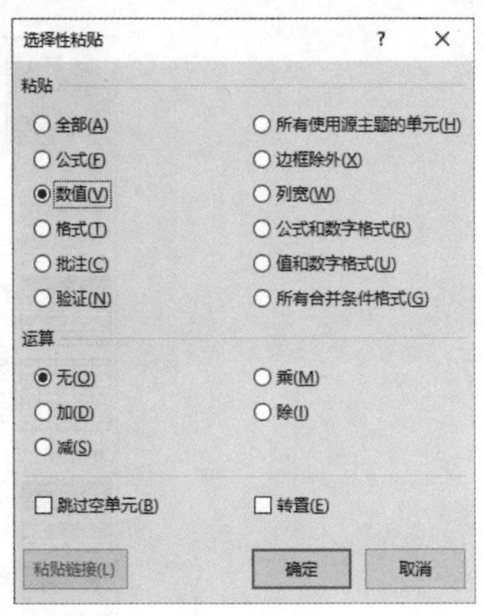

图 5-39 “选择性粘贴”对话框

采用添加辅助数据的方法优化“考核等级打印”工作表。

操作步骤如下。

(1) 利用数据填充的方法，在单元格区域 G1:G41 填充 1、2、3、…、41，单元格区域 G42:G80 填充 2、3、4、…、40。

(2) 将列标题行(A1:F1)数据复制到单元格区域 A42:F80，如图 5-40 所示。

(3) 选择 G 列的任意一个数据单元格，在“数据”选项卡的“排序和筛选”组中单击“升序”按钮，如图 5-41 所示。

(4) 清除 G 内容。

	A	B	C	D	E	F	G
65	序号	员工姓名	工作态度	基础能力	业务水平	责任感	25
66	序号	员工姓名	工作态度	基础能力	业务水平	责任感	26
67	序号	员工姓名	工作态度	基础能力	业务水平	责任感	27
68	序号	员工姓名	工作态度	基础能力	业务水平	责任感	28
69	序号	员工姓名	工作态度	基础能力	业务水平	责任感	29
70	序号	员工姓名	工作态度	基础能力	业务水平	责任感	30
71	序号	员工姓名	工作态度	基础能力	业务水平	责任感	31
72	序号	员工姓名	工作态度	基础能力	业务水平	责任感	32
73	序号	员工姓名	工作态度	基础能力	业务水平	责任感	33
74	序号	员工姓名	工作态度	基础能力	业务水平	责任感	34
75	序号	员工姓名	工作态度	基础能力	业务水平	责任感	35
76	序号	员工姓名	工作态度	基础能力	业务水平	责任感	36
77	序号	员工姓名	工作态度	基础能力	业务水平	责任感	37
78	序号	员工姓名	工作态度	基础能力	业务水平	责任感	38
79	序号	员工姓名	工作态度	基础能力	业务水平	责任感	39
80	序号	员工姓名	工作态度	基础能力	业务水平	责任感	40
81							

考核等级 | 考核等级打印

图 5-40 复制列标题行

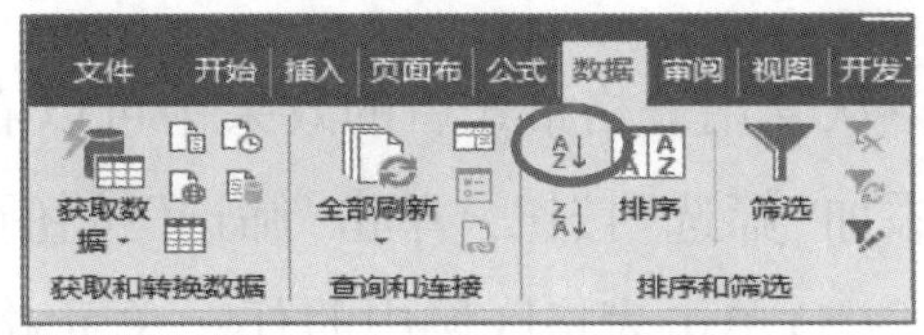

图 5-41 升序排序按钮

2. 美化“考核等级打印”工作表

套用表格格式“浅蓝，表样式浅色 16”，美化“考核等级打印”工作表。

操作步骤如下。

(1) 在“考核等级打印”工作表中，选择任意一个数据单元格。

(2) 在“开始”选项卡的“样式”组中单击“套用表格格式”下拉按钮，从下拉列表框中选择“浅色”选项区域中的“浅蓝，表样式浅色 16”选项，如图 5-42 所示。

(3) 在打开的“套用表格式”对话框中，选择“表数据的来源”为“=$A$1:$F$80”，选中“表包含标题”复选框，如图 5-43 所示。单击“确定”按钮。

(4) 在弹出的如图 5-44 所示的对话框中，单击“是”按钮。

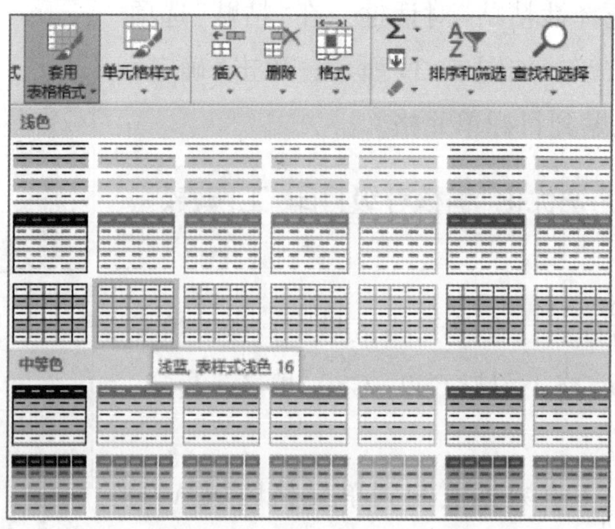

图 5-42　套用表格格式

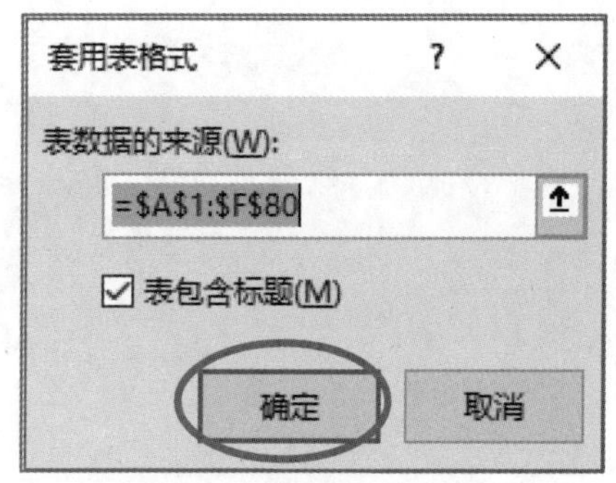

图 5-43　表数据来源

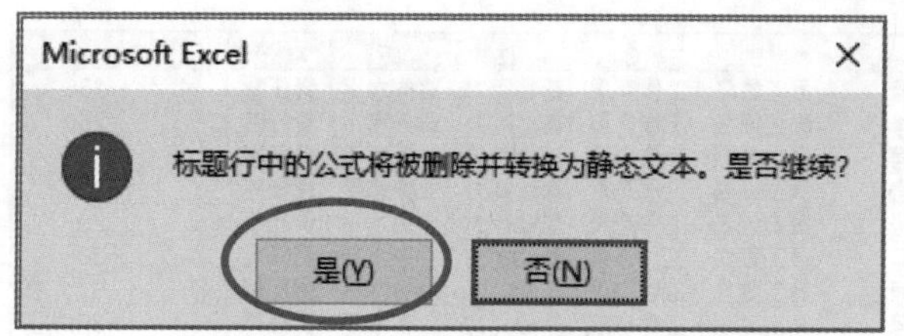

图 5-44　“Microsoft Excel”对话框

从套用表格格式后的效果中可以看到，除了应用选择的表格样式，在每列的列标题右侧会添加“筛选”按钮，单击“筛选”按钮可以对表格中的数据进行筛选查看。

(5)单击表格区域中的任一单元格，选择“表格工具/设计”选项卡，在“工具”组中单击“转换为区域”按钮，在打开的“是否将表转换为普通区域”对话框中单击“是”按钮。

将数据区域 **A1:F80** 所有单元格的字体设置为“宋体、10”，水平与垂直对齐方式均设置为“居中”。

操作步骤略。

“考核等级打印”工作表的最终效果如图 5-3 所示。

3. 对“考核等级打印”工作表进行页面布局设置

页面布局设置主要包括打印纸张的方向、缩放比例、纸张大小、页边距等内容的设置，这些都可以通过“页面设置”对话框进行。

在“考核等级打印”工作表中进行设置：纸张方向为“纵向”、缩放比例为“**130**”、纸张大小为“**A4**”、页边距上下左右都为“**2**”、表格内容水平居中，并进行打印预览。

操作步骤如下。

(1)在“考核等级打印”工作表的“页面布局”选项卡中单击“页面设置”组右下角的“对话框启动器”按钮，打开“页面设置”对话框。

(2)在“页面设置”对话框的“页面”选项卡中，“方向”选择“纵向”，“缩放比例”后面的文本框中输入“130”，“纸张大小”选择“A4”，如图 5-45(a)所示；在“页边距”选项卡中，上下左右页边距都设置为“2”，“居中方式”选择“水平”，如图 5-45(b)所示。

(3)单击“打印预览”按钮，可以看到打印效果。

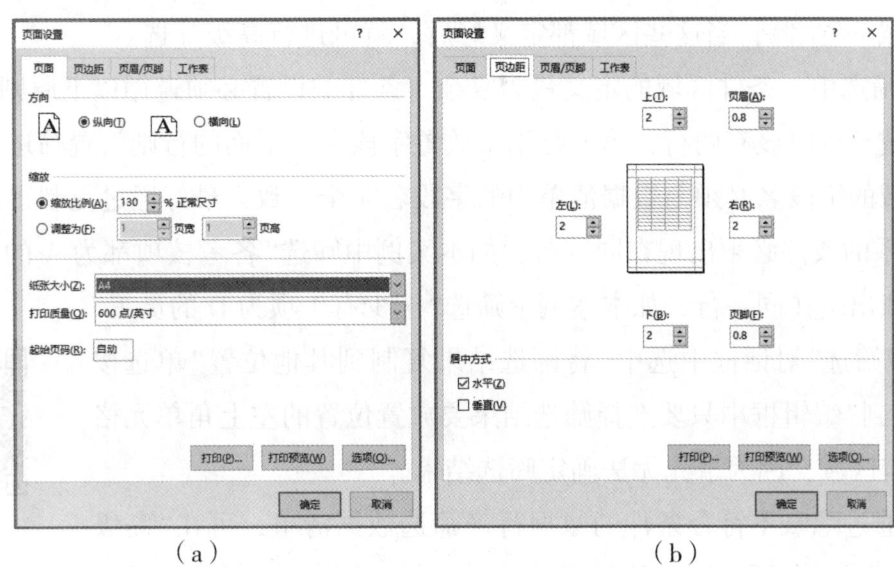

(a)　　　　(b)

图 5-45　“页面设置”对话框

(a)“页面”选项卡；(b)“页边距”选项卡

任务四　筛选满足条件的员工

【任务分析】

本任务的目标是依据“考核等级”工作表中的数据，利用数据筛选找出满足条件的记录，得到如图 5-4~图 5-6 所示的“业务水平为 A 的员工”“各考核项都为 A 的员工”“至少有 1 项为 D 的员工”3 个工作表。本任务分解成如图 5-46 所示的 3 步来完成。

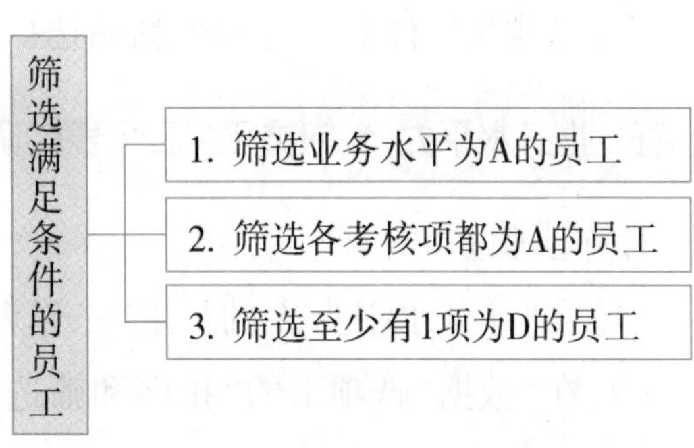

图 5-46　任务四分解

【知识储备】

数据筛选

数据筛选是使数据清单中只显示满足指定条件的数据记录，而将不满足条件的数据记录隐藏起来。数据筛选有自动筛选和高级筛选，前者适合于简单条件，后者适合于复杂条件。

1. 在高级筛选中，主要是定义 3 个单元格区域：一是定义查询的列表区域；二是定义查询的条件区域；三是定义存放查询结果的区域(如果选中“在原有区域显示筛选结果”单选按钮，那么该区域可省略)，当这些区域都定义好后，就可进行高级筛选。

2. 在高级筛选中，条件区域的定义最为复杂，条件的设置必须遵循以下原则。

①条件区域至少应该有两行，第一行用来放置字段名，下面的行则放置筛选条件。

②条件区域的字段名必须与数据清单中的字段名完全一致，最好通过复制得到。

③“与”关系的条件必须出现在同一行，如本案例中筛选“各考核项都为 A 的员工”；“或”关系的条件不能出现在同一行，如本案例中筛选“至少有 1 项为 D 的员工”。

3. 在“高级筛选”对话框中选中“将筛选结果复制到其他位置”单选按钮时，在“复制到”编辑框中只要选择筛选结果要放置位置的左上角单元格即可，不要指定区域，因为事先无法确定筛选结果。

筛选视频案例

4. 如果要通过隐藏不符合条件的数据行来筛选数据清单，可在“高级筛选”对话框中选中“在原有区域显示筛选结果”单选按钮。这时，如果要恢复数据清单的原状，只要在“数据”选项卡的“排序和筛选”组中单击“清除”按钮就可以了。

【任务实施】

1. 筛选业务水平为 A 的员工

Excel 同时提供了“自动筛选”和“高级筛选”两种方法来筛选数据。前者适合于简单条件，后者适合于复杂条件而且还可以在指定位置显示筛选结果。

插入一张新的工作表，更名为“业务水平为 A 的员工”，并将“考核等级”工作表 A2:F42 单元格区域中的数据复制到“业务水平为 A 的员工”工作表中。

操作步骤略(注意，选择性粘贴选择“数值”/类型)。

在“业务水平为 A 的员工”工作表中筛选出“业务水平”为“A”的记录。

操作步骤如下。

(1)在“业务水平为 A 的员工”工作表中，选择任意一个数据单元格。

(2)在“数据”选项卡的“排序和筛选”组中单击“筛选”按钮，则所有列标题右侧自动添加筛选按钮，如图 5-47 所示。

（3）单击“业务水平”列右侧的筛选按钮，在下拉列表框中取消选中“全选”复选框，选中“A”复选框，如图 5-48 所示。单击“确定”按钮，最终效果如图 5-4 所示。

	A	B	C	D	E	F
1	序号	员工姓名	工作态度	基础能力	业务水平	责任感
2	001	李娜	B	A	A	A
3	002	程阳阳	A	A	B	A
4	003	王佳丽	A	A	A	A

业务水平为A的员工

图 5-47　添加筛选按钮

图 5-48　筛选业务水平为 A 的记录

2. 筛选各考核项都为 A 的员工

插入一张新的工作表，更名为“各考核项都为 A 的员工”，并输入筛选条件。

操作步骤如下。

（1）插入一张新的工作表，更名为“各考核项都为 A 的员工”。

（2）在“各考核项都为 A 的员工”工作表 A1：D1 单元格区域中输入如图 5-49 所示的筛选条件。

（3）在“各考核项都为 A 的员工”工作表中选择任意一个单元格。在“数据”选项卡的“排序和筛选”组中单击“高级”按钮，打开“高级筛选”对话框。

（4）在“高级筛选”对话框中，将插入点定位在“列表区域”编辑框中，单击“考核等级”工作表标签，拖动鼠标选择 A2：F42 单元格区域；再将插入点定位在“条件区域”编辑框中，在“各考核项都为 A 的员工”工作表中拖动鼠标选择 A1：D2 单元格区域。

（5）选中“将筛选结果复制到其他位置”单选按钮，激活“复制到”编辑框，将插入点定位到该编辑框中，在“各考核项都为 A 的员工”工作表中选择单元格 A6，对话框的设置结果如图 5-50 所示。单击“确定”按钮，最终筛选结果如图 5-5 所示。

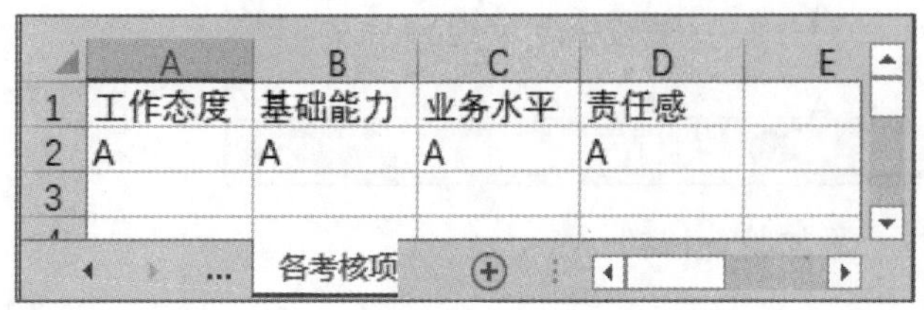

图 5-49　筛选条件

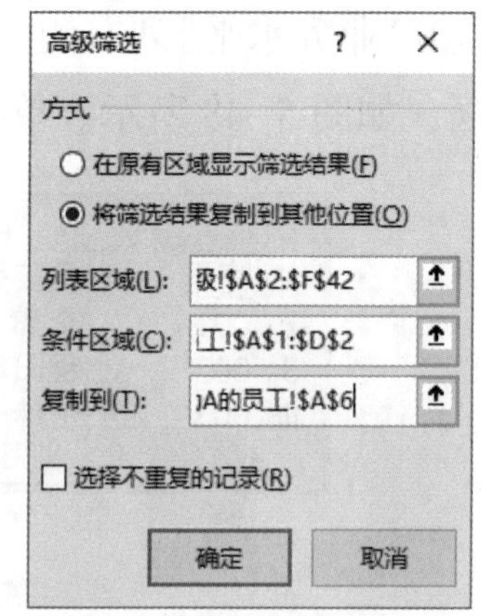

图 5-50　“高级筛选”对话框

3. 筛选至少有 1 项为 D 的员工

插入一张新的工作表，更名为“至少有 1 项为 D 的员工”，并输入筛选条件。

操作步骤如下。

(1) 插入一张新的工作表，更名为“至少有 1 项为 D 的员工”。

(2) 在“至少有 1 项为 D 的员工”工作表 A1：D5 单元格区域输入如图 5-51 所示的筛选条件。

(3) 在“至少有 1 项为 D 的员工”工作表中选择任意一个单元格。在“数据”选项卡的“排序和筛选”组中单击“高级”按钮，打开“高级筛选”对话框。

(4) 在“高级筛选”对话框中，将插入点定位在“列表区域”编辑框中，单击“考核等级”工作表标签，拖动鼠标选择 A2:F42 单元格区域；再将插入点定位在“条件区域”编辑框中，在“至少有 1 项为 D 的员工”工作表中拖动鼠标选择 A1：D5 单元区域。

(5) 选中“将筛选结果复制到其他位置”单选按钮，激活“复制到”编辑框，将插入点定位到该编辑框中，在“至少有 1 项为 D 的员工”工作表中选择单元格 A8，对话框的设置结果如图 5-52 所示。单击“确定”按钮，最后筛选结果如图 5-6 所示。

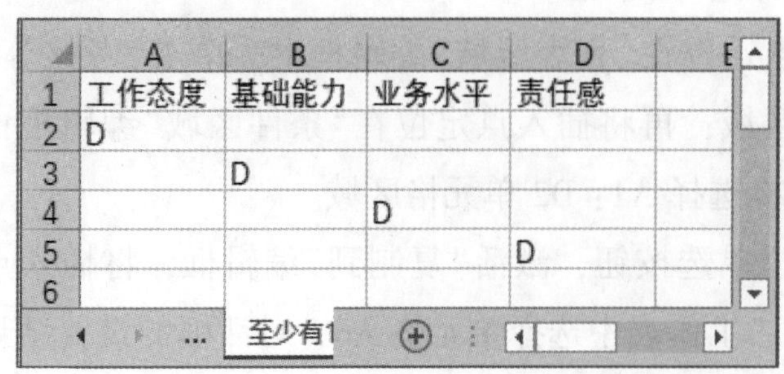

图 5-51　筛选条件

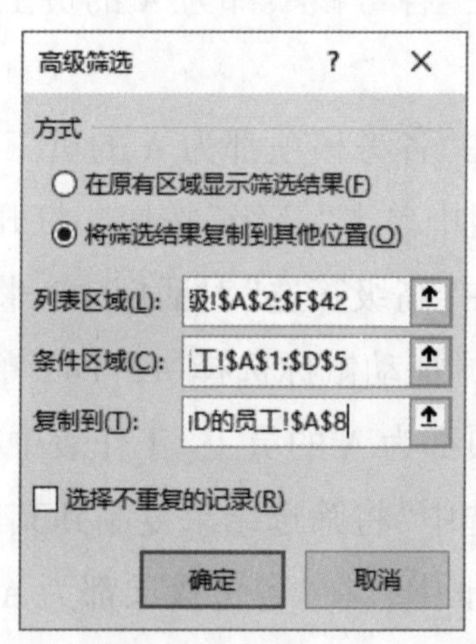

图 5-52　高级筛选对话框设置

【项目总结】

本项目主要介绍了 Excel 数据的基本录入方法、工作表的格式化、公式和函数的计算、数据的筛选等内容。同时，还介绍了排名函数 RANK. EQ、统计函数 COUNT、COUNTA、COUNTIF、COUNTIFS 和逻辑函数 IFS。

在 Excel 中有很多快速录入数据的技巧，熟练掌握这些技巧可以提高录入速度。在录入数据时，要注意数据单元格的数字分类，例如，对于学号、邮编、电话号码、银行账号、身份证号等数据应该设置为文本型。

在 Excel 中对工作表的格式化操作包括工作表中各种类型数据的格式化、字体格式、行高和列宽、数据的对齐方式、表格的边框和底纹、单元格样式、套用表格格式及条件格式等。

在进行公式和函数计算时，要熟悉公式的输入规则、函数的输入方法、单元格的 3 种引用方式等，还应注意以下几点。

(1)公式是对单元格中数据进行计算的等式，公式必须以“=”开始。

(2)函数的引用形式为：函数名(参数 1，参数 2…)，参数之间必须用西文逗号隔开。如果直接在编辑栏输入函数，需在函数名称前面输入“=”构成公式。

(3)公式或函数中的单元格引用可分为相对引用、绝对引用和混合引用 3 种，按 F4 键可在这 3 种引用之间进行切换。要特别注意这 3 种引用的适用场合。

在使用 COUNTIFS 函数时应该注意，虽然多个指定区域无须彼此相邻，但必须具有相同的行数和列数。另外，条件之间是“与”的关系。

数据筛选有自动筛选和高级筛选两种方法，要注意两者的适用情况。自动筛选时，各个字段之间的逻辑关系是“与”的关系；高级筛选不仅可以设置各个字段之间的“与”关系，还可以设置“或”关系。对于高级筛选，必须正确掌握筛选条件区域的设置，条件区域中字段之间的“与”关系在同一行，“或”关系在不同行，条件区域的字段名必须与数据清单中的字段名完全一致，最好通过复制得到。

【巩固练习】

胜利公司 1 月份工资统计

请运用所学知识，完成胜利公司 1 月份工资统计。打开“胜利公司 1 月份工资表(素材).xlsx”，将文件另存为“胜利公司 1 月份工资表.xlsx”(注意：保存类型选择“Excel 工作簿”)。

任务一：完成“1 月份工资清单”工作表，并按样例如图 5-53 所示进行美化。

	A	B	C	D	E	F	G	H	I	J
1	胜利公司1月份工资清单									
2	编号	员工姓名	性别	出生年月	部门	职称	岗位级别	基本工资	岗位工资	总计
3	001	周芷若	女	1976-03-03	销售部	技术员	6级	6000	1280	7280
4	002	何太冲	男	1976-07-01	仓库	技术员	6级	6000	1280	7280
5	003	张三丰	男	1985-08-01	研发部	工程师	3级	6760	1845	8605
6	004	何足道	男	1990-05-01	销售部	工程师	1级	6550	3660	10210
7	005	宋青书	男	1979-03-01	仓库	技术员	5级	6000	1400	7400
8	006	纪晓芙	女	1978-02-01	销售部	技术员	5级	6000	1400	7400
9	007	钟灵	女	1970-07-01	研发部	技术员	7级	6230	1160	7390
10	008	任我行	男	1995-04-10	检测部	技术员	8级	6200	1050	7250
11	009	王语嫣	女	1991-03-15	销售部	技术员	5级	6000	1400	7400

基本工资及岗位工资 | 1月份工资清单 | 工资条 ...

图 5-53　胜利公司 1 月份工资清单

(1)为员工添加“编号”列，编号依次为 001、002……027。

(2)设置出生年月数据格式，样式为“1978-02-20”。

(3)根据“基本工资及岗位工资”工作表中的数据，如图 5-54 所示，计算每个员工的基本工资及岗位工资(提示：基本工资的计算利用 IFS 函数嵌套。例如，H2 单元格的公式为“=IFS(E2="销售部",IFS(F2="技术员",6000,F2="工程师",6550),E2="仓库",IFS(F2="技术员",6000,F2="工程师",6250),E2="研发部",IFS(F2="技术员",6230,F2="工程师",6760),E2="检测部",IFS(F2="技术员",6200,F2="工程师",6500))”；岗位工资的计算直接利用 IFS 函数)。

	A	B	C	D	E	F
1	表1				表2	
2	部门	职称	基本工资		岗位级别	岗位工资
3	销售部	技术员	6000		9级	1000
4	销售部	工程师	6550		8级	1050
5	仓库	技术员	6000		7级	1160
6	仓库	工程师	6250		6级	1280
7	研发部	技术员	6230		5级	1400
8	研发部	工程师	6760		4级	1470
9	检测部	技术员	6200		3级	1845
10	检测部	工程师	6500		2级	2650
11					1级	3660
12						

基本工资及岗位工资 ...

图 5-54　基本工资及岗位工资

(4)求总计(=基本工资+岗位工资)。

(5)在相应的位置计算“基本工资”“岗位工资”“总计”的最大值、最小值及平均值，并将平均值保留 2 位有效小数。

(6)为数据添加标题行“胜利公司 1 月份工资清单”，字体设置为“宋体、白色、加粗、16”，行高设置为“25”，A 到 J 列合并居中，填充蓝色底纹，如图 5-53 所示。

(7)按照样例美化工作表。(提示：①A 到 J 列设置为最合适列宽；②单元格区域 A2:J32

套用表格格式“浅色”组中的“天蓝，表样式浅色 20”。)

(8)冻结标题及表头行(第1、2行)数据。

任务二：按照样例，如图5-55所示，在“工资条”工作表中制作每位员工的工资条。

编号	员工姓名	部门	职称	岗位级别	基本工资	岗位工资	总计
001	周芷若	销售部	技术员	6级	6000	1280	7280
编号	员工姓名	部门	职称	岗位级别	基本工资	岗位工资	总计
002	何太冲	仓库	技术员	6级	6000	1280	7280
编号	员工姓名	部门	职称	岗位级别	基本工资	岗位工资	总计
003	张三丰	研发部	工程师	3级	6760	1845	8605
编号	员工姓名	部门	职称	岗位级别	基本工资	岗位工资	总计
004	何足道	销售部	工程师	1级	6550	3660	10210
编号	员工姓名	部门	职称	岗位级别	基本工资	岗位工资	总计

图5-55 “工资条”样例

(1)将“1月份工资清单”中的数据(A2:J29)复制到“工资条”工作表中(注意，粘贴“数值”)。

(2)删除“性别”和“出生年月”列。

(3)将所有数据单元格对齐方式设置为水平居中与垂直居中。

(4)制作每位员工的工资条，如图5-55所示。

(5)按照样例图5-55美化“工资条”工作表。(提示：所有数据行行高设置为“20”，套用表格格式“中等色”选项区域中的“蓝色，表样式中等深浅2”。)

任务三：在“各部门各职称人数”工作表中完成统计，样例如图5-56所示。

(1)在相应位置计算“技术员”“工程师”各多少人。(提示：根据“1月份工资清单”中的“职称”列数据。)

(2)计算各部门各职称的人数。(提示：利用COUNTIFS函数完成。)

任务四：在“需要进修员工”工作表中，根据要求进行筛选，样例如图5-57所示。

各部门各职称人数

部门	职称	人数
销售部	技术员	10
销售部	工程师	2
仓库	技术员	5
仓库	工程师	1
研发部	技术员	3
研发部	工程师	3
检测部	技术员	2
检测部	工程师	1

技术员	20	人
工程师	7	人

图5-56 统计样例

(1)将“1 月份工资清单”工作表中的“员工姓名”“部门”“职称”“岗位级别”列的数据复制到“需要进修员工”工作表中。

(2)筛选出岗位级别为“7 级”“8 级”“9 级”的员工信息，原位置显示结果。

(3)利用“条件格式”将筛选结果中职称为“工程师”员工的所有信息设置为红色加粗字体，黄色填充效果，如图 5-57 所示。

	A	B	C	D
1	**员工姓名**	**部门**	**职称**	**岗位级别**
8	钟灵	研发部	技术员	7级
9	任我行	检测部	技术员	8级
12	**丁春秋**	**研发部**	**工程师**	**7级**
15	李萍	研发部	技术员	8级
19	李岩	研发部	技术员	7级
22	**李沅芷**	**仓库**	**工程师**	**7级**
24	张欢	销售部	技术员	7级
28	张园园	销售部	技术员	7级
29				
30				
31	**岗位级别**	**岗位级别**	**岗位级别**	
32	7级			
33		8级		
34			9级	
35				

图 5-57　筛选样例

PROJECT 6 项目六

Excel高级应用——友爱服饰销售数据统计分析

项目概述

本项目以友爱服饰有限公司销售数据的处理为例，介绍查找与引用函数VLOOKUP、HLOOKUP，数学与三角函数SUMIF、SUMIFS及逻辑函数IF、IF-ERROR的应用。此外，还将介绍定义名称、数据验证、分类汇总、图表和数据透视表的使用等。

学习导图

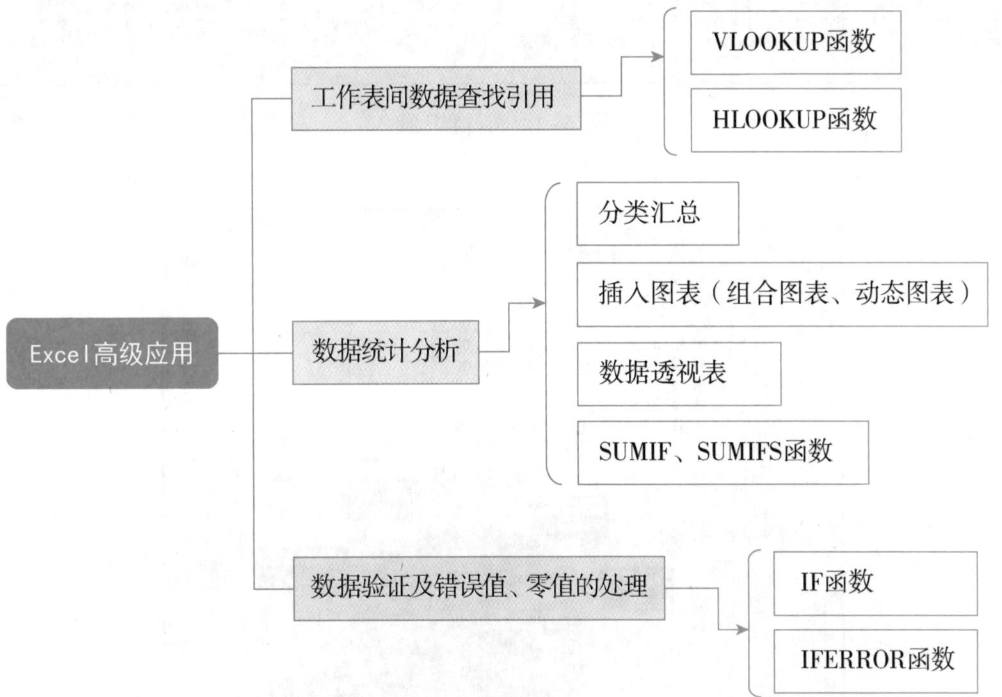

【项目分析】

王立是一家服装店的老板，为了能高效、系统地了解店铺的销售业绩，他利用 Excel 来管理销售数据。其中“销售记录”工作表记录了 2020 年 11 月 1 日至 10 日的销售情况，“产品信息”工作表给出了每种服装的编码、品牌、商品名称、规格、单位、进价等内容。

现在王立想要计算各品牌的销售数量与毛利润、分析销售员的业绩情况、统计各品牌商品销售明细，同时他还想要改进“销售记录”工作表，使它更方便实用。

下面是王立的解决方案。

王立首先利用 VLOOKUP 函数完善了“销售记录”工作表，如图 6-1 所示；接着他利用分类汇总计算各品牌的销售数量与毛利润，如图 6-2 所示；利用 SUMIF、HLOOKUP 来计算销售员的业绩及其奖金，如图 6-3 所示；利用数据透视表来统计各品牌商品销售明细，如图 6-4 所示；最后他利用数据验证、IFERROR 函数制作了“新销售记录”工作表，只要选择编码和销售员，输入售价和销售数量，其他数据自动生成，如图 6-5 所示。

11月份销售记录表

日期	编码	品牌	商品名称	规格	单位	进价	售价	销售数量	销售金额	毛利润	销售员
11/1	B002	三彩	修身短袖外套	3色	件	¥259.00	¥350.00	7	¥2,450.00	¥637.00	王洋
11/1	D008	茵曼	华丽蕾丝亮面衬衫	黑白	件	¥359.00	¥430.00	2	¥860.00	¥142.00	刘利
11/1	C003	恒源祥	气质连衣裙	黑	件	¥399.00	¥480.00	1	¥480.00	¥81.00	刘利
11/2	C002	恒源祥	斜拉链七分牛仔裤	蓝色	条	¥268.00	¥330.00	4	¥1,320.00	¥248.00	李平
11/2	E010	百图	绣花天丝牛仔中裤	3色	条	¥439.00	¥490.00	3	¥1,470.00	¥153.00	张燕
11/3	C002	恒源祥	斜拉链七分牛仔裤	蓝色	条	¥268.00	¥470.00	2	¥940.00	¥404.00	王洋
11/3	A002	秋水伊人	欧美风尚百搭T恤	粉色	件	¥198.00	¥270.00	5	¥1,350.00	¥360.00	王洋
11/3	B001	三彩	薰衣草飘袖雪纺连衣裙	淡蓝	件	¥348.00	¥430.00	2	¥860.00	¥164.00	王洋
11/3	C002	恒源祥	斜拉链七分牛仔裤	蓝色	条	¥268.00	¥330.00	8	¥2,640.00	¥496.00	马丽
11/4	A004	秋水伊人	梦幻蕾丝边无袖T恤	蓝色	件	¥203.00	¥276.00	7	¥1,932.00	¥511.00	张燕

商品信息　销售提成率　销售记录　销售人员业绩分析

图 6-1　销售记录

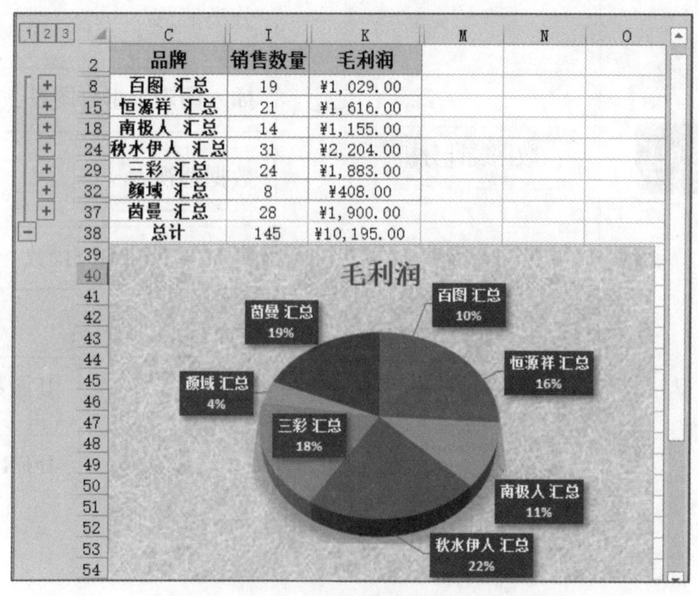

品牌	销售数量	毛利润
百图 汇总	19	¥1,029.00
恒源祥 汇总	21	¥1,616.00
南极人 汇总	14	¥1,155.00
秋水伊人 汇总	31	¥2,204.00
三彩 汇总	24	¥1,883.00
颜域 汇总	8	¥408.00
茵曼 汇总	28	¥1,900.00
总计	145	¥10,195.00

图 6-2　各品牌销售利润

销售员业绩分析

姓名	销售数量	销售金额	提成率	业绩奖金
王洋	16	5600	5.00%	280
刘利	25	8000	5.00%	400
李平	30	8387	8.00%	670.96
张燕	39	11972	10.00%	1197.2
马丽	35	10851	10.00%	1085.1

图 6-3　销售人员业绩

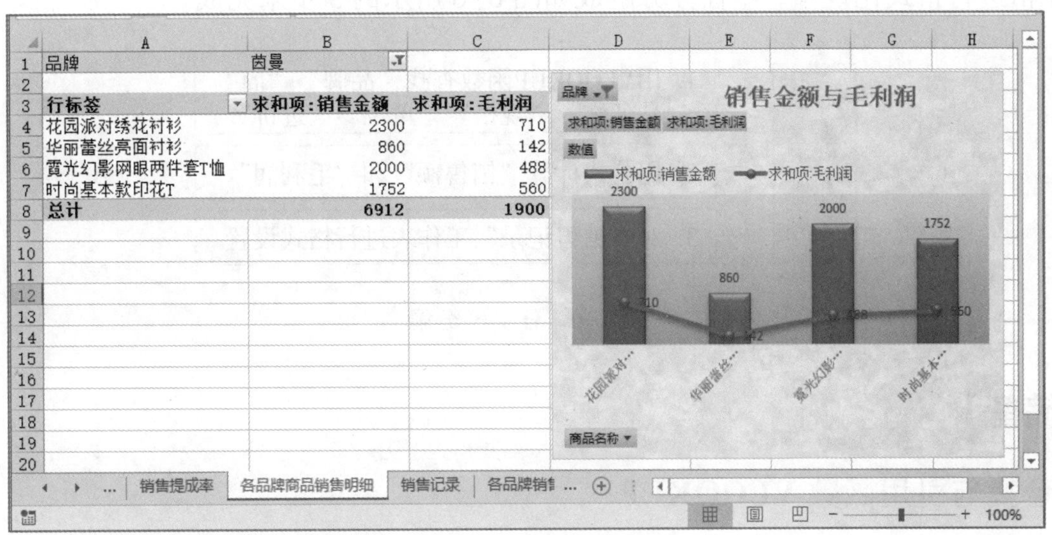

品牌	茵曼	
行标签	求和项:销售金额	求和项:毛利润
花园派对绣花衬衫	2300	710
华丽蕾丝亮面衬衫	860	142
霓光幻影网眼两件套T恤	2000	488
时尚基本款印花T	1752	560
总计	6912	1900

图 6-4　各品牌商品销售明细

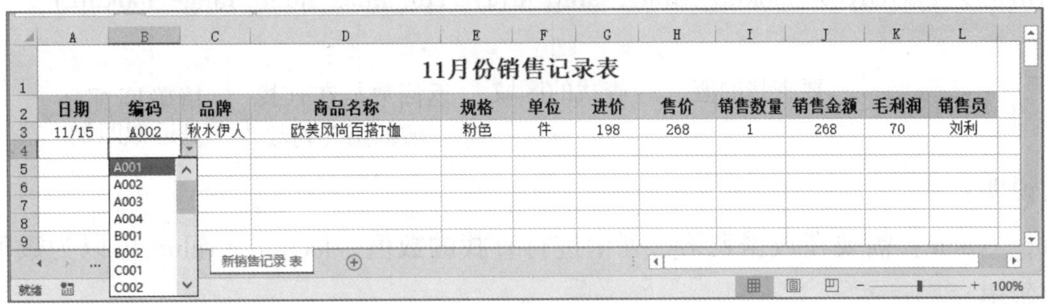

11月份销售记录表

日期	编码	品牌	商品名称	规格	单位	进价	售价	销售数量	销售金额	毛利润	销售员
11/15	A002	秋水伊人	欧美风尚百搭T恤	粉色	件	198	268	1	268	70	刘利

图 6-5　新销售记录

任务一　完善“销售记录”工作表

【任务分析】

本任务的目标是利用 VLOOKUP 函数、公式等，完成如图 6-1 所示的“销售记录”工作表，并对单元格进行格式化设置。本任务分解成如图 6-6 所示的 3 步来完成。

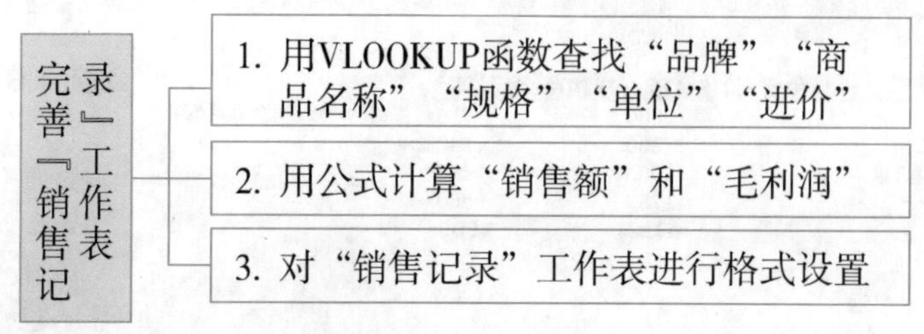

图 6-6　任务一分解

【知识储备】

1. 查找与引用函数 VLOOKUP

VLOOKUP 函数是 Excel 中的一个纵向查找函数，查找数据区域首列满足条件的元素，并返回数据区域当前行中指定列处的值。

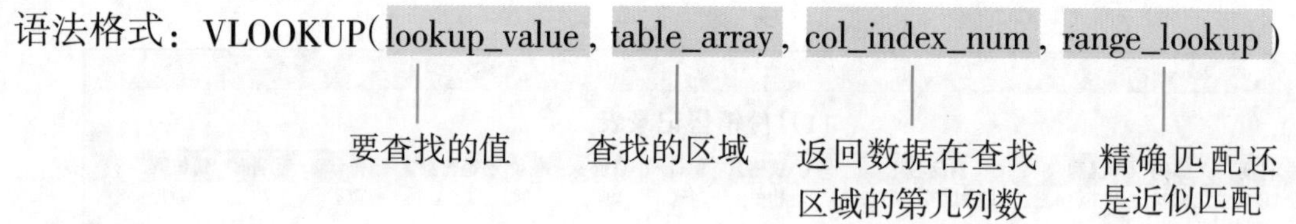

参数说明：

lookup_ value：需要在数据表第一列中进行查找的数值。lookup_ value 可以为数值、引用或文本字符串。

table_ array：需要在其中查找数据的数据表，使用对区域或区域名称的引用。

col_ index_ num：table_ array 中查找数据的数据列序号。col_ index_ num 为 1 时，返回 table_ array 第一列的数值，col_ index_ num 为 2 时，返回 table_ array 第二列的数值，以此类推。

VLOOKUP
视频案例

range_ lookup：一逻辑值，指明函数 VLOOKUP 查找时是精确匹配，还是近似匹配。如果为 FALSE 或 0，那么查找精确匹配值，如果找不到，那么返回

错误值“#N/A”。如果 range_ lookup 为 TRUE 或 1，函数 VLOOKUP 将查找近似匹配值，也就是说，如果找不到精确匹配值，那么返回小于 lookup_ value 的最大数值。应注意 VLOOKUP 函数在进行近似匹配时的查找规则是从第一个数据开始匹配，没有匹配到一样的值就继续与下一个值进行匹配，直到遇到大于查找值的值，此时返回上一个数据(近似匹配时应对查找值所在列进行升序排列)。如果 range_ lookup 省略，那么默认为 1。

2. 定义名称

定义名称就是为一个区域、常量值或数组定义一个名称。在工作表中，可以用列标和行号引用单元格，也可以用名称来表示单元格或单元格区域，使用名称可以使公式更容易理解和维护。

【任务实施】

1. 用 VLOOKUP 函数查找“品牌”“商品名称”“规格”“单位”“进价”

在使用 VLOOKUP 函数之前，先在“商品信息”工作表中创建一个“商品”数据区域，目的是在 VLOOKUP 函数的 table_ array 参数中使用这个区域名称。

在“商品信息”工作表中创建“商品”数据区域。

操作步骤如下。

(1) 打开“友爱服饰销售数据统计表(素材).xlsx”，将其另存为“友爱服饰销售数据统计表.xlsx”。

(2)在“商品信息”工作表中选择编码、品牌、商品名称、规格、单位、进价所在的单元格区域(A3:F24)。

(3)在“公式”选项卡的“定义的名称”组中单击“定义名称”按钮，打开“新建名称”对话框，在“名称”文本框中输入“商品”，如图 6-7 所示。

(4)单击“确定”按钮，“商品”数据区域创建完成。

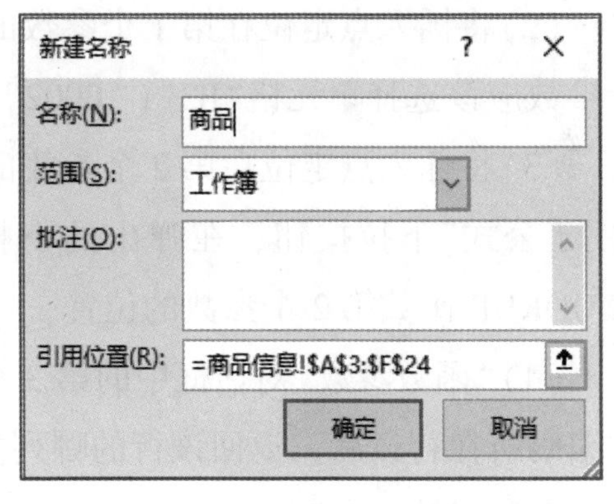

图 6-7　创建“商品”数据区域

> 小技巧：①以上的操作步骤(3)，可以改为在“名称”文本框中输入“商品”后，按 Enter 键确认，如图 6-8 所示。
>
> ②如果要删除定义的数据区域，应在“公式”选项卡的“定义的名称”组中单击“名称管理器”按钮，打开“名称管理器”对话框，选中要删除的名称，单击“删除”按钮，如图 6-9 所示。

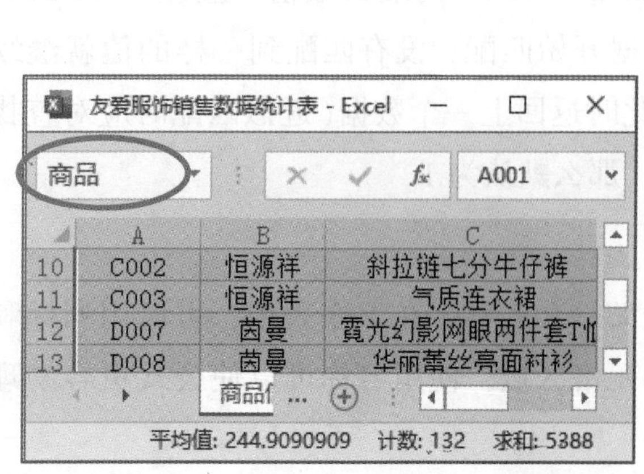

图 6-8 创建的“商品”数据区域

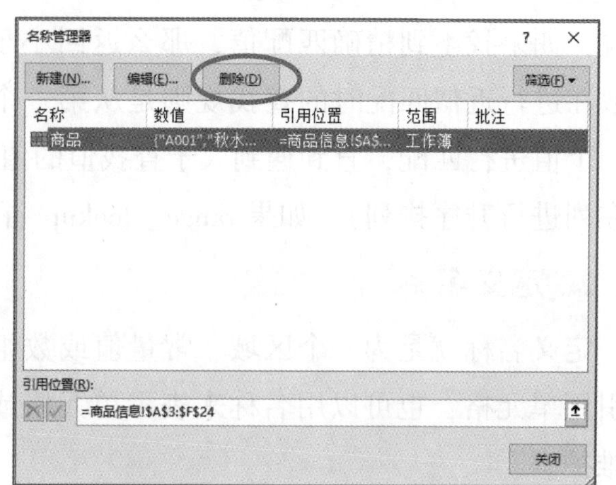

图 6-9 “名称管理器”对话框

用 VLOOKUP 函数查找“品牌”“商品名称”“规格”“单位”“进价”。

操作步骤如下。

(1)在“销售记录”工作表中选择目标单元格 C3，在“公式”选项卡的“函数库”组中单击“查找与引用”下拉按钮，在弹出的下拉菜单中选择“VLOOKUP”命令，弹出“函数参数”对话框。

(2)将插入点定位在第 1 个参数的文本框中，由于要根据“编码”(B 列)查找“品牌”，第 1 个参数应该选择单元格“B3”(“B002”)。

(3)将插入点定位在第 2 个参数的文本框中，在“公式”选项卡的“定义的名称”组中单击“用于公式”下拉按钮，在弹出的下拉菜单中选择“商品”选项，区域名称“商品”被插入到 VLOOKUP 函数第 2 个参数的位置。

(4)“函数参数”对话框中的第 3 个参数是决定 VLOOKUP 函数在“商品”数据区域找到匹配的编码所在行以后，返回该行的哪列数据，由于“品牌”数据存放在“商品”数据区域的第 2 列，所以在这里输入数字“2”。

(5)由于要求编码精确匹配，因此最后一个参数必须输入“FALSE”，设置结果如图 6-10 所示。单击“确定”按钮，可以看到 VLOOKUP 函数找到了“B002”的“品牌”是“三彩”。

(6)用相同的方法，在 D3 单元格中用 VLOOKUP 函数在“商品”数据区域中查找 “商品名称”，在 E3、F3、G3 单元格中分别用 VLOOKUP 函数在“商品”数据区域中查找 “规格”“单位”“进价”。

(7)选择 C3:G3 单元格区域，双击填充柄复制公式。

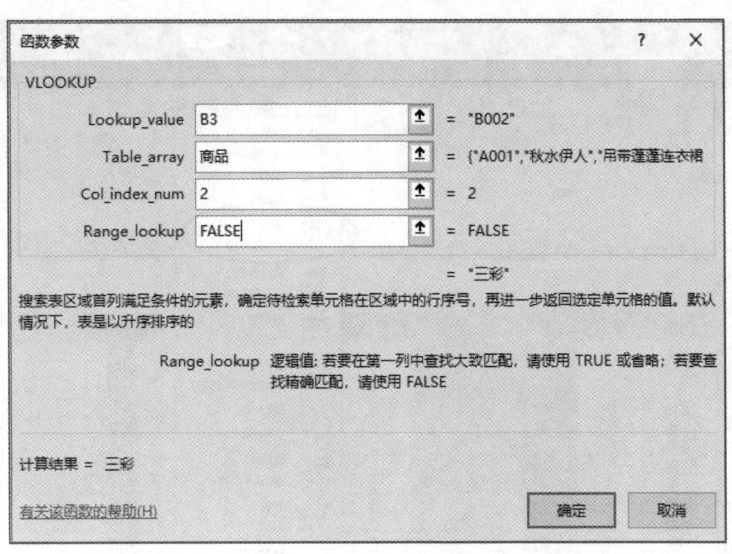

图 6-10 "函数参数"对话框的 4 个参数

注意：

①在"销售记录"工作表中，VLOOKUP 函数是按"编码"到"商品"数据区域中进行查找的，所以在定义"商品"数据区域时一定要把"编码"定义在第 1 列。

②如果 VLOOKUP 函数的返回值为错误值"#N/A"，说明在数据区域"商品"中没有查到相应的编码。

2. 用公式计算"销售金额"和"毛利润"

在"销售记录"工作表中，用公式计算"销售金额"和"毛利润"。

操作步骤如下。

(1) 在 J3 单元格中，用公式计算"销售额"，其中：销售金额=售价×销售数量。

(2) 在 K3 单元格中，用公式计算"毛利润"，其中：毛利润=(售价-进价) ×销售数量。

(3) 选择 J3:K3 单元格区域，双击填充柄复制公式。

3. 对"销售记录"工作表进行格式设置

在"销售记录"工作表中将"进价""售价""销售金额""毛利润"列的数据设置为"货币"格式。

操作步骤如下。

(1) 分别选择"销售记录"工作表中的"进价""售价""销售金额""毛利润"4 列数据。

(2) 在"开始"选项卡的"数字"组中单击"数字格式"下拉按钮，在弹出的下拉列表框中选择"货币"选项，如图 6-11 所示。

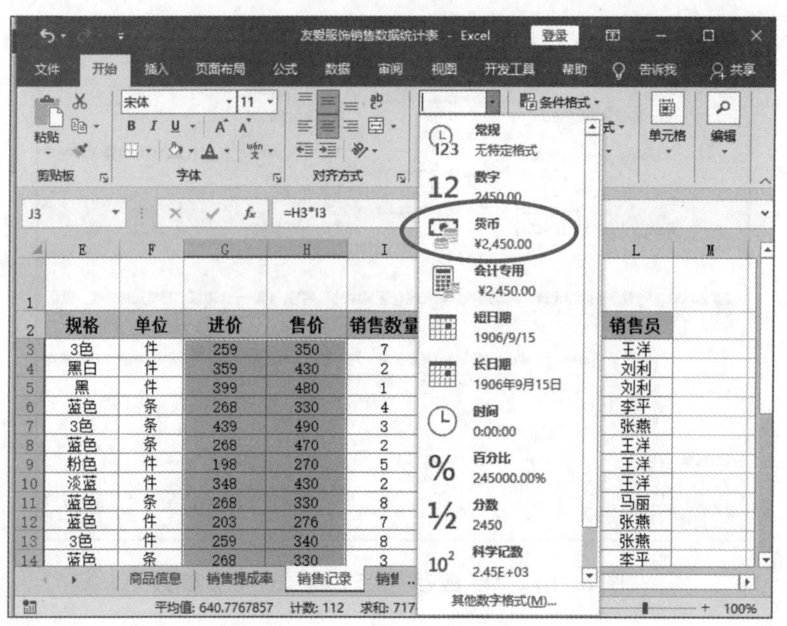

图 6-11　设置“货币”格式

按图 **6-1** 所示，对“销售记录”工作表进行格式化设置。

操作步骤如下。

(1)将标题“11 月份销售记录表”水平对齐方式设置为“跨列居中”。

(2)为数据区域 A2:L30 设置浅蓝、单细线边框。

任务二　统计各品牌的销售数量和毛利润

【任务分析】

本任务目标是利用 Excel 的分类汇总功能，统计各品牌的销售数量和毛利润，再根据分类汇总结果插入图表，并对图表进行格式设置，完成如图 6-2 所示的“各品牌销售利润分析”工作表。本任务分解成如图 6-12 所示的 3 步来完成。

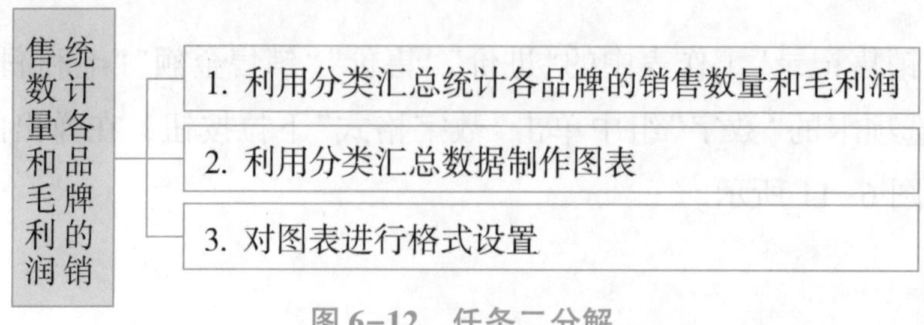

图 6-12　任务二分解

【知识储备】

1. 分类汇总

分类汇总
视频案例

分类汇总是一种条件汇总，它要求首先将要分类的字段中具有相同关键字的记录集中在一起(排序)，再将指定数值字段中“类”相同的记录进行汇总。汇总包括求和、计数、平均值、最大值、最小值等 11 种汇总方式，很多统计类的问题都可以利用分类汇总来完成。

需要注意的是，在进行分类汇总之前，首先必须对要分类的字段进行排序；其次要注意数据区域的正确选择，只要选择工作表数据区域中的任意一个单元格即可；在“分类汇总”对话框中选择“分类字段”选项时，一定要注意选择已排序的字段。

2. 利用分类汇总数据制作图表

利用分类汇总的数据制作图表时，可利用“定位条件”对话框中的“可见单元格”来选择目标单元格或单元格区域。

【任务实施】

1. 利用分类汇总统计各品牌的销售数量和毛利润

由于分类汇总会改变源工作表的结构，因此在对“销售数量”和“毛利润”进行统计之前，应该先创建 “销售记录”工作表的副本。

创建“销售记录”工作表的副本，重命名为“各品牌销售利润分析”。

操作步骤如下。

(1)单击“销售记录”工作表标签，按住 Ctrl 键不放，用鼠标拖动工作表标签，生成“销售记录”工作表的副本“销售记录(2)”。

(2)将“销售记录(2)”重命名为“各品牌销售利润分析”。

在“各品牌销售利润分析”工作表中用分类汇总统计各品牌的“销售数量”和“毛利润”。

操作步骤如下。

(1)在“各品牌销售利润分析”工作表中，按“品牌”字段进行排序，方法为：选择“品牌”列中的任意一个单元格，在“数据”选项卡的“排序和筛选”组中单击“升序”按钮，则“各品牌销售利润分析”工作表中的记录按“品牌”升序排序。

(2)选择“各品牌销售利润分析”工作表数据区域中的任意一个单元格，在“数据”选项卡的“分级显示”组中单击“分类汇总”按钮，打开“分类汇总”对话框。

(3)在“分类字段”下拉列表框中选择“品牌”选项，在“汇总方式”下拉列表框中选择“求和”选项，在“选定汇总项”列表框中选中“销售数量”和“毛利润”复选框，如图 6-13 所示。单击“确定”按钮。

(4)在“各品牌销售利润分析”工作表中单击分级显示符号，隐藏分类汇总表中的明细数据行，结果如图 6-14 所示。

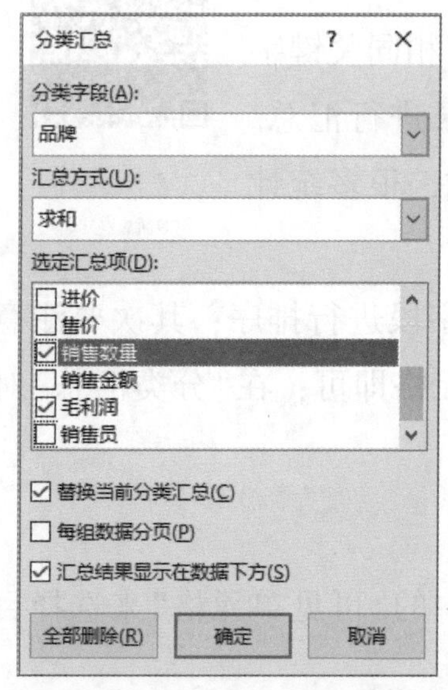

图 6-13 “分类汇总”对话框

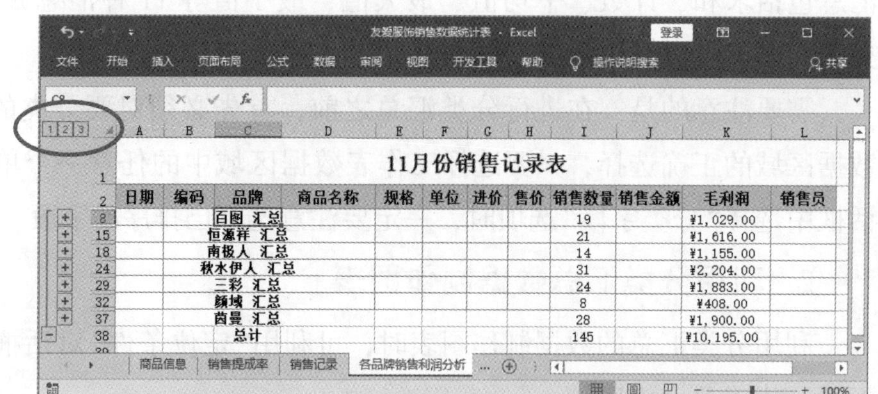

日期	编码	品牌	商品名称	规格	单位	进价	售价	销售数量	销售金额	毛利润	销售员
		百图 汇总						19		¥1,029.00	
		恒源祥 汇总						21		¥1,616.00	
		南极人 汇总						14		¥1,155.00	
		秋水伊人 汇总						31		¥2,204.00	
		三彩 汇总						24		¥1,883.00	
		颜域 汇总						8		¥408.00	
		茵曼 汇总						28		¥1,900.00	
		总计						145		¥10,195.00	

图 6-14 汇总“销售数量”和“利润”

注意:

在分类汇总前，一定要先按分类字段进行排序，如本案例中先按“品牌”排序。

2. 利用分类汇总数据制作图表

制作图表首先要正确选择数据源，再选择需要的图表。

在“各品牌销售利润分析”工作表中隐藏不需要的数据列。

操作步骤如下。

(1)选择日期、编码、商品名称、规格、单位、进价、售价、销售金额、销售员等数据列。

(2)在“开始”选项卡的“单元格”组中单击“格式”下拉按钮，在弹出的下拉菜单中选择“隐藏和取消隐藏”选项，在级联菜单中选择“隐藏列”选项，如图 6-15 所示。这时选定的列被隐藏。

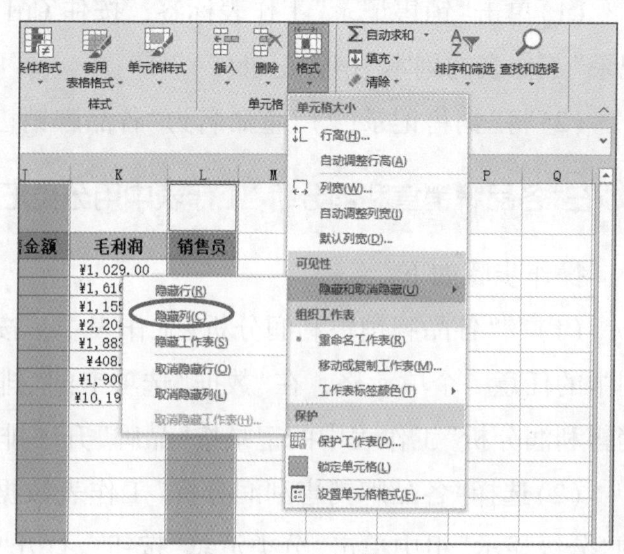

图 6-15 隐藏选定的列

在“各品牌销售利润分析”工作表中插入“三维饼图”图表。

操作步骤如下。

(1)在“各品牌销售利润分析”工作表中的分类汇总结果中选择数据源 C2:C37 和 K2:K37，在“开始”选项卡的“编辑”组中单击“查找和选择”按钮，选择“定位条件”选项，打开“定位条件”对话框。

(2)在“定位条件”对话框中选中“可见单元格”单选按钮，如图 6-16 所示，单击“确定”按钮。

(3)在“插入”选项卡的“图表”组中单击“插入饼图或圆环图”按钮，在弹出的下拉菜单中选择“三维饼图”选项，插入三维饼图，如图 6-17 所示。

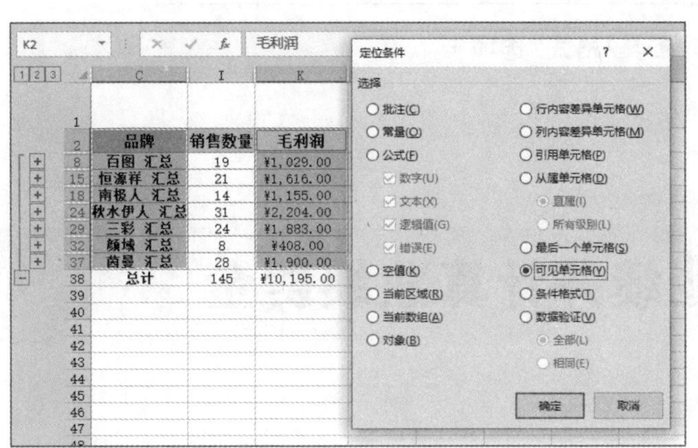

图 6-16　选择数据源并打开“定位条件”对话框

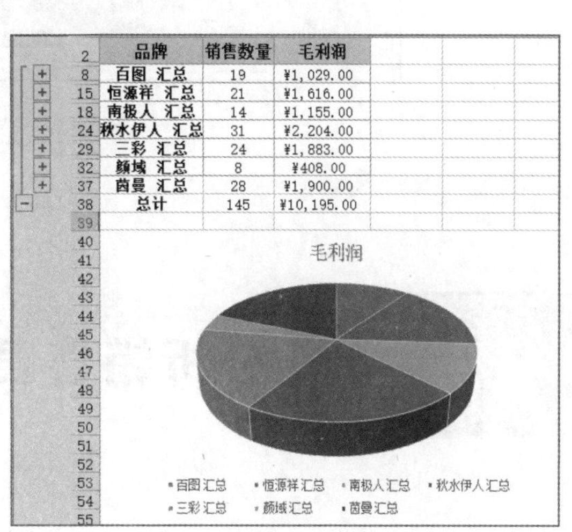

图 6-17　插入的“三维饼图”

3. 对图表进行格式设置

将图表应用“图表样式”中的“样式 3”，“快速布局”中的“布局 1”。

操作步骤如下。

(1)单击图表空白区域，选中图表。

(2)在“图表工具/设计”选项卡的“图表样式”组中选择“样式 3”。

(3)在“图表工具/设计”选项卡的“图表布局”组中单击“快速布局”按钮，在弹出的下拉菜单中选择“布局 1”。

将图表区域填充为“纹理”中的“蓝色面巾纸”。

操作步骤如下。

(1)单击图表空白区域，选中图表。

(2)在“图表工具/格式”选项卡的“形状样式”组中单击“形状填充”下拉按钮，在弹出的下拉菜单中选择“纹理”选项，在级联菜单中选择“蓝色面巾纸”选项，如图 6-18 所示。

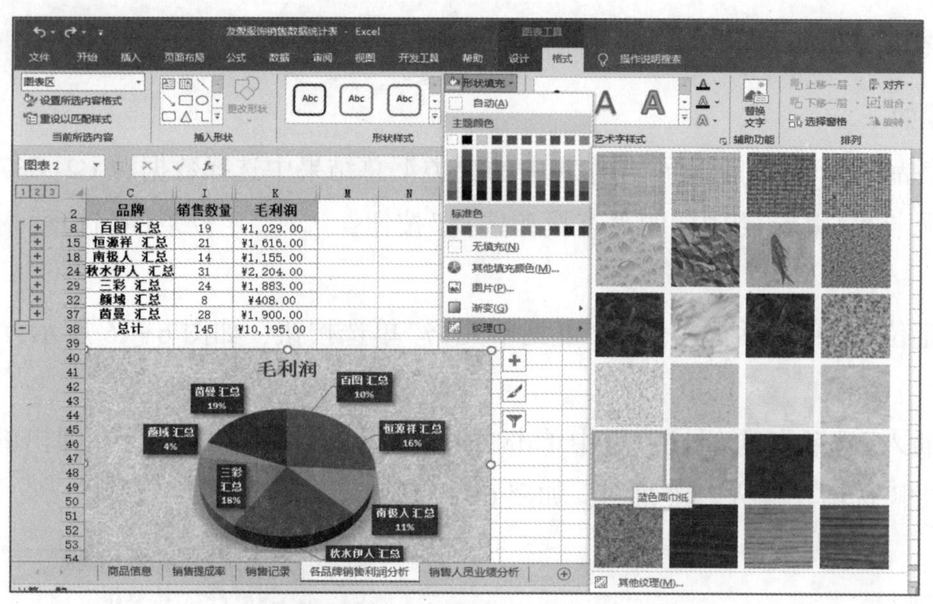

图 6-18 “图表工具/格式”选项卡

任务三 分析销售员业绩并计算业绩奖金

【任务分析】

本任务的目标是利用 SUMIF、HLOOKUP 函数统计销售员的业绩，利用公式计算业绩奖金，并利用条件格式中的数据条表示每个销售员销售额指标的完成情况，结果如图 6-3 所示。本任务分解成如图 6-19 所示的 4 步来完成。

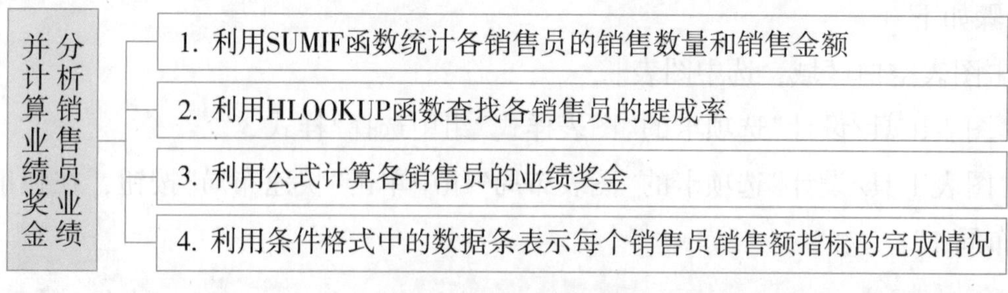

图 6-19 任务三分解

【知识储备】

1. 数学与三角函数 SUMIF

SUMIF 函数是在条件区域中根据指定条件对满足条件的单元格求和。

语法格式：SUMIF（range，criteria，sum_range）

range：条件区域　criteria：求和条件　sum_range：求和区域

参数说明：

range：用于条件判断的单元格区域。

criteria：指定求和单元格的条件。

sum_ range：需要求和的单元格区域。

SUMIF 视频案例

2. 查找与引用函数 HLOOKUP

HLOOKUP 函数是 Excel 中的一个横向查找函数，查找数据区域首行满足条件的元素，并返回数据区域当前列中指定行处的值。

语法格式：HLOOKUP(lookup_value ,table_array,row_index_num ,range_lookup)

lookup_value：要查找的值　table_array：查找的区域　row_index_num：返回数据在查找区域的第几行数　range_lookup：精确匹配还是近似匹配

参数说明：

lookup_ value：需要在数据表第一行中进行查找的数值。lookup_ value 可以为数值、引用或字符串。

table_ array：需要在其中查找数据的数据表。使用对区域或区域名称的引用。

row_ index_ num：table_ array 中查找数据的数据行序号。row_ index_ num 为 1 时，返回 table_ array 第一行的数值，row_ index_ num 为 2 时，返回 table_ array 第二行的数值，以此类推。

HLOOKUP 视频案例

range_ lookup：一逻辑值，指明函数 HLOOKUP 查找时是精确匹配，还是近似匹配。如果为 FALSE 或 0，那么查找精确匹配值，如果找不到，那么返回错误值“#N/A”。如果 range_ lookup 为 TRUE 或 1，函数 HLOOKUP 将查找近似匹配值，也就是说，如果找不到精确匹配值，就返回小于 lookup_ value 的最大数值。应注意 HLOOKUP 函数在进行近似匹配时的查找规则是从第一个数据开始匹配，没有匹配到一样的值就继续与下一个值进行匹配，直到遇到大于查找值的值，此时返回上一个数据（近似匹配时应对查找值所在行进行升序排列）。若 range_ lookup 省略，则默认为 1。

【任务实施】

1. 利用 SUMIF 函数统计各销售员的销售数量和销售金额

在“销售人员业绩分析”工作表中，用 **SUMIF** 函数统计各销售员的销售数量和销售金额。

操作步骤如下。

(1)在“销售记录”工作表中，选择“销售员”列中的L2:L30单元格区域，按住Ctrl键不放，再选择“销售数量”与“销售金额”两列区域(I2:J30)。在“公式”选项卡的“定义的名称”组中单击“根据所选内容创建”按钮，在打开的对话框中选中“首行”复选框，单击“确定”按钮。分别将“销售员”“销售数量”“销售金额”作为相应区域的名称。

(2)在“销售人员业绩分析”工作表中，选择B3单元格，在“公式”选项卡的“函数库”组中单击“数学和三角函数”下拉按钮，如图6-20所示，在弹出的下拉菜单中选择“SUMIF”函数，打开“函数参数”对话框。

图6-20　数学和三角函数

(3)在“函数参数”对话框中将插入点置于第1个参数的文本框，在“公式”选项卡的“定义的名称”组中单击“用于公式”下拉按钮，在弹出的下拉菜单中选择“销售员”选项，将名称“销售员”插入到SUMIF函数第1个参数的位置。

(4)分别插入第2个和第3个参数，如图6-21所示，单击“确定”按钮。

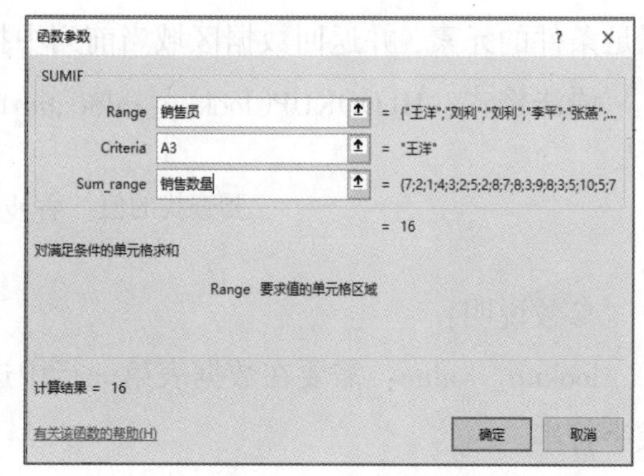

图6-21　各参数设置

(5)鼠标指针指向B3单元格填充柄，向下拖动填充柄至B7单元格，得到各销售员的销售数量。

(6)选择C3单元格，可用相同的方法用SUMIF函数统计各销售员的销售金额，SUMIF函数参数的设置如图6-22所示。

(7)向下拖动C3单元格的填充柄至C7单元格，得到各销售员的销售金额，结果如图6-23所示。

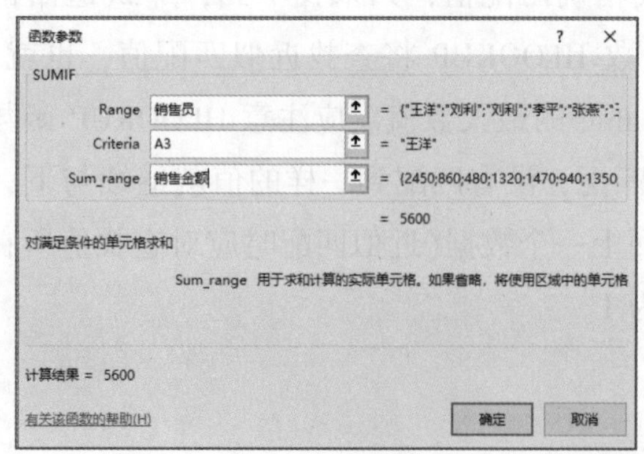

图6-22　各参数设置

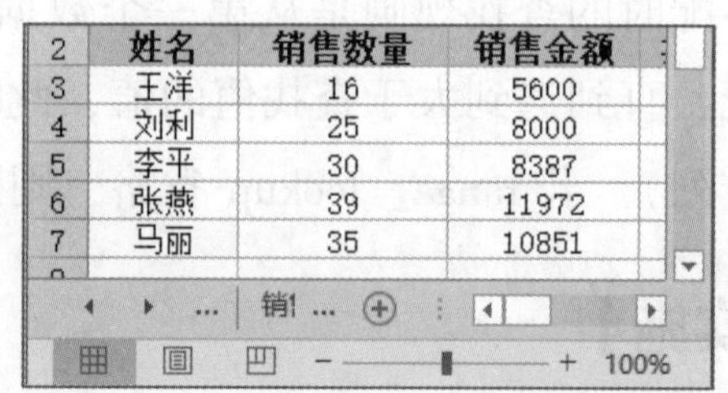

2	姓名	销售数量	销售金额
3	王洋	16	5600
4	刘利	25	8000
5	李平	30	8387
6	张燕	39	11972
7	马丽	35	10851

图6-23　各销售员销售数量与销售金额

知识链接

在如图 6-21 所示的 SUMIF“函数参数”对话框中，第 1 个参数是条件范围，指所有销售员，即“销售记录”工作表中的“销售员”列，即定义的区域“销售员”；第 2 个参数是指定的求和条件，即销售员中“王洋”(A3)；第 3 个参数是求和区域，指“销售记录”工作表中的“销售数量”列，即定义的区域“销售数量”。该函数的意义是：返回所有销售员中，对“王洋”的“销售数量”的求和结果。

2. 利用 HLOOKUP 函数查找各销售员的提成率

根据“销售提成率”工作表中的数据，用 HLOOKUP 函数查找各销售员的提成率。

操作步骤如下。

(1) 在“销售提成率”工作表中选择 C3:F5 单元格区域，定义其名称为“销售额与提成率”。

(2) 在“销售人员业绩分析”工作表中选择目标单元格 D3，在“公式”选项卡的“函数库”组中单击“查找与引用”按钮，在弹出的下拉菜单中选择“HLOOKUP”命令，弹出“函数参数”对话框。

(3) 将插入点定位在第 1 个参数文本框中，由于要根据“销售金额”查找“提成率”，第 1 个参数应该选择单元格“C3”(“5600”)。

(4) 将插入点定位在“函数参数”对话框的第 2 个参数文本框中，在“公式”选项卡的“定义的名称”组中单击“用于公式”下拉按钮，在弹出的下拉菜单中选择“销售额与提成率”选项，数据区域名称“销售额与提成率”被插入到 HLOOKUP 函数第 2 个参数的位置。

(5) “函数参数”对话框中的第 3 个参数是决定 HLOOKUP 函数在“提成率”数据区域找到匹配销售金额所在列以后，返回该列的哪行数据，由于“提成率”数据存放在“销售额与提成率”数据区域的第 3 行，因此在这里输入数字“3”。

(6) 由于“销售金额”是近似匹配，因此最后一个参数必须输入“TRUE”，设置结果如图 6-24 所示。单击“确定”按钮，可以看到 HLOOKUP 函数找到了“5600”的“提成率”是“5.00%”。

(7) 选择 D3 单元格，双击填充柄复制公式。

3. 利用公式计算各销售员的业绩奖金

计算每个销售员的业绩奖金，业绩奖金=销售金额×提成率。

操作步骤略，结果如图 6-25 所示。

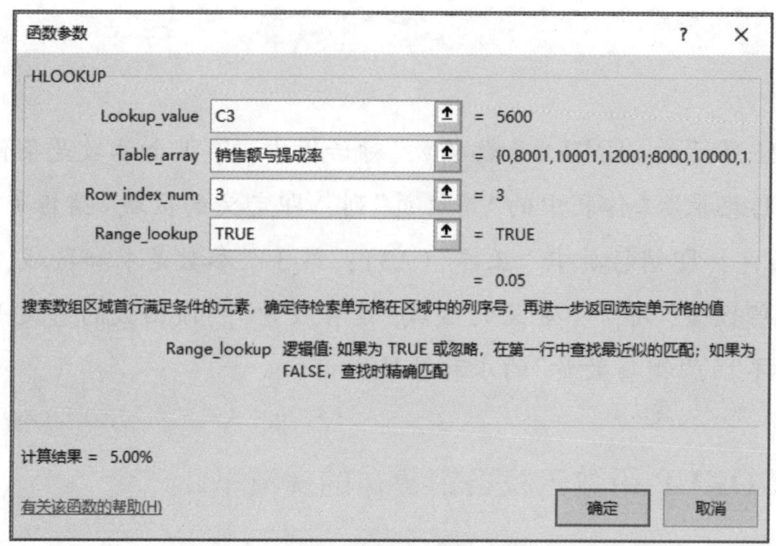

图 6-24　各参数设置

	A	B	C	D	E
1	销售员业绩分析				
2	姓名	销售数量	销售金额	提成率	业绩奖金
3	王洋	16	5600	5.00%	280
4	刘利	25	8000	5.00%	400
5	李平	30	8387	8.00%	670.96
6	张燕	39	11972	10.00%	1197.2
7	马丽	35	10851	10.00%	1085.1
8					

销售人员业绩分析　就绪　100%

图 6-25　销售员的业绩奖金

4. 利用条件格式中的数据条表示每个销售员销售额指标的完成情况

Excel 2019 的条件格式中为用户提供了数据条功能，通过带颜色的数据条长短更直观地表现数据。

11 月份的销售额指标为 20000，用条件格式中的数据条表示每个销售员的完成情况。

操作步骤如下。

(1)在“销售人员业绩分析”工作表中选择 C8 单元格，输入“20000”(表示销售金额指标)。

(2)选择目标单元格区域 C3:C8。

(3)在“开始”选项卡的“样式”组中单击“条件格式”按钮，在弹出的下拉菜单中选择“数据条”选项，在级联菜单中选择“渐变填充”选项区域中的“浅蓝色数据条”选项，如图 6-26 所示。

(4)选择 C8 单元格，隐藏所在行，效果如图 6-3 所示。

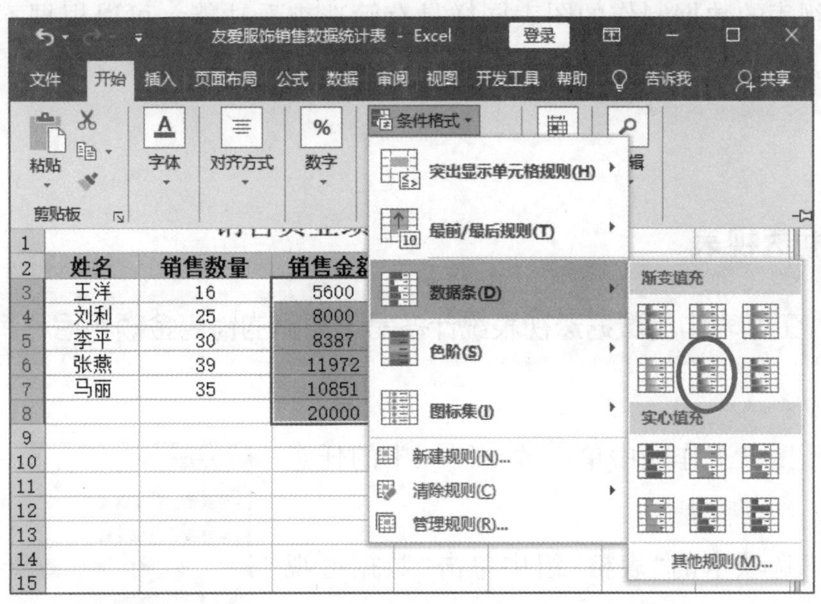

图 6-26 “条件格式”下拉菜单

任务四 用透视表统计各品牌的销售明细

【任务分析】

本任务的目标是利用数据透视表统计各品牌商品的销售明细，并根据透视表的数据制作动态图表，结果如图 6-4 所示。本任务分解成如图 6-27 所示的 3 步来完成。

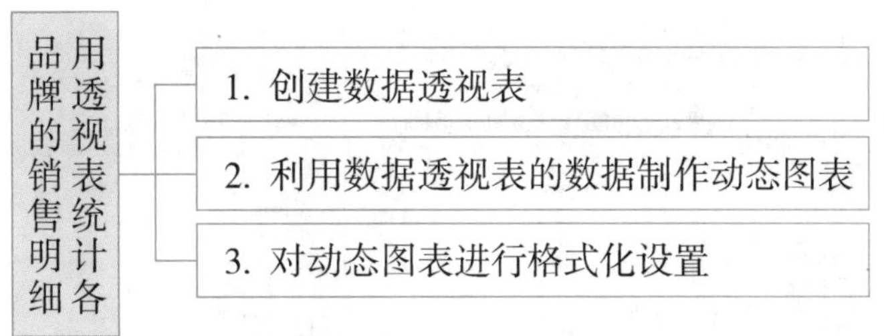

图 6-27 任务四分解

【知识储备】

数据透视表
视频案例

数据透视表是一种交互式工作表，用于对现有工作表进行汇总和分析。创建数据透视表后，可以按不同的需要、依不同的关系来提取和组织数据，快速查看源数据的不同统计结果。

利用数据透视表的数据制作的图表同样具有筛选查看功能，可以根据不同的需求发生动态的改变。

【任务实施】

1. 创建数据透视表

在“销售记录”工作表中用数据透视表统计各品牌商品的销售金额和毛利润。

操作步骤如下。

(1)在“销售记录”工作表中单击数据区域中的任意一个单元格。

(2)在“插入”选项卡的“表格”组中单击“数据透视表”按钮，打开“创建数据透视表”对话框。

(3)在对话框中系统会自动选择数据区域，在“选择放置数据透视表的位置”选项区域中选中“新工作表”单选按钮，如图6-28所示，单击“确定”按钮，创建数据透视表“Sheet 1”。

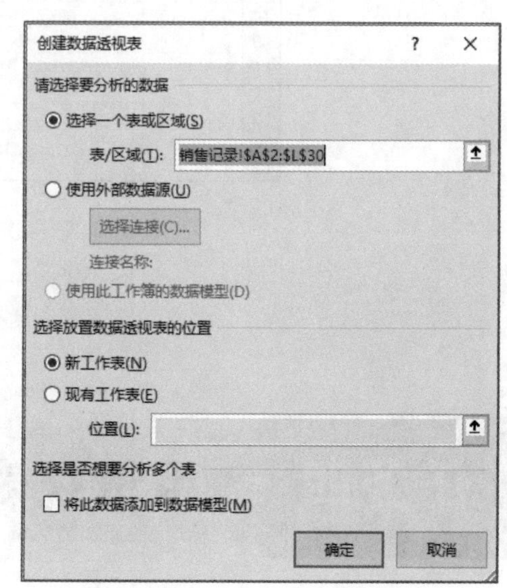

图6-28 创建数据透视表

(4)在“数据透视表字段”任务窗格中进行如下布局设置：将“品牌”字段拖到“筛选”区域中，将“商品名称”字段拖到“行”区域中，将“销售金额”“毛利润”字段拖到“值”区域中。至此，数据透视表创建完成。

(5)将数据透视表标签“Sheet1”重命名为“各品牌商品销售明细”，如图6-29所示，单击“品牌”右侧的下拉按钮，可以在弹出的快捷菜单中选择1个或多个品牌，透视表的数据也随之发生变化。

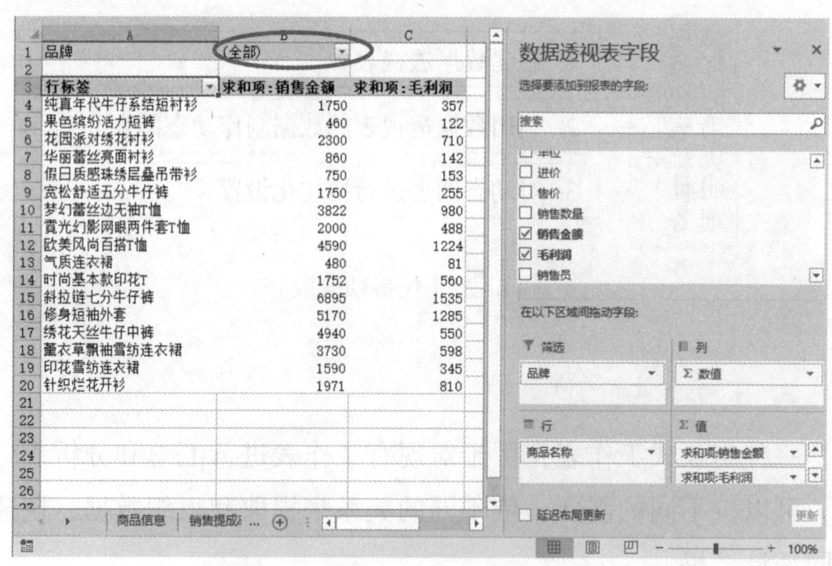

品牌	(全部)	
行标签	求和项:销售金额	求和项:毛利润
纯真年代牛仔系结短衬衫	1750	357
果色缤纷活力短裤	460	122
花园派对绣花衬衫	2300	710
华丽蕾丝亮面衬衫	860	142
假日质感珠绣层叠吊带衫	750	153
宽松舒适五分牛仔裤	1750	255
梦幻蕾丝边无袖T恤	3822	980
霓光幻影网眼两件套T恤	2000	488
欧美风尚百搭T恤	4590	1224
气质连衣裙	480	81
时尚基本款印花T	1752	560
斜拉链七分牛仔裤	6895	1535
修身短袖外套	5170	1285
绣花天丝牛仔中裤	4940	550
薰衣草飘袖雪纺连衣裙	3730	598
印花雪纺连衣裙	1590	345
针织烂花开衫	1971	810

图6-29 创建完成的数据透视表

小技巧：在“数据透视表字段”任务窗格中，也可以在“选择要添加到报表的字段”选项区域中右击要拖动的字段名，在弹出的快捷菜单中选择目标位置，例如，右击“品牌”字段，在弹出的快捷菜单中选择“添加到报表筛选”选项，如图 6-30 所示。

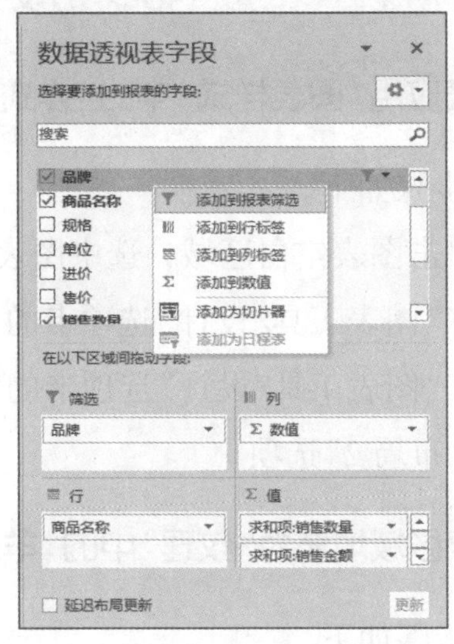

图 6-30　透视表字段选择

注意：

只有将活动单元格放置在数据透视表的数据区域中，“数据透视表字段”任务窗格才会出现。

2. 利用数据透视表的数据制作动态图表

在“各品牌商品销售明细”工作表中，利用透视表的数据制作动态图表。

操作步骤如下。

(1)选择数据源。方法为：单击“品牌”右侧的下拉按钮，在弹出的下拉菜单中选择“全部”选项，选择 A3:C20 单元格区域。

(2)在“插入”选项卡的“图表”组中单击“插入组合图”按钮，在弹出的下拉菜单中选择“簇状柱形图-次坐标轴上的折线图”选项，即可插入双坐标轴图表。

(3)将图表拖至适当位置，单击图表左上角的“筛选”按钮，在弹出的下拉菜单中可以选择一个或多个品牌，图表也随之发生变化，如图 6-31 所示。

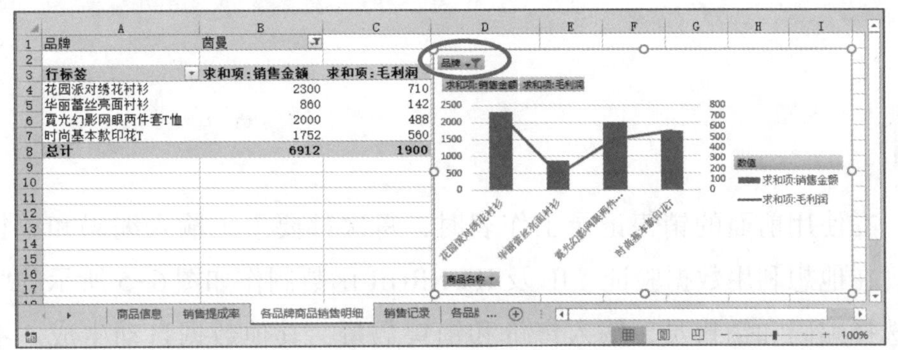

图 6-31　动态图表

3. 对动态图表进行格式化设置

将图表应用“图表样式”中的“样式 8”，“快速布局”中的“布局 2”。

操作步骤如下。

(1) 单击图表空白区域，选中图表。

(2) 在“图表工具/设计”选项卡的“图表样式”组中选择“样式 8”。

(3) 在“图表工具/设计”选项卡的“图表布局”组中单击“快速布局”按钮，在弹出的下拉菜单中选择“布局 2”选项。

将图表区域填充为“纹理”中的“羊皮纸”，绘图区域填充为“渐变”中的“线性向上”。

操作步骤如下。

(1) 单击“图表区”的空白处，选中图表，在“图表工具/格式”选项卡的“形状样式”组中单击“形状填充”下拉按钮，在弹出的下拉菜单中选择“纹理”选项，在级联菜单中选择“下拉按钮羊皮纸”选项。

(2) 单击“绘图区”的空白处，选中“绘图区”，在“图表工具/格式”选项卡的“形状样式”组中单击“形状填充”下拉按钮，在弹出的下拉菜单中选择“渐变”选项，在级联菜单中选择“浅色变体”中的“线性向上”选项，如图 6-32 所示。

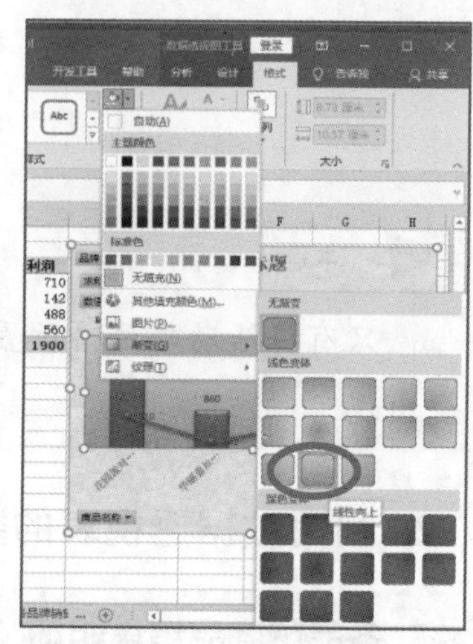

图 6-32　图表填充

将图表标题改为“销售金额与毛利润”，并适当调整标题与图例的位置、图表区与绘图区的大小。

操作步骤略，效果如图 6-4 所示。

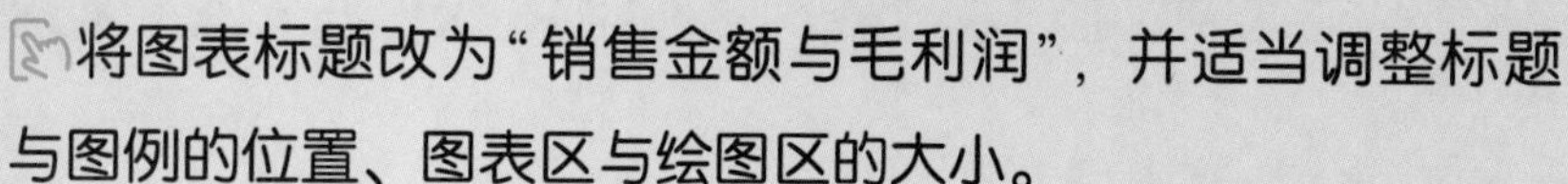

任务五　制作方便实用的“新销售记录表”工作表

【任务分析】

王立发现，在使用前面的销售记录工作表时，每次都要手工输入编码和销售员，既麻烦又容易出错。现在他想利用数据验证、IF 及 IFERROR 函数制作如图 6-5 所示的“新销售记录”工作表，只要选择编码和销售员，输入售价和销售数量，其他数据自动生成。本任务分解成如图 6-33 所示的 2 步来完成。

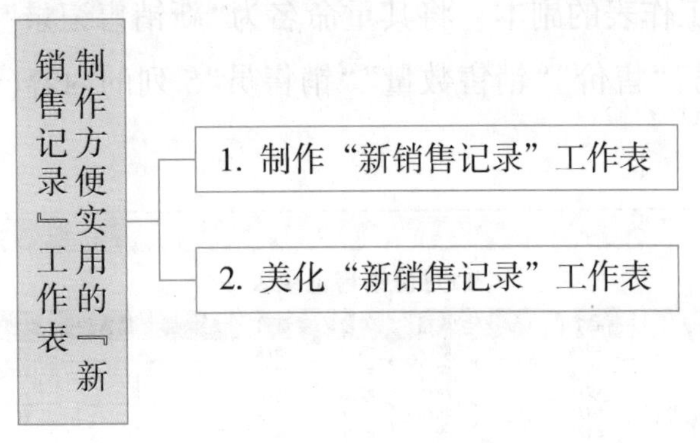

图 6-33　任务五分解

【知识储备】

1. IF 函数

IF 函数是条件判断函数，如果指定条件的计算结果为 TRUE，IF 函数将返回某个值；如果该条件的计算结果为 FALSE，那么返回另一个值。

IF 函数的语法格式为：IF(logical_ test，value_ if_ true，value_ if_ false)

IF 视频案例

logical_ test：表示计算结果为 TRUE 或 FALSE 的任意值或表达式。例如，A10=100 就是一个逻辑表达式，如果单元格 A10 中的值等于 100，表达式即为 TRUE，否则为 FALSE。本参数可使用任何比较运算符(=、>、>=、<、<=、<>等运算符)。

value_ if_ true：表示 logical_ test 为 TRUE 时返回的值。

value_ if_ false：表示 logical_ test 为 FALSE 时返回的值。

IF 函数本身可以嵌套使用。

2. IFERROR 函数

IFERROR 函数用来判断一个公式的结果是否错误，如果错误就返回指定的值，否则返回公式的值。

IFERROR 函数的语法格式为：IFERROR(value，value_ if_ error)

IFERROR 视频案例

Value：检查是否为错误的公式，可以是任意值、表达式或引用。

value_ if_ error：公式的计算结果为错误时要返回的值。公式的错误包括 #N/A、#VALUE!、#REF!、#DIV/0!、#NUM!、#NAME? 或 #NULL!。

【任务实施】

1. 制作“新销售记录”工作表

用“销售记录”工作表制作“新销售记录”工作表。

操作步骤如下。

(1)创建“销售记录”工作表的副本，将其重命名为“新销售记录”。

(2)清除“日期”“编码”“售价”“销售数量”“销售员”5 列的内容(保留其字段名)，如图 6-34 所示。

	A	B	C	D	E	F	G	H	I	J	K	L
1				11月份销售记录表								
2	日期	编码	品牌	商品名称	规格	单位	进价	售价	销售数量	销售金额	毛利润	销售员
3			#N/A	#N/A	#N/A	#N/A	#N/A			¥0.00	#N/A	
4			#N/A	#N/A	#N/A	#N/A	#N/A			¥0.00	#N/A	
5			#N/A	#N/A	#N/A	#N/A	#N/A			¥0.00	#N/A	
6			#N/A	#N/A	#N/A	#N/A	#N/A			¥0.00	#N/A	
7			#N/A	#N/A	#N/A	#N/A	#N/A			¥0.00	#N/A	
8			#N/A	#N/A	#N/A	#N/A	#N/A			¥0.00	#N/A	
9			#N/A	#N/A	#N/A	#N/A	#N/A			¥0.00	#N/A	

各品牌销售利润分析 | 销售人员业绩分析 | 新销售记录

图 6-34 “新销售记录”工作表

在“新销售记录”工作表中，对“编码”列应用数据验证。

操作步骤如下。

(1)在“商品信息”工作表中，选择“编码”列数据区域 A3:A24，将其名称定义为“商品编码”。

(2)在“新销售记录”工作表中，选择“编码”列数据区域 B3:B30(此区域中的 B30 可以根据需要进行调整)，在“数据”选项卡的“数据工具”组中单击“数据验证”按钮，在弹出的下拉菜单中选择“数据验证”选项，打开“数据验证”对话框，选择“设置”选项卡。

(3)在“允许”下拉列表框中选择“序列”选项，在“来源”数据框中输入“=商品编码”，如图 6-35 所示，单击“确定”按钮。

(4)设置了数据验证后的“编码”列可以用下拉列表来选择编码，如图 6-36 所示。

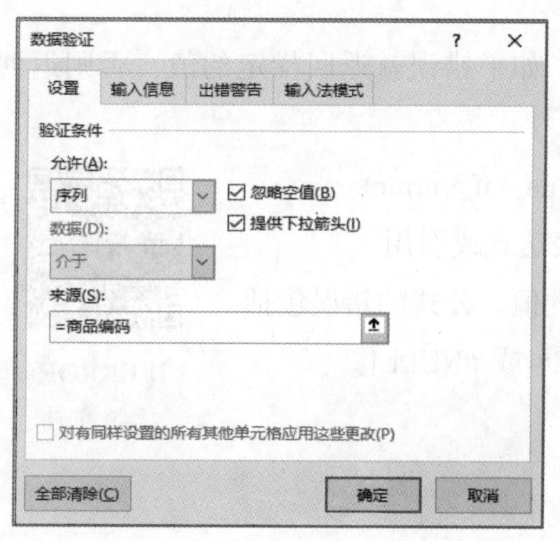

图 6-35 “数据验证”对话框

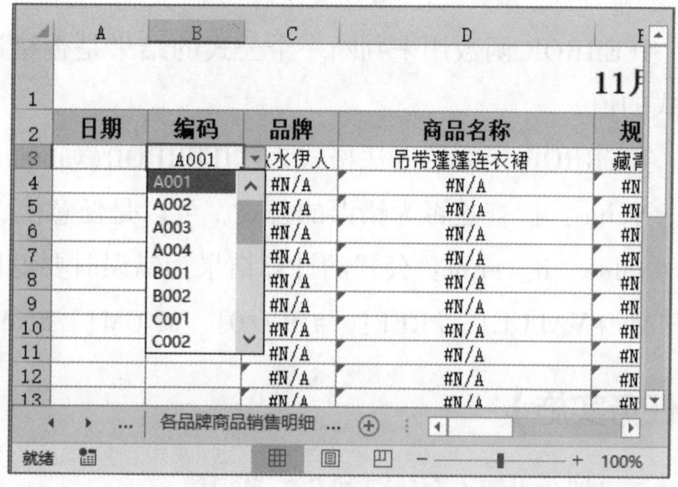

图 6-36 设置数据验证后的“编码”列

在“新销售记录”工作表中，对“销售员”列应用数据验证。

操作步骤如下。

(1) 在“新销售记录”工作表中，选择“销售员”列数据区域 L3:L30，打开“数据验证”对话框，选择“设置”选项卡。

(2)在“允许”下拉列表中选择“序列”选项，在“来源”数据框中输入王洋，刘利,李平,张燕,马丽”，如图 6-37 所示，单击“确定”按钮。

(3)设置了数据验证后的“销售员”列可以用下拉列表来选择销售员，如图 6-38 所示。

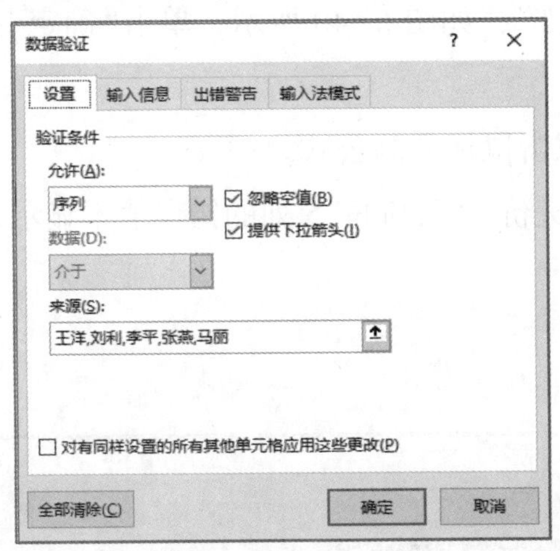

图 6-37 “数据验证”对话框

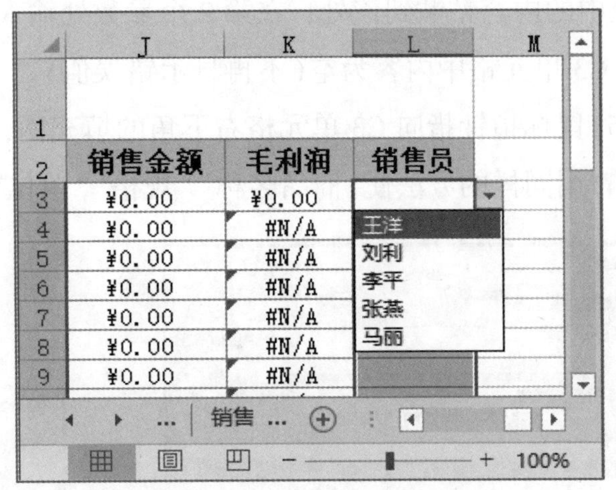

图 6-38 设置数据验证后的“销售员”列

小技巧：图 6-36 中的“日期”列数据可以用 Ctrl+; 组合键输入当前日期。

注意：

①图 6-34 中出现的错误值“#N/A”是因为 VLOOKUP 函数查找不到“编码”(为空)所对应的数据，所以 VLOOKUP 函数返回错误值。

②图 6-37 中“来源”数据框中的“王洋,刘利,李平,张燕,马丽”中间的逗号必须为西文的逗号。

2. 美化“新销售记录”工作表

上面制作的“新销售记录”工作表使用起来方便了很多，但是有错误值“#N/A”和“0”值，看起来不美观，下面用 IF 及 IFERROR 函数来美化“新销售记录”工作表。

利用 IFERROR 函数使“新销售记录”工作表中的错误值不显示。

操作步骤如下。

(1)在“新销售记录”工作表中，选择品牌列的单元格 C3，此时在编辑栏中显示“=VLOOKUP(B3, 商品, 2, FALSE)”。

(2)在编辑栏中选中“VLOOKUP(B3, 商品, 2, FALSE)”，按 Ctrl+X 组合键，将选定内

容“剪切”到剪贴板上。

(3)在“公式”选项卡的“函数库”组中单击“插入函数”按钮，打开“插入函数”对话框，在“搜索函数”文本框中输入“IFERROR”，单击“转到”按钮，Excel 自动搜索相关函数，找到后将近似函数在“选择函数”列表框中列出，选择“IFERROR”函数，如图 6-39 所示，单击“确定”按钮。

(4)在打开的“函数参数”对话框中将插入点放置在第 1 个参数处，按 Ctrl+V 组合键，将剪贴板中的内容粘贴到该处；在第 2 个参数处输入“""”，如图 6-40 所示，单击“确定”按钮，此时，C3 单元格中内容为空(不再显示错误值)。

(5)鼠标指针指向 C3 单元格右下角的填充柄，双击鼠标复制公式。

(6)用同样的方法使“商品名称”“规格”“单位”“进价”“毛利润”5 列的错误值不显示。

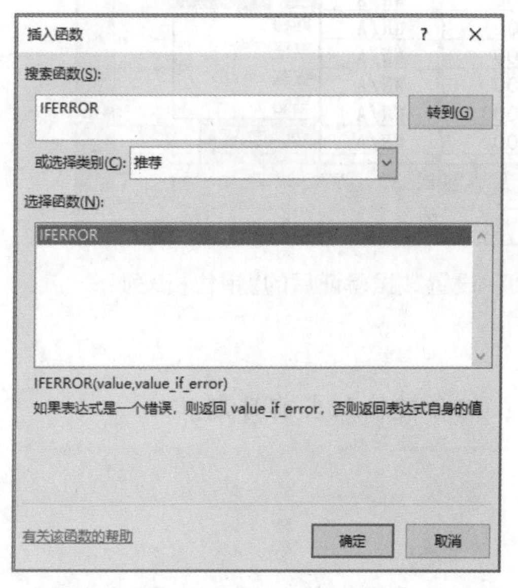

图 6-39　选择 IFERROR 函数

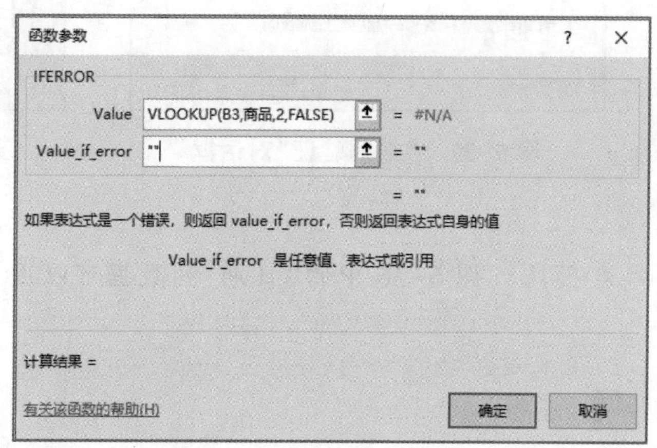

图 6-40　IFERROR 函数参数设置

利用 IF 函数，使“新销售记录”工作表中的“0”值不显示。

操作步骤如下。

(1)在“新销售记录”工作表中，选择“销售金额”列的单元格 J3，此时在编辑栏中显示“=H3 * I3”。

(2)在编辑栏中选中“H3 * I3”，按 Ctrl+X 组合键，将选定内容“剪切”到剪贴板上。

(3)在“公式”选项卡的“函数库”组中单击“插入函数”按钮，打开“插入函数”对话框，在“或选择类别”下拉列表框中选择“逻辑”选项，在“选择函数”列表框中选择“IF”函数，如图 6-41 所示，单击“确定”按钮。

(4)在打开的“函数参数”对话框中，将插入点放置在第 1 个参数处，按 Ctrl+V 组合键，将剪贴板中的内容“H3 * I3”粘贴到该处，然后在“H3 * I3”后面输入“=0”；在第 2 个参数处输入“""”；然后将光标定位在第 3 个参数处，按 Ctrl+V 组合键，再次将剪贴板中的内容粘贴到该处，如图 6-42 所示，单击“确定”按钮，此时，C3 单元格中的内容为空(不再显示“0”值)。

(5)鼠标指针指向 C3 单元格右下角的填充柄，双击鼠标复制公式。屏蔽错误值和“0”值的“新销售记录”工作表如图 6-5 所示。

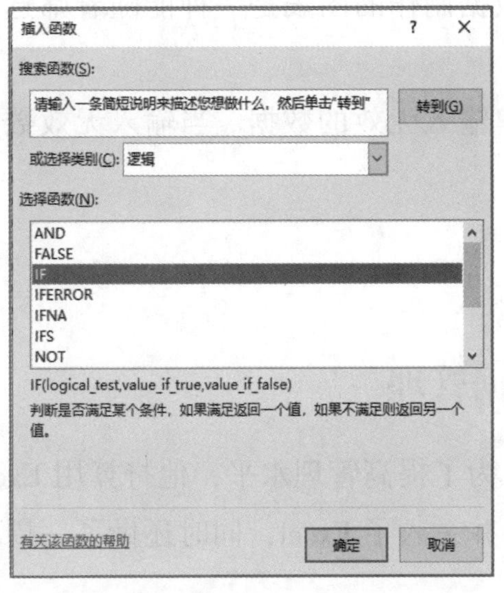

图 6-41　选择 IF 函数

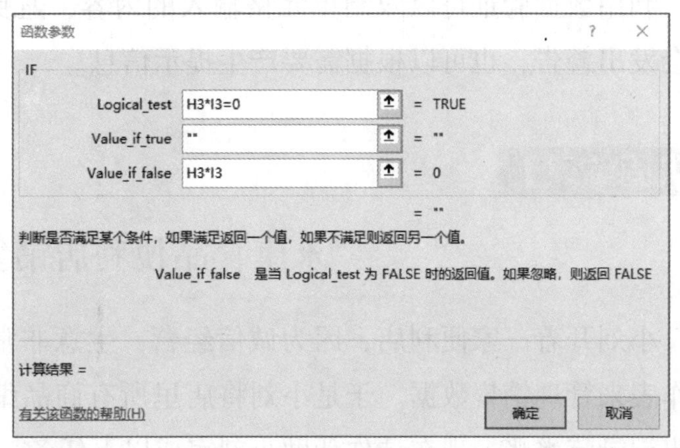

图 6-42　IF 函数参数设置

小技巧： 在 Excel 的“插入函数”对话框中，“或选择类别”下拉列表框中的“常用函数”会列出 10 个最近使用过的函数。

【项目总结】

本项目通过对友爱服饰有限公司销售数据的处理分析，介绍了 VLOOKUP、HLOOKUP、SUMIF、IF、IFERROR 等函数。同时，还介绍了分类汇总、图表和数据透视表、数据验证等的应用。

在使用 VLOOKUP 和 HLOOKUP 函数时，首先要正确地定义数据的查找区域，注意把要查找的内容分别定义在数据查找区域的首列和首行。因为要查找的区域一般是固定不变的，所以函数的第 2 个参数应用绝对引用，为方便起见最好以区域命名的方法定义要查找的区域。

SUMIF 函数的作用是条件求和，使用时要注意求和区域和条件区域的正确选择。

利用 IFERROR 函数可以用来屏蔽公式中的错误值。

分类汇总是指对工作表中的某一项数据进行分类，再对类相同的数据进行汇总计算。在分类汇总前要先按分类字段进行排序。

组合图表是使用两种或多种图表类型，以强调图表中含有不同类型的信息。“簇状柱形图——次坐标轴上的折线图”是将一个数据系列显示为柱形图、另一个数据系列显示为折线图而组成的组合图表。

利用分类汇总的数据制作图表时，可利用“定位条件”对话框中的“可见单元格”来正确地选择单元格区域，以正确地完成图表的制作。

数据透视表是 Excel 中强大的分析汇总数据工具，利用数据透视表工具可以从多个角度对数据进行高效的分析、汇总和筛选。利用数据透视表的数据制作的图表是一种能随着筛选需求而改变的动态图表。

利用数据验证可以限制单元格输入的内容，避免用户输入无效的数据。当输入无效数据时会发出警告，也可以根据需要产生提示信息。

【巩固练习】

永康食品便利店销售数据管理

小刘开着一家便利店，因为诚信经营，生意非常好，为了提高管理水平，他打算用 Excel 工作表来管理销售数据。于是小刘将店里所有商品编号，并录入了 Excel，同时还做了一周的销售记录流水账。现在请你帮助小刘完成以下任务。

请打开“永康便利店销售数据(素材).xlsx”，将其另存为“永康便利店销售数据.xlsx”。

任务一：美化“商品信息”工作表。

(1)增加标题“永康食品便利店商品信息”，“黑体、12、跨列居中”，并将所在行行高设置为“25”。

(2)将除标题外的数据区域套用表格格式中的“蓝色，表样式中等深浅 2”，并去掉筛选按钮。

(3)将除标题外的所有数据设置水平、垂直居中；边框颜色设置为“蓝色，个性色 1，淡色 40%”，外边框为双细线，内边框为单细线。

任务二：完善“销售记录”工作表。

(1)将“日期”列更改格式为“XXXX-XX-XX”，列宽设置为最合适列宽。

(2)根据“商品信息”工作表中的内容，将“销售记录”工作表中的“商品类别”“进价”“售价”填充完整。

(3)计算“销售额”及“毛利润”。

任务三：在“销售统计”工作表中利用 SUMIF 及 SUMIFS 函数进行统计。

(1)利用 SUMIF 函数统计“各商品类别的销售额与毛利润”。

(2)利用 SUMIFS 函数统计“各商品类别每天的销售额”。

任务四：统计每天的销售额及毛利润。

(1)将“销售记录”工作表复制一份，重命名为“每天销售额及毛利润”。

(2)利用分类汇总计算每天的销售总额及毛利润。

(3)插入图表“簇状柱形图—次坐标轴上的折线图”，图表设置：样式 1，布局 2。

任务五：查看各商品类别中每种商品毛利润所占比例。

(1)根据“销售记录”工作表制作透视表(筛选器：商品类别；行：商品名称；值：毛利润)，将其作为新工作表，并命名为“各商品毛利润”。

(2)根据透视表数据制作动态饼图。图表设置如样例。

任务六：制作新的销售记录工作表。

对字段名“商品名称”进行操作，只要输入日期、数量、实收，其他字段的值自动计算。具体操作步骤如下。

(1)将“销售记录”工作表复制一份，重命名为“新销售记录”。

(2)删除“进价”和“毛利润”列；清除“日期”“商品名称”“数量”列的数据内容，只留字段名；将字段名“销售额”改为“应收”，并增加“实收”“找回”两个字段，如图 6-43 所示。

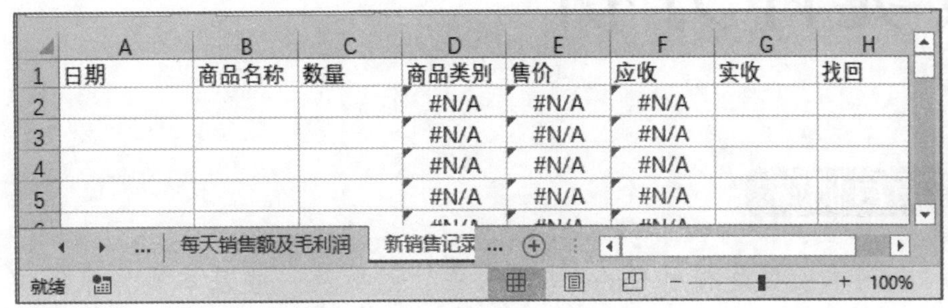

图 6-43 “新销售记录”字段设置

(3)利用“商品信息”工作表中“商品名称”列的内容，对“新销售记录”工作表中的“商品名称”列使用数据验证。

(4)对“找回”列使用公式“找回=实收-应收”。

(5)用 IF 和 IFERROR 函数美化“新销售记录”工作表。

PROJECT 7 项目七

Excel综合应用——电子商务邀请赛报名信息处理、成绩统计分析

项目概述

本项目是利用 Excel 中的公式、函数及一些基本操作来解决实际问题——电子商务邀请赛报名信息处理、成绩统计分析，其中使用了 RAND、YEAR、TODAY、MID、AND、LARGE、INDEX 及 MATCH 函数。

学习导图

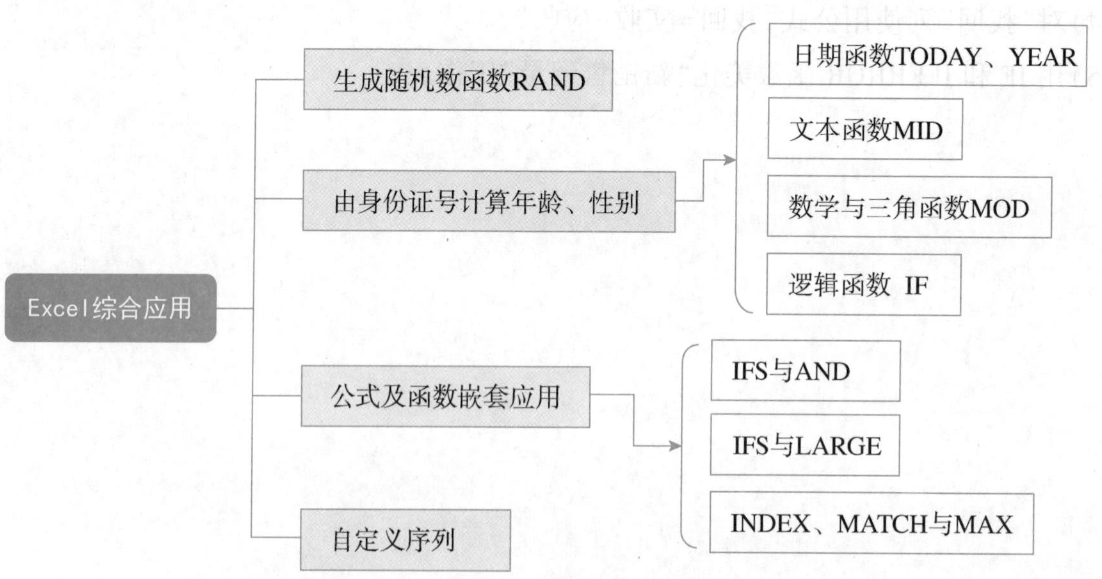

【项目分析】

随着“互联网+”的进一步推进，电子商务已成为人们日常之需，为了更好地培养电子商务人才，某部门联合一些电子商务企业举办了一次电子商务邀请赛。林笑是本次邀请赛的负责人之一，他主要负责各企业报名信息的整理与完善，大赛成绩的统计与分析，并整理出本次邀请赛的个人奖名单、团体奖名单及优秀指导名单。

下面是林笑的解决方案。

林笑根据各代表队的报名信息，完善了“报名信息”工作表，添加了“序号”列和“座位号”列，并根据身份证号求出了各参赛选手的“年龄”和“性别”，如图 7-1 所示。在“大赛成绩”工作表中，根据各评委给的成绩，计算出了参赛选手的各项技能得分及总成绩，如图 7-2 所示。他又根据成绩，整理出了如图 7-3 所示的个人奖名单、如图 7-4 所示的各代表队获奖统计、如图 7-5 所示的团体奖名单、如图 7-6 所示的优秀指导名单。

	A	B	C	D	E	F	G	H	I	J	K
1	序号	姓名	座位号	身份证号	代表队名称	年龄	性别	美工指导	客服指导	推广指导	直播指导
2	034	王秀茵	1	123456200110262828	山楂队	20	女	郑丽君	廖玉嫦	张辉云	张雷
3	008	张紫薇	2	123456200209051837	金桔队	19	男	李恪可	刘御	芳菲儿	张一
4	042	曾海玲	3	12345620020406008x	香蕉队	19	女	崔雅	张辉	李丽	马立云
5	002	晓航	4	123456200205173459	橙子队	19	男	方可可	柳依依	芳姐儿	李斯
6	037	徐大磊	5	123456200005211844	山楂队	21	女	郑丽君	廖玉嫦	张辉云	张雷
7	052	李家诚	6	123456200301201227	椰子队	18	女	丽丽	边科	刘玉冰	蔡晨
8	039	袁燕锋	7	123456200202143629	西瓜队	19	女	王应富	陈巧媚	赵丽婷	张力
9	044	李洪生	8	123456200110266515	香蕉队	20	男	崔雅	张辉	李丽	马立云
10	020	王佳玉	9	123456200112201848	毛桃队	20	女	李可可	刘佳	崔菲	王亮
11	055	宋亮	10	12345620011220604x	柚子队	20	女	肖羽雅	白庆辉	龚丽霞	李月
12	021	闫芳	11	123456200210190027	毛桃队	19	女	李可可	刘佳	崔菲	王亮
13	016	黄佳	12	123456200203202887	芒果队个人	19	女	曾丝华	陈曼莉	黄健	王莹莹
14	013	刘晨	13	123456200207290025	芒果队	19	女	曾丝华	陈曼莉	黄健	王莹莹
15	024	李玉	14	123456200102087223	柠檬队	20	女	李晓漩	李卓勋	刘雅诗	刘伟
16	018	崔梦凡	15	12345620021019162x	毛桃队	19	女	李可可	刘佳	崔菲	王亮
17	035	黄小惠	16	123456200301143223	山楂队	18	女	郑丽君	廖玉嫦	张辉云	张雷
18	043	刘海斌	17	12345620021202092x	香蕉队	19	女	崔雅	张辉	李丽	马立云
19	050	刘佳发	18	123456200210202261	椰子队	19	女	丽丽	边科	刘玉冰	蔡晨
20	047	于方	19	123456200203281871	杨桃队	19	男	张冰云	李连立	王冰	张冰冰

报名信息 | 大赛成绩 | 个人奖名单 | 各代表队获奖统计 …

图 7-1 完善后的“报名信息”工作表

	I	J	K	L	M	N	O	P	Q	R	S	T
1	客服评委三	推广评委一	推广评委二	推广评委三	直播评委一	直播评委二	直播评委三	美工得分	客服得分	推广得分	直播得分	总成绩
2	82	78	83	98	88	89	85	90.67	83.00	86.33	87.33	87.00
3	78	80	82	96	89	85	98	93.67	84.67	86.00	90.67	88.90
4	98	85	89	78	85	65	78	86.67	81.67	84.00	76.00	82.62
5	78	98	77	98	98	82	89	89.67	72.00	91.00	89.67	85.58
6	98	98	85	85	85	82	78	81.67	86.00	89.33	81.67	84.67
7	85	96	99	98	98	78	98	88.00	84.00	97.67	91.33	90.08
8	98	89	68	88	58	52	85	56.67	93.00	81.67	65.00	73.67
9	58	77	83	96	96	85	98	93.00	68.00	85.33	93.00	84.83
10	55	85	89	89	89	78	78	81.67	54.33	87.67	81.67	76.33
11	89	99	89	77	77	98	96	90.33	87.67	88.33	90.33	89.17
12	77	96	85	85	85	85	89	57.00	81.33	88.67	86.33	76.87
13	85	89	78	98	99	98	77	88.00	89.33	88.33	91.33	89.08
14	98	77	98	58	98	98	89	57.33	93.00	77.67	95.00	78.87
15	58	85	85	96	96	85	98	89.67	68.00	88.67	93.00	84.67
16	96	99	98	89	89	78	58	57.67	77.00	95.33	75.00	75.38
17	89	68	77	77	77	98	96	87.00	87.67	74.00	90.33	84.58
18	77	83	96	85	85	85	89	87.33	81.33	88.00	86.33	85.80
19	85	89	89	99	99	98	77	90.33	89.33	92.33	91.33	90.78
20	99	89	77	68	68	58	85	69.67	90.00	78.00	70.33	76.97
21	78	58	52	83	83	96	99	91.67	88.33	64.33	92.67	84.20
22	85	89	78	89	89	63	83	83.00	88.67	85.33	78.33	84.07
23	98	96	85	89	89	89	68	80.67	77.67	90.00	82.00	82.52
24	82	78	83	85	85	85	89	89.67	85.33	82.00	86.33	86.00
25	78	60	82	86	86	60	66	58.00	84.33	76.00	70.67	71.62
26	98	85	82	96	83	98	85	93.67	90.67	87.67	88.67	90.42

报名信息 | 大赛成绩 | 个人奖名单 | 各代表队获奖统计 | 团体奖名单 | 优秀 …

图 7-2 大赛成绩

	A	B	C	D	E	F
1	序号	姓名	代表队名称	总成绩	名次	奖项
2	054	方鱼	橙子队	92.7833333	1	壹等奖
3	045	闫芳	毛桃队	91.85	2	壹等奖
4	044	王佳玉	毛桃队	91.7333333	3	壹等奖
5	032	黄远芳	苹果队	91.0833333	4	壹等奖
6	018	廖日新	柚子队	90.7833333	5	壹等奖
7	028	徐大磊	山楂队	90.55	6	壹等奖
8	040	崔小涵	金桔队	90.55	6	壹等奖
9	025	王秀茵	山楂队	90.4166667	8	壹等奖
10	006	大宇	葡萄队	90.0833333	9	壹等奖
11	047	王佳琪	椰子队	90.0333333	10	壹等奖
12	055	晓航	橙子队	90	11	壹等奖
13	043	刘谊平	毛桃队	89.5	12	贰等奖
14	010	刘晨	芒果队	89.1666667	13	贰等奖
15	012	李嘉诚	芒果队	89.0833333	14	贰等奖
16	002	袁燕锋	西瓜队	88.9	15	贰等奖

大赛成绩　个人奖名单

图 7-3　个人奖名单

	A	B	C	D	E
1	序号	姓名	代表队名称	奖项	
2	054	方鱼	橙子队	壹等奖	
3	055	晓航	橙子队	壹等奖	
4	057	孟梦阳	橙子队	贰等奖	
5	056	彭龙波	橙子队	贰等奖	
6			橙子队 计数	4	
7	059	李玉	橙子队个人	贰等奖	
8	058	崔萌	橙子队个人	叁等奖	
9			橙子队个人	2	
10	040	崔小涵	金桔队	壹等奖	
11	037	刘欣	金桔队	叁等奖	
12	038	张紫薇	金桔队	叁等奖	
13			金桔队 计数	3	
14	041	边双	金桔队个人	贰等奖	

各代表队获奖统计

图 7-4　各代表队获奖统计

	A	B	C	D
1	代表队名称	团体成绩	团体奖	
2	毛桃队	360.92	壹等奖	
3	山楂队	346.72	贰等奖	
4	苹果队	348.18	贰等奖	
5	橙子队	350.57	贰等奖	
6	西瓜队	344.10	叁等奖	
7	柚子队	336.55	叁等奖	
8	金桔队	337.52	叁等奖	
9	椰子队	340.52	叁等奖	

团体奖名

图 7-5　团体奖名单

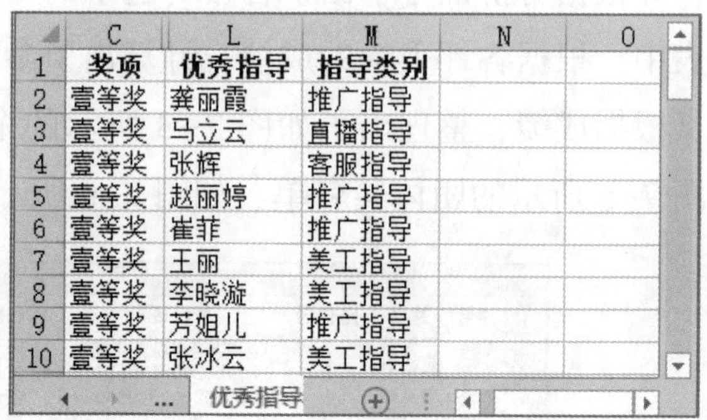

	C	L	M	N	O
1	奖项	优秀指导	指导类别		
2	壹等奖	龚丽霞	推广指导		
3	壹等奖	马立云	直播指导		
4	壹等奖	张辉	客服指导		
5	壹等奖	赵丽婷	推广指导		
6	壹等奖	崔菲	推广指导		
7	壹等奖	王丽	美工指导		
8	壹等奖	李晓漩	美工指导		
9	壹等奖	芳姐儿	推广指导		
10	壹等奖	张冰云	美工指导		

优秀指导

图 7-6　优秀指导名单

任务一　完善“报名信息”工作表

【任务分析】

本任务的目标是利用 Excel 的录入技巧及 RAND、YEAR、TODAY、MID 函数，完成如图 7-1 所示的“报名信息”工作表。本任务分解成如图 7-7 所示的 4 步来完成。

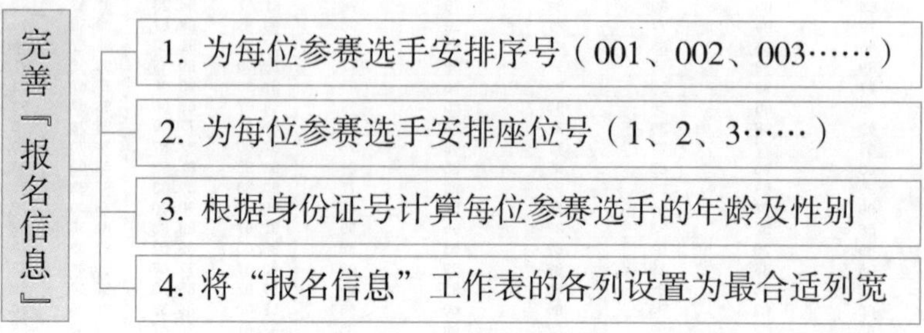

图 7-7　任务一分解

【知识储备】

1. 数学与三角函数 RAND

RAND 函数返回一个大于或等于 0 且小于 1 的平均分布的随机实数。每次计算工作表时都会返回一个新的随机实数。

RAND 函数没有参数。

2. 日期函数 TODAY、YEAR

日期函数视频案例

(1) TODAY 函数。返回当前日期的序列号。序列号是 Excel 用于日期和时间计算的日期-时间代码。如果在输入该函数之前单元格格式为“常规”，该函数会将单元格格式更改为“日期”，即该函数返回系统的当前日期。

TODAY 函数没有参数。

(2) YEAR 函数。返回对应于某个日期的年份，取值范围为 1900~9999 之间的整数。

语法格式为：YEAR(serial_ number)

serial_ number 为一个日期值或结果为日期值的函数，其中包含要查找的年份。

在实际工作中，经常使用 YEAR 函数和 TODAY 函数来计算年龄或工龄。

3. 文本函数 MID

MID 视频案例

MID 返回文本字符串中从指定位置开始的特定数目的字符，该数目由用户指定。

语法格式为：MID(text, start_ num, num_ chars)

text(文本)：包含要提取字符的文本字符串。

start_ num(起始位置)：文本中要提取的第一个字符的位置。文本中第一个字符的 start_ num 为 1，以此类推。

num_ chars(提取个数)：指定从文本中返回字符的个数。

> 注意：
>
> ①如果 start_ num 大于文本长度，那么 MID 返回空文本。
>
> ②如果 start_ num 小于文本长度，但 start_ num 加上 num_ chars 超过了文本的长度，那么 MID 只返回至多直到文本末尾的字符。
>
> ③如果 start_ num 小于 1，那么 MID 返回错误值 #VALUE!。
>
> ④如果 num_ chars 为负数，那么 MID 返回错误值 #VALUE!。

4. 数学与三角函数 MOD

MOD 视频案例

MOD 函数返回两数相除的余数。MOD 函数在 Excel 中一般不单独使用，经常和其他函数组合起来使用。

语法格式为：MOD(number, divisor)

number：要计算余数的被除数。

divisor：除数。

【任务实施】

1. 为每位参赛选手安排序号(001、002、003……)

利用Excel将数字信息以文本形式显示的方法及自动填充功能，输入每位参赛选手的序号。

在“报名信息”工作表中，添加“序号”字段，输入每位参赛选手的序号(001、002、003……)。

操作步骤如下。

(1)打开“大赛成绩(素材).xlsx”，将其另存为“大赛成绩.xlsx”。

(2)在“报名信息”工作表中，按“代表队名称”升序排序。

(3)在“姓名”字段前插入“序号”字段。

(4)选择A2单元格，输入西文单引号“'”后，再输入序号“001”，按Enter键。

(5)鼠标指针指向A2单元格的填充柄，当鼠标指针变为黑十字形时，双击鼠标，此时完成了“序号”的输入。

> 注意：
>
> 如果Excel文件是兼容模式，一定要另存为“Excel工作簿(*.xlsx)”保存类型，否则Excel的部分功能将不能使用。

2. 为每位参赛选手安排座位号(1、2、3……)

参赛选手的座位号即比赛时的机位号，同一个代表队选手的机位尽量不要相邻。

添加“座位号”字段，利用RAND函数为每位参赛选手的座位号生成一个随机数。

操作步骤如下。

(1)在“报名信息”工作表的“姓名”字段后插入“座位号”字段。

(2)选择C2单元格，单击编辑栏左侧的“插入函数”按钮，打开“插入函数”对话框，在“或选择类别”下拉列表框中选择“全部”选项，在“选择函数”列表框中选择“RAND”函数，如图7-8所示，单击“确定”按钮，打开如图7-9所示的对话框，再次单击“确定”按钮。

(3)双击单元格C2的填充柄，即可为每位参赛选手的座位号生成一个随机数，如图7-10所示。

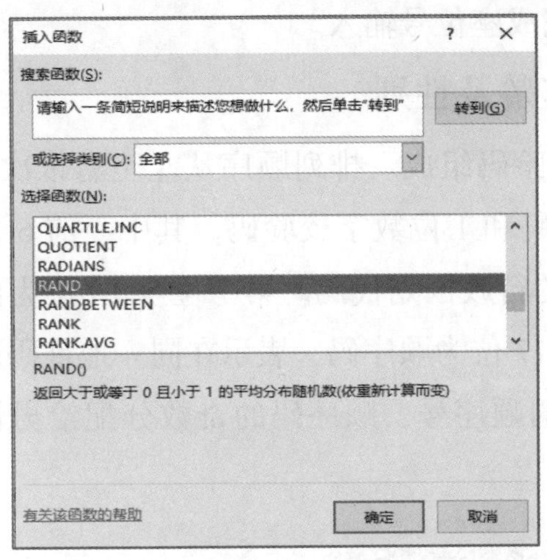

图 7-8　插入 RAND 函数

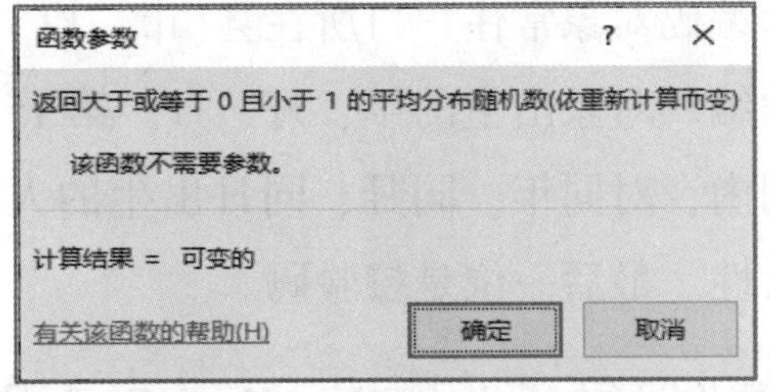

图 7-9　“函数参数”对话框

	A	B	C	D	E	F
1	序号	姓名	座位号	身份证号	代表队名称	美工指导
2	001	方鱼	0.1801	12345620020311652x	橙子队	方可可
3	002	晓航	0.4748	123456200205173459	橙子队	方可可
4	003	彭龙波	0.0779	123456200206181822	橙子队	方可可
5	004	孟梦阳	0.0088	123456200101154931	橙子队	方可可
6	005	崔萌	0.4407	123456200111010017	橙子队个人	方可可
7	006	李玉	0.8274	123456200203132726	橙子队个人	方可可
8	007	刘欣	0.7904	123456200110298020	金桔队	李恪可
9	008	张紫薇	0.0931	123456200209051837	金桔队	李恪可
10	009	郝美娇	0.6376	123456200202201019	金桔队	李恪可
11	010	崔小涵	0.9149	123456200109308052	金桔队	李恪可
12	011	边双	0.0756	123456200206145827	金桔队个人	李恪可

报名信息　大赛成绩　个 ...

图 7-10　生成随机数

按现在的“座位号”数据进行排序，重新输入座位号(1、2、3……)。

操作步骤如下。

(1)单击其中任意一个座位号(目前是随机数)，在“数据”选项卡的“排序和筛选”组中单击“升序”按钮，此时“报名信息”工作表中各选手的排列顺序发生了变化，也重新生成了“座位号”字段的值，如图 7-11 所示。

	A	B	C	D	E	F
1	序号	姓名	座位号	身份证号	代表队名称	美工指导
2	034	王秀茵	0.8597	123456200110262828	山楂队	郑丽君
3	008	张紫薇	0.0998	123456200209051837	金桔队	李恪可
4	042	曾海玲	0.4796	12345620020406008x	香蕉队	崔雅
5	002	晓航	0.7191	123456200205173459	橙子队	方可可
6	037	徐大磊	0.7712	123456200005211844	山楂队	郑丽君
7	052	李家诚	0.7701	123456200301201227	椰子队	丽丽
8	039	袁燕锋	0.3652	123456200202143629	西瓜队	王应富
9	044	李洪生	0.8517	123456200110266515	香蕉队	崔雅
10	020	王佳玉	0.057	123456200112201848	毛桃队	李可可
11	055	宋亮	0.8612	12345620011220604x	柚子队	肖羽雅
12	021	闫芳	0.4533	123456200210190027	毛桃队	李可可

报名信息　大赛成绩　个 ...

图 7-11　重新生成随机数

(2)分别选择 C2、C3 单元格，重新输入座位号“1”和“2”。

(3)选择 C2:C3 单元格区域，双击填充柄，完成座位号输入。

3. 根据身份证号计算每位参赛选手的年龄及性别

公民身份证号码由 17 位数字本体码和 1 位校验码组成。排列顺序从左至右依次为：6 位数字地址码，8 位数字出生日期码，3 位数字顺序码和 1 位数字校验码。其中，前 6 位为地址码，表示编码对象常住户口所在县(市、旗、区)的行政区划代码。第 7 位至 14 位为出生日期码，表示编码对象出生的年、月、日。第 15 位至 17 位为顺序码，表示在同一地址码所标识的区域范围内，对同年、同月、同日出生的人编定的顺序号，顺序码的奇数分配给男性，偶数分配给女性。最后一位是校验码。

根据身份证号，利用 TODAY、YEAR 及 MID 函数计算年龄。

操作步骤如下。

(1)在“报名信息”工作表的“代表队名称”字段后插入“年龄”字段。

(2)选择 F2 单元格，单击编辑栏左侧的“插入函数”按钮，打开“插入函数”对话框，在“或选择类别”下拉列表框中选择“日期与时间”选项，在“选择函数”列表框中选择“TODAY”函数，如图 7-12 所示，单击“确定”按钮，打开如图 7-13 所示的对话框，再次单击“确定”按钮，则在 F2 单元格中输入了当前日期。

(3)再次选择 F2 单元格，此时在编辑栏中显示“=TODAY()”。

(4)在编辑栏中选中“TODAY()”，按 Ctrl+X 组合键，将选定内容“剪切”到剪贴板上。

(5)插入“日期与时间”函数 YEAR，如图 7-14 所示，单击“确定”按钮。

(6)在打开的“函数参数”对话框中，将插入点放置在参数处，按 Ctrl+V 组合键，将剪贴板中的内容粘贴到该处，如图 7-15 所示，单击“确定”按钮。

此时编辑栏中的公式为“=YEAR(TODAY())”。

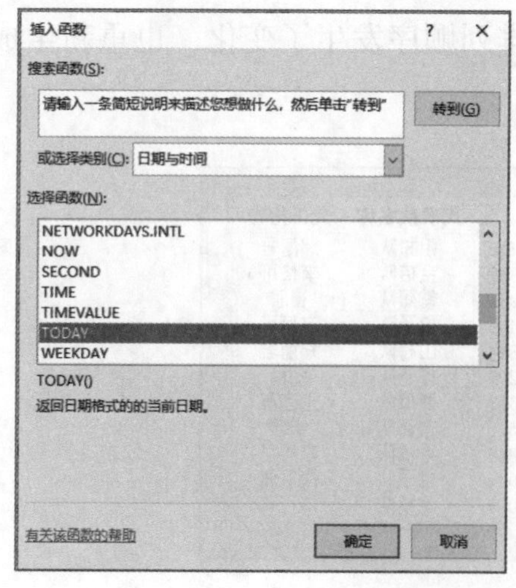

图 7-12 插入 TODAY 函数

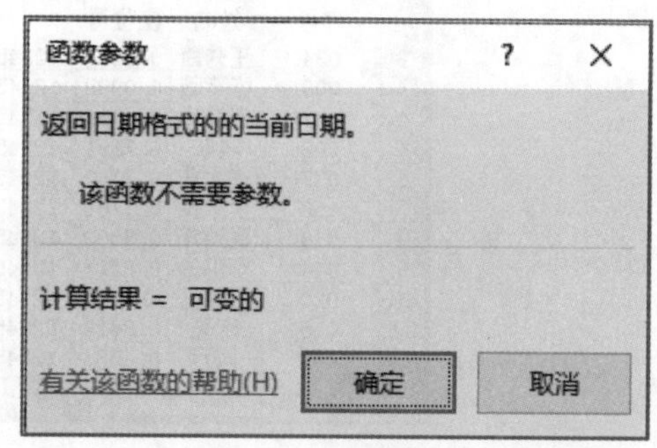

图 7-13 “函数参数”对话框

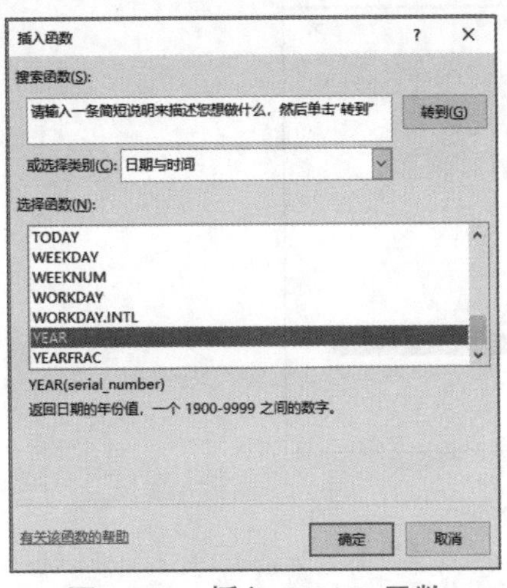

图 7-14　插入 YEAR 函数

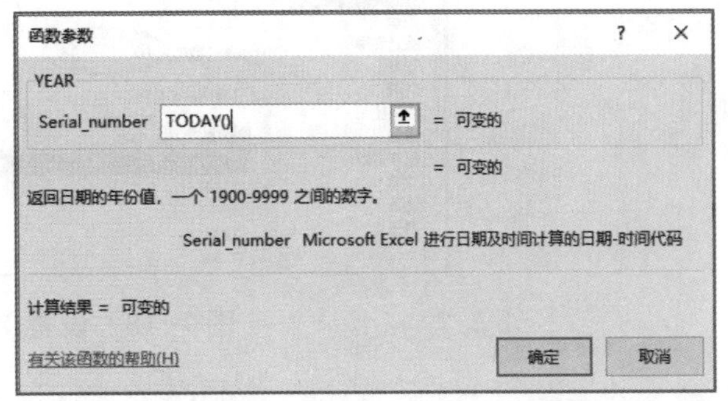

图 7-15　YEAR 函数参数设置

(7)在编辑栏中选中“YEAR(TODAY())”，按 Ctrl+X 组合键，将选定内容“剪切”到剪贴板上。

(8)插入“文本”函数 MID，如图 7-16 所示，单击“确定”按钮。

(9)在打开的“函数参数”对话框中，将插入点放置在第 1 个参数处，选择 D2 单元格；在第 2 个参数处输入“7”(因为在身份证号码中，第 7~14 位为出生日期码)；在第 3 个参数处输入“4”(年份码共有 4 位)，如图 7-17 所示，单击“确定”按钮。

此时编辑栏中的公式为“=MID(D2，7，4)”。

(10)在编辑栏中，将光标定位在“=”后面，按 Ctrl+V 组合键，接着输入“-”，并按 Enter 键确认输入。

此时编辑栏中的公式为“=YEAR(TODAY())-MID(D2，7，4)”。

(11)再次选择 F2 单元格，在“设置单元格格式”对话框中，设置其数字格式为“数值”，小数位数为“0”，如图 7-18 所示。

(12)单击“确定”按钮。此时 F2 单元格中显示结果为此参赛选手的年龄。

(13)双击 F2 单元格的填充柄，即可计算出每位参赛选手的年龄。

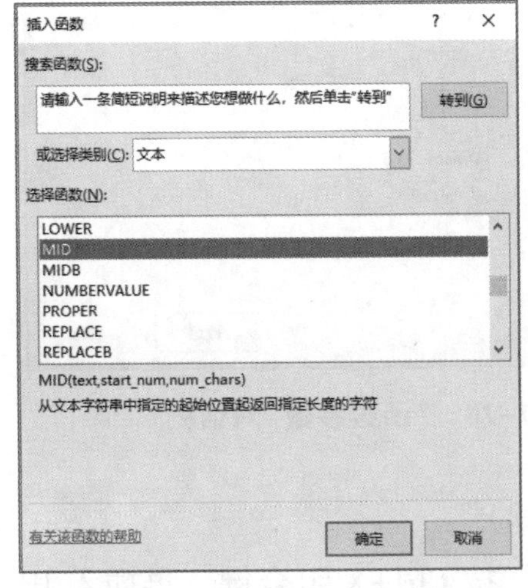

图 7-16　插入 MID 函数

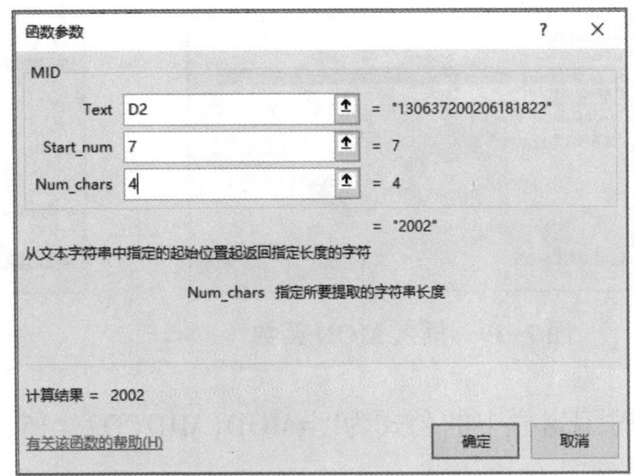

图 7-17　“函数参数”对话框

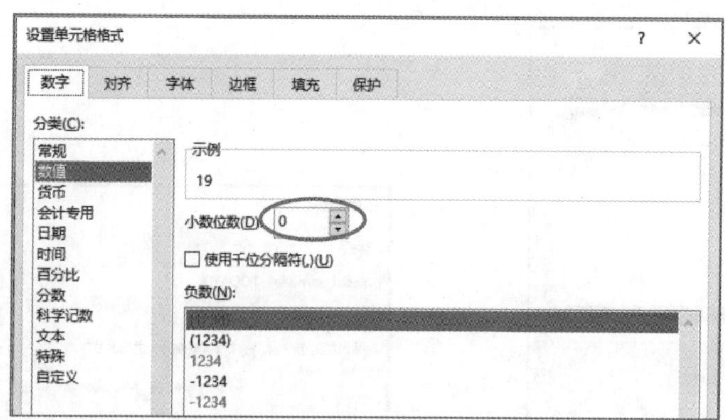

图 7-18　设置单元格格式

根据身份证号，利用 MID、MOD 及 IF 函数计算性别。

操作步骤如下。

(1)在“年龄”字段后插入“性别”字段。

(2)选择 G2 单元格，利用 MID 函数提取身份证号码中的顺序码(第 15~17 位)，公式为“=MID(D2，15，3)”。

(3)再次选择 G2 单元格，此时在编辑栏中显示“=MID(D2，15，3)”。

(4)在编辑栏中选中“MID(D2，15，3)”，按 Ctrl+X 组合键，将选定内容“剪切”到剪贴板上。

(5)插入“数学与三角函数”MOD，如图 7-19 所示，单击“确定”按钮。

(6)在打开的“函数参数”对话框中，将插入点放置在第一个参数处，按 Ctrl+V 组合键，将剪贴板中的内容粘贴到该处；在第二个参数处输入“2”，如图 7-20 所示，单击“确定”按钮。

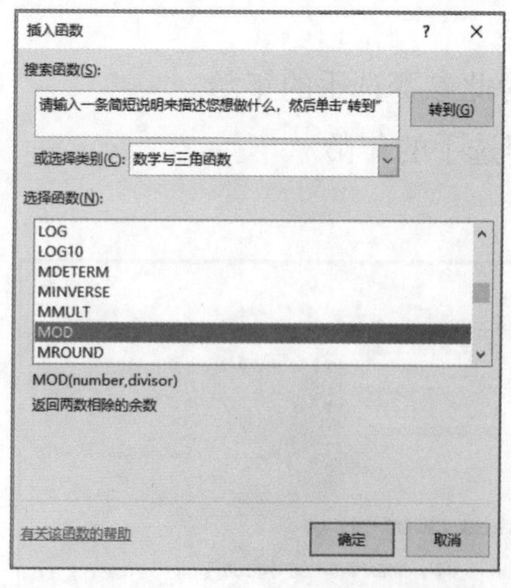

图 7-19　插入 MOD 函数

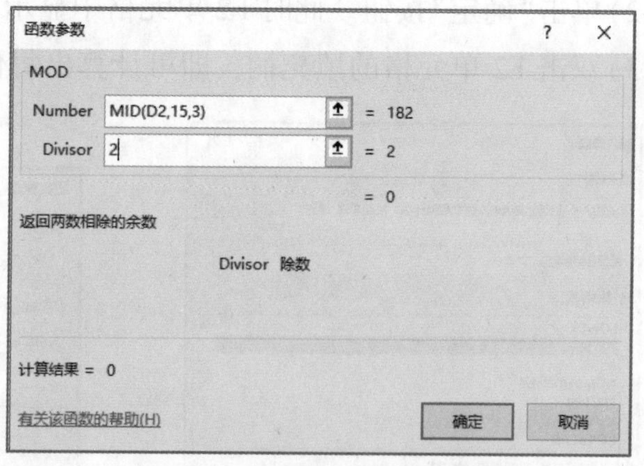

图 7-20　“函数参数”对话框

此时编辑栏中的公式为“=MOD(MID(D2，15，3)，2)”。

(7)在编辑栏中选中“MOD(MID(D2，15，3)，2)”，按 Ctrl+X 组合键，再插入 IF 函数，其“函数参数”对话框设置如图 7-21 所示，单击“确定”按钮。

此时编辑栏中的公式为“=IF(MOD(MID(D2，15，3)，2)=0,"女","男")”。

(8)双击 G2 单元格的填充柄，即可计算出每位参赛选手的性别。

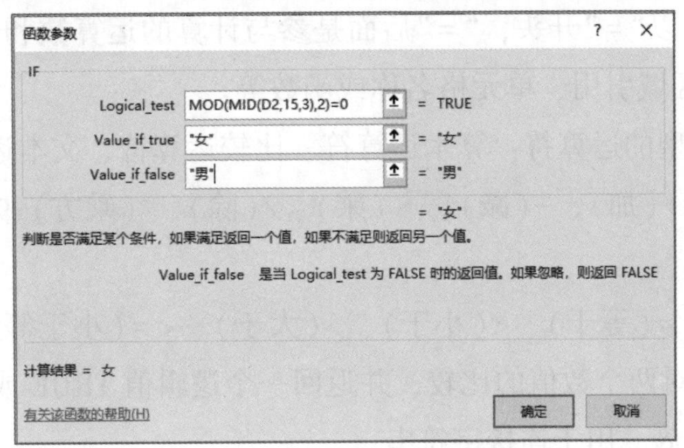

图 7-21　IF 函数参数设置

4. 将“报名信息”工作表的各列设置为最合适列宽

在 Excel 中，经常通过设置行高与列宽来美化表格或更好地显示数据。

选择“报名信息”工作表中的各列，设置其列宽为“自动调整列宽”。

操作步骤略，效果如图 7-1 所示。

任务二　求出每位参赛选手的总成绩

【任务分析】

本任务的目标是利用常用函数和公式，完成如图 7-2 所示的“大赛成绩”工作表中各项技能得分及总成绩的计算。本任务分解成如图 7-22 所示的 2 步来完成。

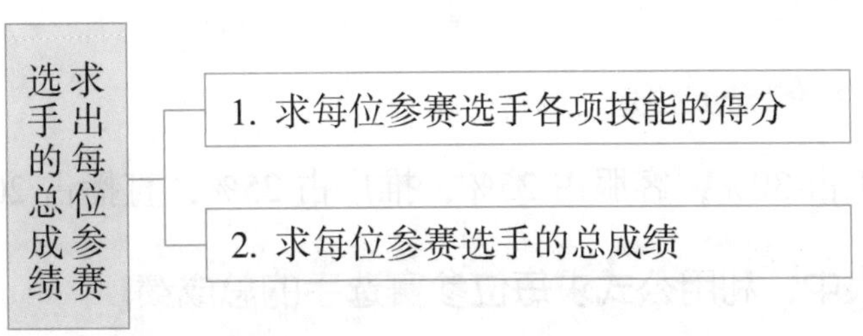

图 7-22　任务二分解

【知识储备】

在 Excel 中，公式要以“=”开头，“=”后面是参与计算的运算数和运算符，每一个运算数可以是常量、单元格或区域引用、单元格名称或函数等。

Excel 提供了 4 种类型的运算符：算术运算符、比较运算符、文本运算符和引用运算符。

(1)算术运算符包括+(加)、-(减)、*(乘)、/(除)、^(乘方)、%(百分号)等，用于完成基本的数学运算。

(2)比较运算符包括=(等于)、<(小于)、>(大于)、<=(小于等于)、>=(大于等于)、<>(不等于)，用于完成对两个数值的比较，并返回一个逻辑值 TRUE 或 FALSE。

(3)文本运算符包括 &，用于连接字符串。

(4)引用运算符包括冒号“:”(区域运算符)、逗号“,”(联合运算符)，用于对指定的区域引用进行合并计算。例如，“A1:B2”表示 A1、A2、B1、B2 共 4 个单元格参加运算；“A1,A2”表示指定 A1、A2 两个单元格参加运算。

运算符的优先级由高到低依次为引用运算符、算术运算符、文本运算符、比较运算符。如果是相同优先级的运算符，按照从左至右的顺序进行运算；若要改变运算顺序，可以采用括号“()”。

【任务实施】

1. 求每位参赛选手各项技能的得分

每项技能得分为各位评委给分的平均值。

在“大赛成绩”工作表中，利用平均值函数(AVERAGE)求每位参赛选手的各项技能得分。

操作步骤略。

> 注意：
>
> 利用平均值函数(AVERAGE)求每位参赛选手的各项技能得分时，单元格的选择一定要正确，否则会计算出错误结果。

2. 求每位参赛选手的总成绩

总成绩的求法：美工占 30%，客服占 25%，推广占 25%，直播占 20%。

在“大赛成绩”工作表中，利用公式求每位参赛选手的总成绩。

操作步骤如下。

(1)选择单元格 T2，输入公式“=P2*30%+Q2*25%+R2*25%+S2*20%”，按 Enter 键确认。

(2) 双击单元格 T2 的填充柄，即可求出每位参赛选手的总成绩。结果如图 7-2 所示。

任务三 求出个人奖名单

【任务分析】

本任务的目标是利用 RANK. EQ、IFS、AND 函数求每位参赛选手的名次及奖项，如图 7-3 所示；利用分类汇总统计各代表队的获奖情况，如图 7-4 所示。本任务分解成如图 7-23 所示的 4 步来完成。

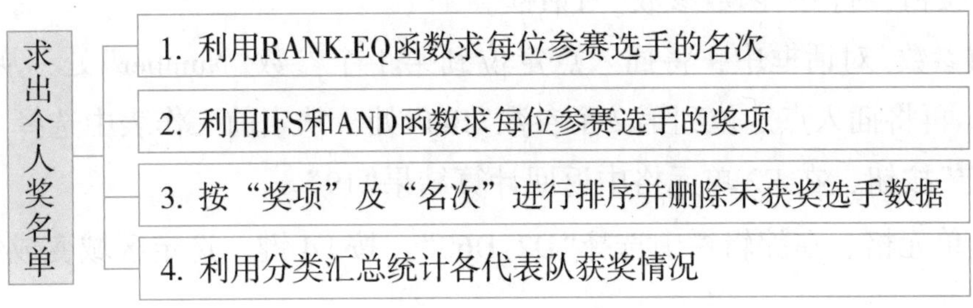

图 7-23 任务三分解

【知识储备】

1. 逻辑函数 AND

AND 视频案例

语法格式为：AND(logical1，logical2，…)

用来检查是否所有参数均为 TRUE，如果所有参数值均为 TRUE，就返回 TRUE，否则返回 FALSE。

AND 最多可包含 255 个参数。

AND 函数经常和 IF 或 IFS 函数组合使用。

2. 数据的排序

数据排序视频案例

数据的排序方式有升序和降序两种，升序时数字按照从小到大的顺序排列，降序则顺序相反，空格总在后面。

排序并不是针对某一列进行的，而是以某一列的大小为顺序，对所有的记录进行排序。也就是说，无论怎么排序，每一条记录的内容都不会改变，改变的只是它在数据清单中显示的位置。

对于多个关键字进行排序时，先按主要关键字排序，对于主要关键字相同的记录，再按次要关键字排序，对于主要关键字、次要关键字均相同的记录，再按第三关键字进行排序，依次类推。汉字可以按字母排序(默认的排序方式)，也可以按笔画排序，还可以按自定义序列排序，自定义序列排序时，各项之间要用西文逗号隔开。

【任务实施】

1. 利用 RANK. EQ 函数求每位参赛选手的名次

在“个人奖名单”工作表中，利用 RANK. EQ 函数求每位参赛选手的名次。

操作步骤如下。

(1)将“大赛成绩”工作表中的“序号”“姓名”“代表队名称”“总成绩”列的数据复制到“个人奖名单”工作表中。

(2)在“个人奖名单”工作表中，选择 E2 单元格，插入函数 “RANK. EQ”，如图 7-24 所示，单击“确定”按钮，打开“函数参数”对话框。

(3)在“函数参数”对话框中，将插入点定位到第 1 个参数“Number”处，从当前工作表中选择 D2 单元格；再将插入点定位到第 2 个参数“Ref”处，从当前工作表中选择 D2:D60 单元格区域，单击“确定”按钮，在 E2 单元格中返回计算结果“19”。

(4)选择 E2 单元格，在编辑栏中选择“D2:D60”，按 F4 键，选定区域变成绝对引用“$D$2:$D$60”。

(5)单击编辑栏中的“输入”按钮确认。双击单元格 E2 的填充柄，即可计算出每位参赛选手的名次，如图 7-25 所示。

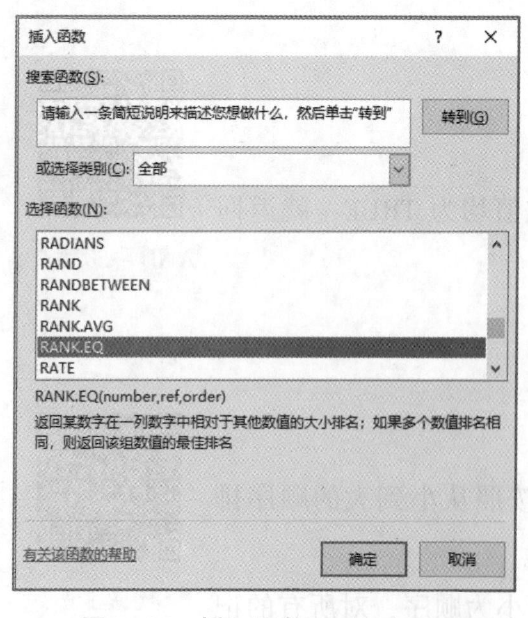

图 7-24　插入函数 RANK. EQ

	A	B	C	D	E
1	序号	姓名	代表队名称	总成绩	名次
2	001	王盼盼	西瓜队	87	19
3	002	袁燕锋	西瓜队	88.9	15
4	003	彭秉鸿	西瓜队	82.6166667	40
5	004	刘毅	西瓜队	85.5833333	27
6	005	张宇	葡萄队	84.6666667	33
7	006	天宇	葡萄队	90.0833333	9
8	007	王静	葡萄队	73.6666667	58
9	008	丽丽	葡萄队	84.8333333	30
10	009	张小静	芒果队	76.3333333	56
11	010	刘晨	芒果队	89.1666667	13
12	011	玛丽	芒果队	76.8666667	55
13	012	李嘉诚	芒果队	89.0833333	14

个人奖名单　各代表队 ...

图 7-25　参赛选手名次

2. 利用 IFS 和 AND 函数求每位参赛选手的奖项

划定奖项的依据为：总成绩在 90 分以上，且各单项技能成绩不低于 80 分，为壹等奖；总

成绩在 80 分以上，且各单项技能成绩不低于 70 分，为贰等奖；总成绩在 70 分以上，且各单项技能成绩不低于 60 分，为叁等奖。

在“个人奖名单”工作表中，利用 IFS 和 AND 函数求每位参赛选手的奖项。

操作步骤如下。

(1))在“个人奖名单”工作表中，选择目标单元格 F2，插入逻辑函数“AND”，如图 7-26 所示，单击“确定”按钮，打开“函数参数”对话框。

(2)在“函数参数”对话框中，将插入点定位到第 1 个参数“Logical1”处，从当前工作表中选择 D2 单元格，在其后面输入“>=90”；再将插入点定位到第 2 个参数“Logical2”处，从“大赛成绩”工作表中选择 P2 单元格，在其后面输入“>=80”；用同样的方法设置参数“Logical3”“Logical4”“Logical5”，结果如图 7-27 所示。

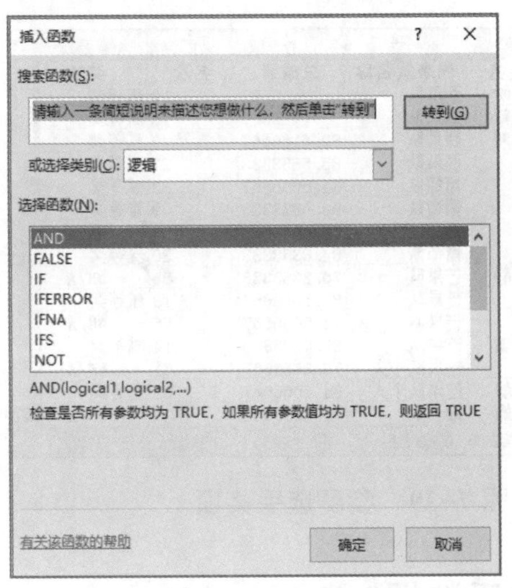

图 7-26　插入 AND 函数

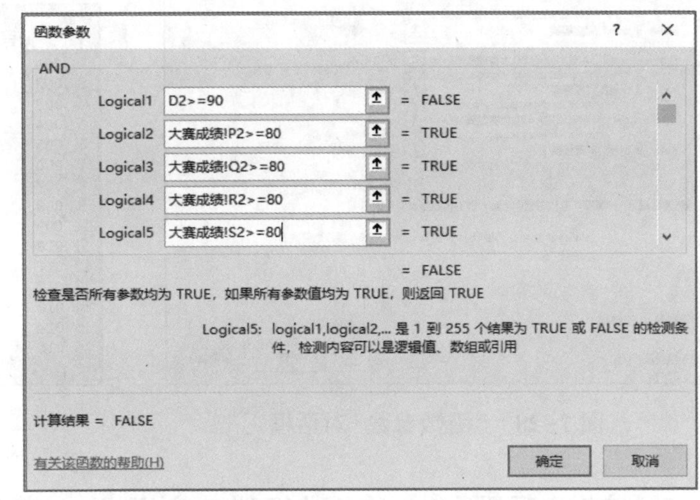

图 7-27　“函数参数”对话框

(3)单击“确定”按钮，在 F2 单元格中返回计算结果“FALSE”。

(4)再次选择 F2 单元格，在编辑栏中选中“AND(D2>=90，大赛成绩！P2>=80，大赛成绩！Q2>=80，大赛成绩！R2>=80，大赛成绩！S2>=80)”，按 Ctrl+X 组合键，将选定内容“剪切”到剪贴板上。

(5)插入逻辑函数“IFS”，在打开的“函数参数”对话框中，将插入点放置在参数“Logical_ test1”处，按 Ctrl+V 组合键，将剪贴板中的内容粘贴到该处，在参数“Value_ if_ true1”处输入“壹等奖”；将插入点放置在参数“Logical_ test2”处，按 Ctrl+V 组合键，并修改所粘贴到此处的内容为“AND(D2>=80，大赛成绩！P2>=70，大赛成绩！Q2>=70，大赛成绩！R2>=70，大赛成绩！S2>=70)”，在参数“Value_ if_ true2”处输入“贰等奖”；用同样的方法将粘贴到“Logical_ test3”的内容修改为“AND(D2>=70，大赛成绩！P2>=60，大赛成绩！Q2>=60，大赛成绩！R2>=60，大赛成绩！S2>=60)”，在参数“Value_ if_ true3”处输入“叁等奖”。结果如图 7-28 所示，单击“确定”按钮。

此时 F2 单元格中显示结果“贰等奖”，编辑栏中的公式为“=IFS(AND(D2>=90，大赛成绩！P2>=80，大赛成绩！Q2>=80，大赛成绩！R2>=80，大赛成绩！S2>=80),"壹等奖"，AND(D2>=80，大赛成绩！P2>=70，大赛成绩！Q2>=70，大赛成绩！R2>=70，大赛成绩！S2>=70),"贰等奖"，AND(D2>=70，大赛成绩！P2>=60，大赛成绩！Q2>=60，大赛成绩！R2>=60，大赛成绩！S2>=60),"叁等奖")”。

(6)双击 F2 单元格的填充柄，即可计算出每位参赛选手的奖项，如图 7-29 所示。

注意:

在 IFS 函数中，当所有条件都不成立时，其返回值为“#N/A”。本案例中“#N/A”表示未获奖的参赛选手。

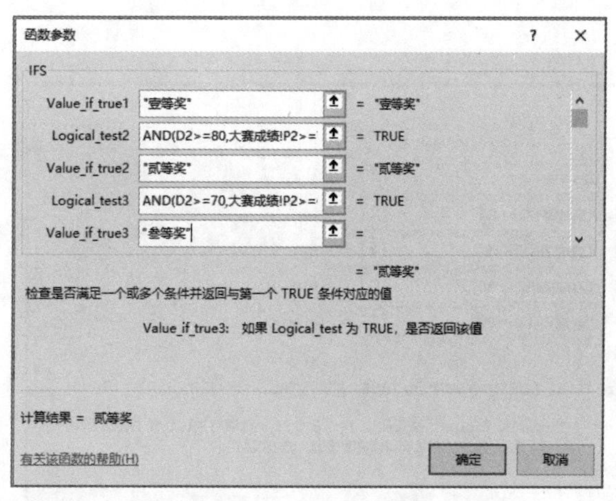

图 7-28 “函数参数”对话框

	A	B	C	D	E	F
1	序号	姓名	代表队名称	总成绩	名次	奖项
2	001	王盼盼	西瓜队	87	19	贰等奖
3	002	袁燕锋	西瓜队	88.9	15	贰等奖
4	003	彭秉鸿	西瓜队	82.6166667	40	贰等奖
5	004	刘毅	西瓜队	85.5833333	27	贰等奖
6	005	张宇	葡萄队	84.6666667	33	贰等奖
7	006	天宇	葡萄队	90.0833333	9	壹等奖
8	007	王静	葡萄队	73.6666667	58	#N/A
9	008	丽丽	葡萄队	84.8333333	30	叁等奖
10	009	张小静	芒果队	76.3333333	56	#N/A
11	010	刘晨	芒果队	89.1666667	13	贰等奖
12	011	玛丽	芒果队	76.8666667	55	#N/A
13	012	李嘉诚	芒果队	89.0833333	14	贰等奖
14	013	黄佳	芒果队个人	78.8666667	51	#N/A
15	014	吴文静	芒果队个人	84.6666667	32	叁等奖
16	015	梁春媚	柚子队	75.3833333	57	#N/A

个人奖名单 | 各代表队 ...

图 7-29 参赛选手奖项

3. 按“奖项”及“名次”进行排序并删除未获奖选手数据

以主要关键字为“奖项”，次要关键字为“名次”，对“个人奖名单”工作表中的数据进行排序。

操作步骤如下。

(1)在“个人奖名单”工作表中，单击数据清单中的任意一个单元格，在“数据”选项卡的“排序和筛选”组中单击排序按钮，打开“排序”对话框。

(2)选中“数据包含标题”复选框，在“列”区域的“主要关键字”下拉列表框中选择“奖项”，“排序依据”区域采用默认值“单元格值”，在“次序”区域的下拉列表框中选择“自定义序列”，打开“自定义序列”对话框。

(3)在“输入序列”文本框中输入“壹等奖,贰等奖,叁等奖”，如图 7-30 所示，单击“添加”按钮，刚刚输入的序列添加到了“自定义

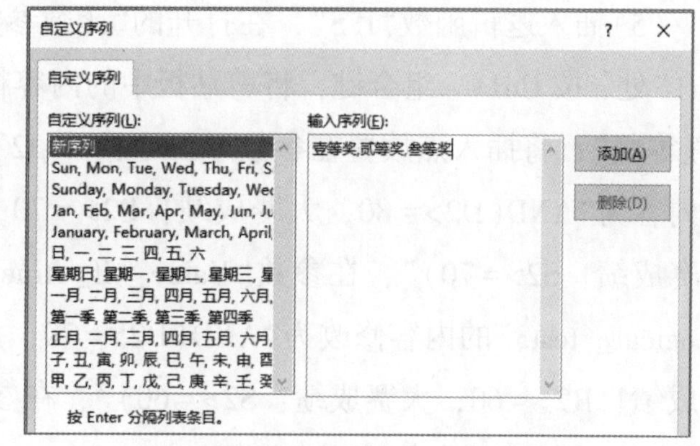

图 7-30 “自定义序列”对话框

序列”的最下面。

（4）选择刚刚添加的序列，单击“确定”按钮，返回“排序”对话框，如图 7-31 所示。

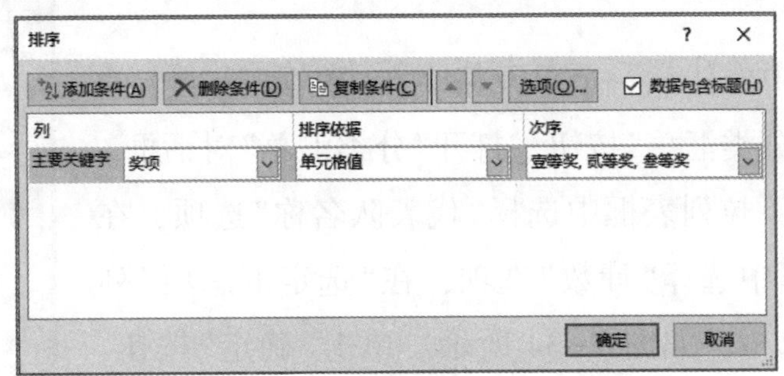

图 7-31　主要关键字设置

（5）在“排序”对话框中，单击“添加条件”按钮，“次要关键字”选择“名次”，“次序”为“升序”，如图 7-32 所示。

（6）单击“确定”按钮，完成了数据的排序，如图 7-33 所示。

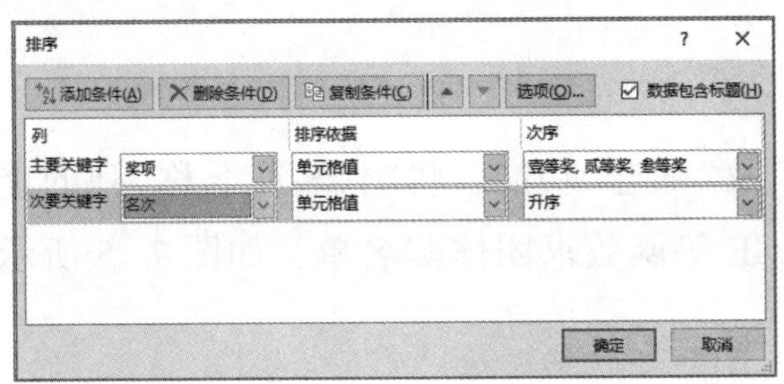

图 7-32　次要关键字设置

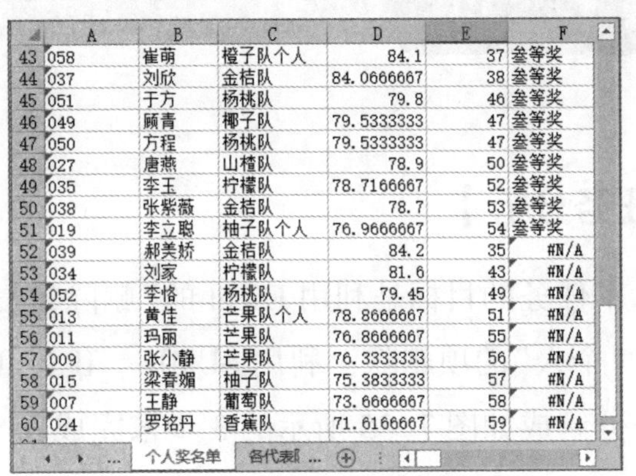

	A	B	C	D	E	F
43	058	崔萌	橙子队个人	84.1	37	叁等奖
44	037	刘欣	金桔队	84.0666667	38	叁等奖
45	051	于方	杨桃队	79.8	46	叁等奖
46	049	顾青	椰子队	79.5333333	47	叁等奖
47	050	方程	杨桃队	79.5333333	47	叁等奖
48	027	唐燕	山楂队	78.9	50	叁等奖
49	035	李玉	柠檬队	78.7166667	52	叁等奖
50	038	张紫薇	金桔队	78.7	53	叁等奖
51	019	李立聪	柚子队个人	76.9666667	54	叁等奖
52	039	郝美娇	金桔队	84.2	35	#N/A
53	034	刘家	柠檬队	81.6	43	#N/A
54	052	李恪	杨桃队	79.45	49	#N/A
55	013	黄佳	芒果队个人	78.8666667	51	#N/A
56	011	玛丽	芒果队	76.8666667	55	#N/A
57	009	张小静	芒果队	76.3333333	56	#N/A
58	015	梁春媚	柚子队	75.3833333	57	#N/A
59	007	王静	葡萄队	73.6666667	58	#N/A
60	024	罗铭丹	香蕉队	71.6166667	59	#N/A

图 7-33　排序后的个人奖名单

注意：

在“自定义序列”对话框中输入序列时，各项之间用西文逗号隔开，如“壹等奖,贰等奖,叁等奖”。

删除未获奖参赛选手的数据。

操作步骤略，结果如图 7-3 所示。

4. 利用分类汇总统计各代表队获奖情况

利用分类汇总统计出各代表队的获奖情况。

操作步骤如下。

（1）将“个人奖名单”工作表中的“序号”“姓名”“代表队名称”“奖项”列数据复制到“各代

表队获奖统计”工作表中相应位置。

(2)在“各代表队获奖统计”工作表中依据“代表队名称”字段进行排序。

(3)单击数据区域中的任意一个单元格。在“数据”选项卡的“分级显示”组中单击“分类汇总”按钮，打开“分类汇总”对话框。

(4)在“分类字段”下拉列表框中选择“代表队名称”选项，在“汇总方式”下拉列表框中选择“计数”选项，在“选定汇总项”列表框中选中“奖项”复选框，如图 7-34 所示。单击“确定”按钮，结果如图 7-4 所示。

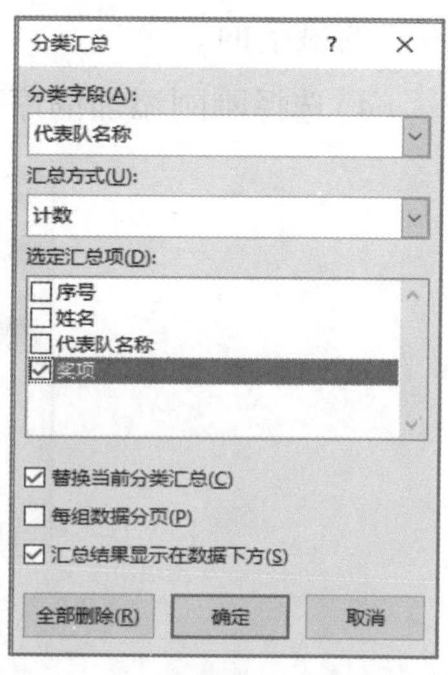

图 7-34　分类汇总设置

任务四　求出团体奖名单

【任务分析】

本任务的目标是利用 Excel 的“删除重复值”及“筛选”功能，将“代表队名称”列的重复值及含“个人”的项删除；利用 SUMIF、IFS、LARGE 等函数求团体奖名单，如图 7-5 所示。本任务分解成如图 7-35 所示的 3 步来完成。

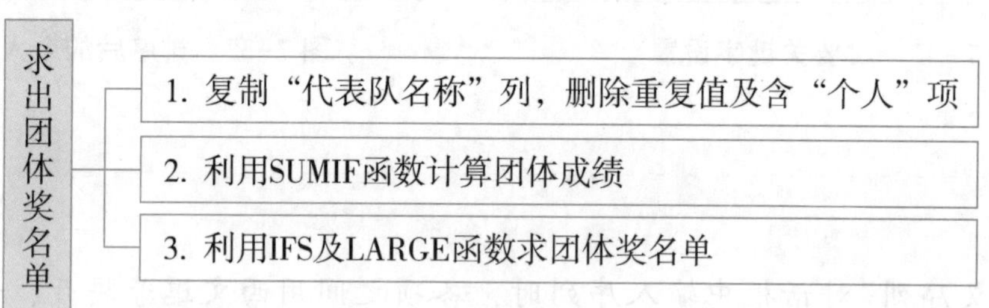

图 7-35　任务四分解

【知识储备】

统计函数 LARGE

LARGE 视频案例

返回数据集中第 k 个最大值。

语法格式：LARGE(array，k)

参数说明：

array：需要确定第 k 个最大值的数组或数据区域。

k：返回值在数组或数据单元格区域中的位置(从大到小排)。

如果区域中数据点的个数为 n，那么函数 LARGE(array，1）返回最大值，函数 LARGE(array，n）返回最小值。

【任务实施】

1. 复制“代表队名称”列，删除重复值及含“个人”项

将“大赛成绩”工作表中各代表队名称复制到“团体奖名单”工作表中相应位置，删除重复项。

操作步骤如下。

(1)在“团体奖名单”工作表中，将“大赛成绩”工作表中的各代表队名称复制到相应位置。

(2)在数据区域选择任意一个单元格，在“数据”选项卡的“数据工具”组中单击“删除重复值”按钮，打开“删除重复值”对话框。

(3)单击“取消全选”按钮，选中“代表队名称”复选框，如图 7-36 所示。

(4)单击“确定”按钮，出现如图 7-37 所示的对话框，再次单击“确定”按钮，完成重复值的删除。

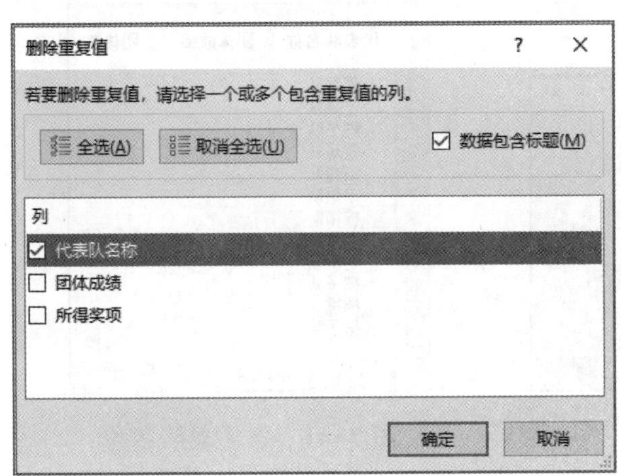

图 7-36 “删除重复值”对话框

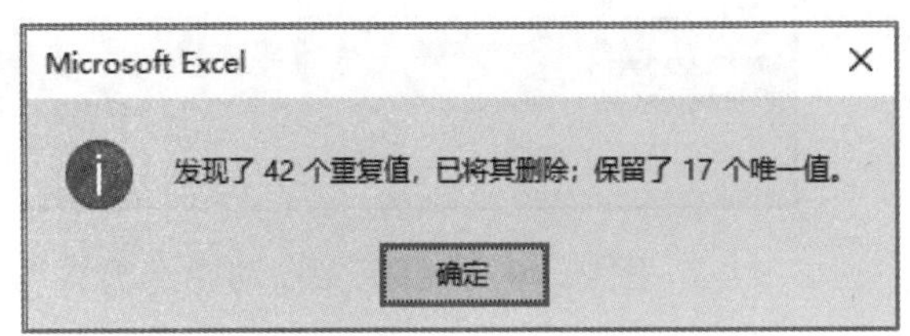

图 7-37 确认对话框

在“团体奖名单”工作表中，将代表队名称中含有“个人”的项删除。

操作步骤如下。

(1)在“团体奖名单”工作表中，单击数据区域的任意一个单元格，在“数据”选项卡的“排序和筛选”组中单击“筛选”按钮，在所有列标题右侧自动添加筛选按钮，如图 7-38 所示。

(2)单击“代表队名称”列旁的筛选按钮，在弹出的下拉菜单中选择“文本筛选”选项，在级联菜单中选择“包含”选项，如图 7-39 所示，打开“自定义自动筛选方式”对话框。

(3)在该对话框中，在“包含”条件后面的文本框中输入“个人”，如图 7-40 所示，单击“确定”按钮。

图 7-38　自动筛选

图 7-39　下拉菜单

(4)在筛选结果中，选择所有记录行，在数据区域右击，在弹出的快捷菜单中选择“删除行”选项。

(5)在“数据”选项卡的“排序和筛选”组中再次单击“筛选”按钮来取消自动筛选状态。最后结果如图 7-41 所示。

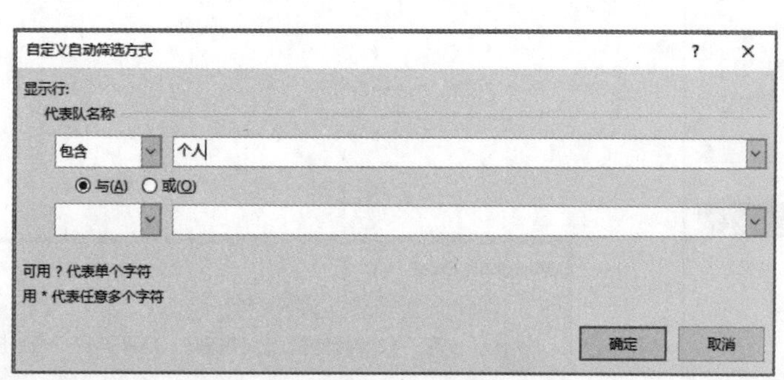

图 7-40　“自定义自动筛选方式”对话框

图 7-41　各代表队名称

知识链接

①如果要取消对某一列的筛选，只要单击该列旁的筛选按钮，在弹出的下拉菜单中选择“从‘XXXX’中清除筛选”命令即可(其中“XXXX”为列标题)。

②如果要取消对所有列的筛选，只要在“数据”选项卡的“排序和筛选”组中单击“清除”按钮，就可清除所有筛选条件，但保留筛选状态。

③如果要撤销数据清单中的自动筛选状态，并取消所有的自动筛选设置，只要在“数据”选项卡的“排序和筛选”组中单击“筛选”按钮即可。“筛选”按钮是一个开关按钮，可以在设置“自动筛选”和取消“自动筛选”之间进行切换。

2. 利用 SUMIF 函数计算团体成绩

在"团体奖名单"工作表中，利用 SUMIF 函数计算团体成绩。

操作步骤如下。

(1)在"大赛成绩"工作表中，选择"代表队名称"列 C1:C60 单元格区域，按住 Ctrl 键不放，再选择"总成绩"列 T1:T60 单元格区域，在"公式"选项卡的"定义的名称"组中单击"根据所选内容创建"按钮，在打开的对话框中选中"首行"复选框。分别将"代表队名称"和"总成绩"作为相应区域的名称。

(2)在"团体奖名单"工作表中，选中 B2 单元格，插入函数"SUMIF"，"函数参数"对话框设置如图 7-42 所示，单击"确定"按钮。

(3)双击 B2 单元格的填充柄，完成团体成绩的计算。

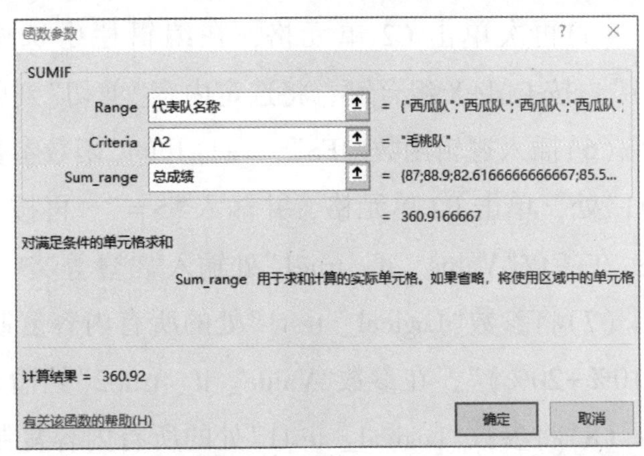

图 7-42　SUMIF 函数参数设置

3. 利用 IFS 及 LARGE 函数求团体奖名单

团体奖的计算方法：壹等奖、贰等奖、叁等奖分别为团队数的 10%、20%、30%，四舍五入到整数。

利用 COUNT 或 COUNTA 函数在 B18 单元格统计出代表队数目。

操作步骤略。

利用 IFS 及 LARGE 函数求团体奖。

操作步骤如下。

(1)在"团体奖名单"工作表中，选择"团体成绩"列 B1:B14 单元格区域，在"公式"选项卡的"定义的名称"组中单击"根据所选内容创建"按钮，在打开的对话框中选中"首行"复选框。将"团体成绩"作为区域名称。

(2)选择 C2 单元格，插入函数"ROUND"，其"函数参数"对话框设置如图 7-43 所示，单击"确定"按钮。

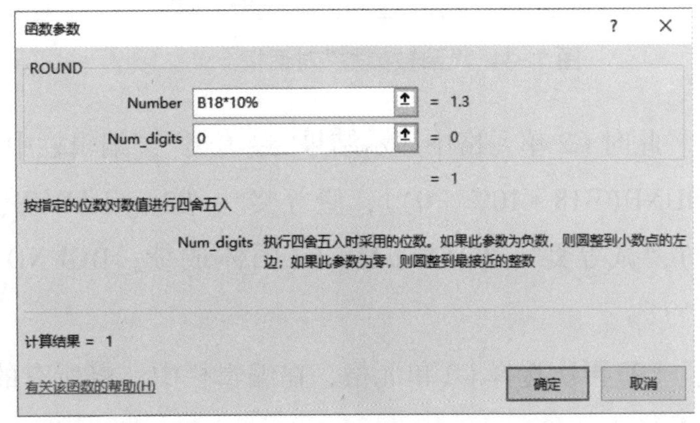

图 7-43　ROUND 函数参数设置

(3)单击 C2 单元格，在编辑栏中选中"ROUND(B18 * 10%, 0)"，按 Ctrl+X 组合键，将

选定内容“剪切”到剪贴板上。

(4)插入函数“LARGE”，在打开的“函数参数”对话框中，将插入点放置在第1个参数“Array”处，在“公式”选项卡的“定义的名称”组中，单击“用于公式”按钮，在弹出的下拉菜单中选择“团体成绩”；在第2个参数“K”处，按Ctrl+V组合键，将剪贴板中的内容粘贴到该处，如图7-44所示，单击“确定”按钮。

(5)再次单击C2单元格，在编辑栏中选中“LARGE(团体成绩，ROUND(B18＊10%，0))”，按Ctrl+X组合键，将选定内容“剪切”到剪贴板上。

(6)插入逻辑函数“IFS”，在打开的“函数参数”对话框中，将插入点放置在参数“Logical_test1”处，单击B2单元格，并输入“>=”，再按Ctrl+V组合键，将剪贴板中的内容粘贴到该处；在参数“Value_ if_ true1”处输入“"壹等奖"”。

(7)将参数“Logical_ test1”处的所有内容复制到参数“Logical_ test2”处，并将“10%”改为“(10%+20%)”，在参数“Value_ if_ true2”处输入“"贰等奖"”。

(8)将参数“Logical_ test1”处的所有内容复制到参数“Logical_ test3”处，并将“10%”改为“(10%+20%+30%)”，在参数“Value_ if_ true3”处输入“"叁等奖"”，结果如图7-45所示，单击“确定”按钮。

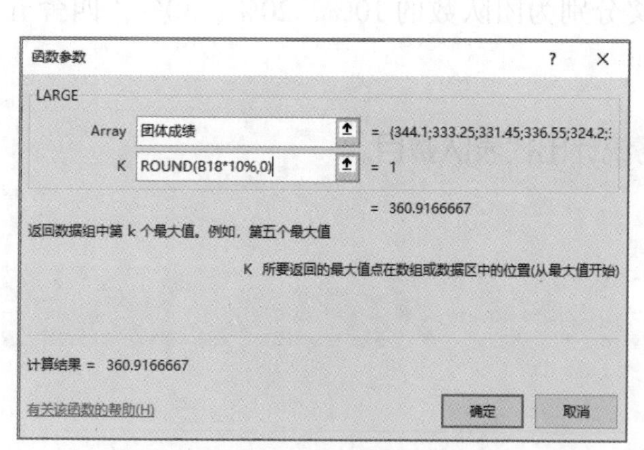

图7-44 “函数参数”对话框

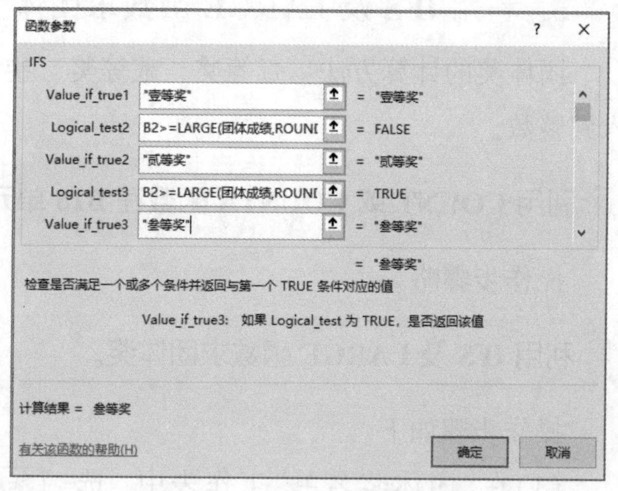

图7-45 IFS函数参数设置

此时C2单元格中显示结果“叁等奖”，编辑栏中的公式为“=IFS(B2>=LARGE(团体成绩，ROUND(B18＊10%，0)),"壹等奖"，B2>=LARGE(团体成绩，ROUND(B18＊(10%+20%)，0)),"贰等奖"，B2>=LARGE(团体成绩，ROUND(B18＊(10%+20%+30%)，0)),"叁等奖")”。

(9)再次选择C2单元格，在编辑栏中，将所有的“B18”改为绝对地址“$B$18”，此时编辑栏的公式为“=IFS(B2>=LARGE(团体成绩，ROUND($B$18＊10%，0)),"壹等奖"，B2>=LARGE(团体成绩，ROUND($B$18＊(10%+20%)，0)),"贰等奖"，B2>=LARGE(团体成绩，ROUND($B$18＊(10%+20%+30%)，0)),"叁等奖")”。

(10)双击 C2 单元格的填充柄，求出所有代表队的团体奖（“#N/A”表示没有获奖），结果如图 7-46 所示。

按“团体奖”排序，隐藏未获奖的代表队信息。

操作步骤如下。

(1)在“团体奖名单”工作表中，单击数据清单中的任意一个单元格，在“数据”选项卡的“排序和筛选”组中单击“排序”按钮，打开“排序”对话框。

(2)选中“数据包含标题”复选框，在“列”区域的“主要关键字”下拉列表框中选择“团体奖”，“排序依据”区域采用默认值“单元格值”，在“次序”区域的下拉列表框中选择“自定义序列”，在“自定义序列”对话框的“自定义序列”中选择最后一项“壹等奖,贰等奖,叁等奖”，单击“确定”按钮，结果如图 7-47 所示。

(3)选择 10~14 行，在选定区域右击，在弹出的快捷菜单中选择“隐藏”选项，结果如图 7-5 所示。

	A	B	C
1	代表队名称	团体成绩	团体奖
2	西瓜队	344.10	叁等奖
3	葡萄队	333.25	#N/A
4	芒果队	331.45	#N/A
5	柚子队	336.55	叁等奖
6	香蕉队	324.20	#N/A
7	山楂队	346.72	贰等奖
8	苹果队	348.18	贰等奖
9	柠檬队	327.97	#N/A
10	金桔队	337.52	叁等奖
11	毛桃队	360.92	壹等奖
12	椰子队	340.52	叁等奖
13	杨桃队	323.67	#N/A
14	橙子队	350.57	贰等奖
15			

团体奖名单

图 7-46　求团体奖

	A	B	C	D
1	代表队名称	团体成绩	团体奖	
2	毛桃队	360.92	壹等奖	
3	山楂队	346.72	贰等奖	
4	苹果队	348.18	贰等奖	
5	橙子队	350.57	贰等奖	
6	西瓜队	344.10	叁等奖	
7	柚子队	336.55	叁等奖	
8	金桔队	337.52	叁等奖	
9	椰子队	340.52	叁等奖	
10	葡萄队	333.25	#N/A	
11	芒果队	331.45	#N/A	
12	香蕉队	324.20	#N/A	
13	柠檬队	327.97	#N/A	
14	杨桃队	323.67	#N/A	
15				

团体奖名

图 7-47　按团体奖排序

任务五　求出优秀指导名单

【任务分析】

本任务的目标是利用 Excel 工作表之间数据的复制与引用及 INDEX、MATCH、MAX 函数，求出如图 7-6 所示的优秀指导及指导类别。本任务分解成如图 7-48 所示的 3 步来完成。

求出优秀指导名单
1. 复制和引用相应数据到“优秀指导名单”工作表
2. 利用MATCH、INDEX、MAX 函数求出优秀指导及指导类别
3. 删除重复项，隐藏不需要的列

图 7-48 任务五分解

【知识储备】

1. MATCH 函数

返回某个值在某个区域中的位置。

语法格式：MATCH(lookup_ value，lookup_ array，match_ type)

参数说明：

lookup_ value：表示查询的指定内容。

lookup_ array：表示查询的指定区域。

match_ type：表示查询的指定方式，用数字-1、0 或 1 表示。0 表示精确匹配；-1 表示查找大于或等于查找值的最小值，此时查找区域需要降序排列；1 表示查找小于或等于查找值的最大值，此时查找区域需要升序排列。

2. INDEX 函数

INDEX 与 MATCH
视频案例

返回由行号和列标所指定位置的数据。

语法格式：INDEX(array，row_ num，column_ num)

参数说明：

array：要返回值的单元格区域或数组常量。

row_ num：返回值所在的行号。

column_ num：返回值所在的列号。

在实际工作中，INDEX 和 MATCH 函数经常组合起来使用。

【任务实施】

1. 复制和引用相应数据到“优秀指导名单”工作表

将“个人奖名单”工作表中的“序号”“姓名”“奖项”列数据复制到“优秀指导名单”工作表中相应位置。

操作步骤略。

注意：

因为“个人奖名单”工作表中“奖项”列数据为公式，复制时要粘贴为“数值”。

利用 **VLOOKUP** 函数，将“报名信息”工作表中的“美工指导”“客服指导”“推广指导”“直播指导”列数据引用到“优秀指导名单”工作表。

操作步骤如下。

(1) 在“报名信息”工作表中选择 A1:K60 单元格区域，在名称框中输入“项目指导”后，按 Enter 键确认。

(2) 在“优秀指导名单”工作表中选择 D2 单元格，插入 VLOOKUP 函数，“函数参数”对话框如图 7-49 所示。

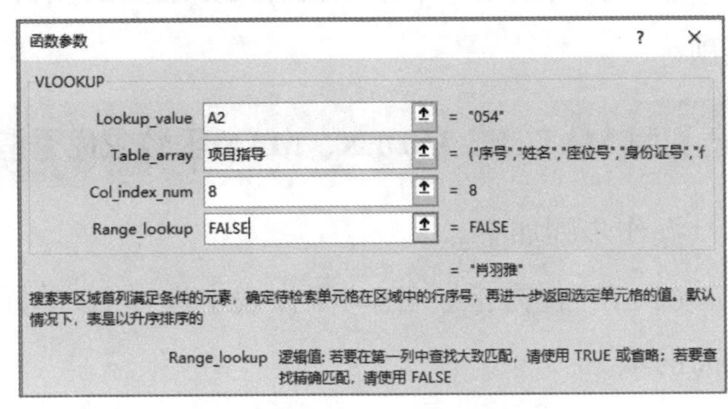

图 7-49 “函数参数”对话框

(3) 单击“确定”按钮，双击 D2 单元格的填充柄，完成“美工指导”列的数据引用。

(4) 用同样的方法将“报名信息”工作表中的“客服指导”“推广指导”“直播指导”列数据引用到“优秀指导名单”工作表。

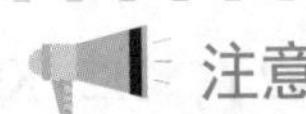
注意:

在图 7-49 中，参数 Col_ index_ num 处的“8”表示“美工指导”位于“项目指导”区域中的第 8 列。

利用 **VLOOKUP** 函数，将“大赛成绩”工作表中的“美工得分”“客服得分”“推广得分”“直播得分”列数据引用到“优秀指导名单”工作表。

操作步骤如下。

(1) 在“大赛成绩”工作表中选择 A1:S60 单元格区域，在名称框中输入“各技能得分”后，按 Enter 键确认。

(2) 在“优秀指导名单”工作表中选择 H2 单元格，插入 VLOOKUP 函数，“函数参数”对话框如图 7-50 所示。

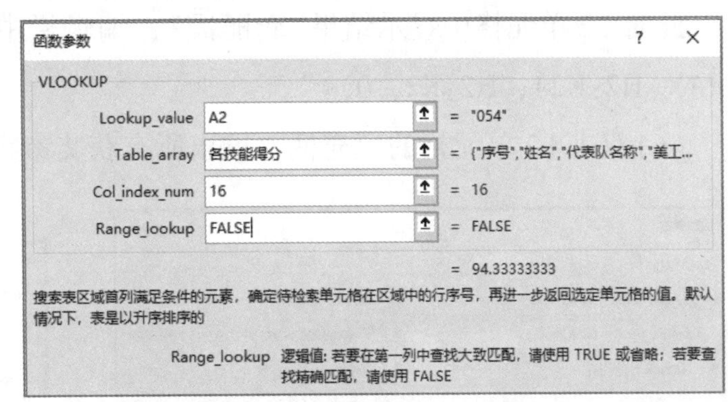

图 7-50 “函数参数”对话框

(3) 单击“确定”按钮，双击 H2 单元格的填充柄，完成“美工得分”列的数据引用。

(4) 用同样的方法将“大赛成绩”工作表中的“客服得分”“推广得分”“直播得分”列数据引用到“优秀指导名单”工作表。

2. 利用 MATCH、INDEX、MAX 函数求出优秀指导及指导类别

每位获奖的参赛选手有一名优秀指导，这名优秀指导从美工、客服、推广、直播 4 位指导中产生，参赛选手 4 个单项技能得分最高的项目对应的指导为优秀指导，其奖项为该选手所得奖项。

利用 MATCH、INDEX、MAX 函数求优秀指导。

操作步骤如下。

(1)在“优秀指导名单”工作表中选择 L2 单元格，插入 MAX 函数，求出 4 个单项技能得分最高的项。

(2)选择 L2 单元格，在编辑栏中选中“MAX(H2:K2)”，按 Ctrl+X 组合键，将选定内容“剪切”到剪贴板上。

(3)插入 MATCH 函数，在打开的“函数参数”对话框中，将插入点放置在第 1 个参数“Lookup_ value”处，按 Ctrl+V 组合键，将剪贴板中的内容粘贴到该处，在第 2 个参数处选择单元格区域 H2:K2，在第 3 个参数处输入“0”，如图 7-51 所示，单击“确定”按钮。

此时 L2 单元格中显示结果“3”，编辑栏中的公式为“=MATCH(MAX(H2:K2)，H2:K2，0)”。

(4)再次选择 L2 单元格，在编辑栏中选中“MATCH(MAX(H2:K2)，H2:K2，0)”，按 Ctrl+X 组合键，将选定内容“剪切”到剪贴板上。

(5)插入 INDEX 函数，在打开的“函数参数”对话框中，在第 1 个参数处选择单元格区域 D2:G2，在第 2 个参数处输入“1”，将插入点放置在第 3 个参数处，按 Ctrl+V 组合键，将剪贴板中的内容粘贴到该处，如图 7-52 所示，单击“确定”按钮。

此时 L2 单元格中显示结果“龚丽霞”，编辑栏中的公式为“=INDEX(D2:G2，1，MATCH(MAX(H2:K2)，H2:K2，0))”。

(6)双击 L2 单元格的填充柄，求出所有获奖参赛选手的优秀指导。

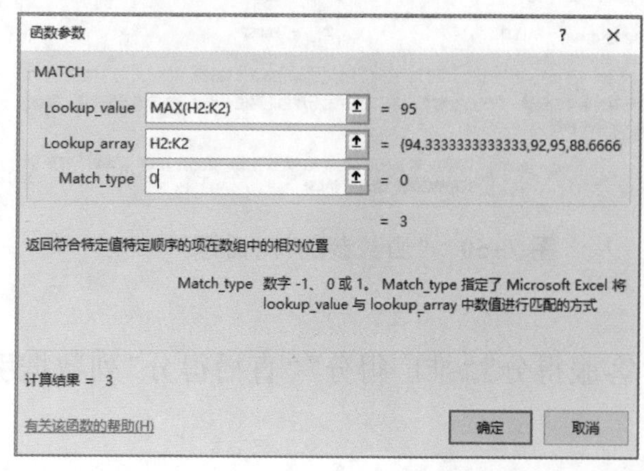

图 7-51　MATCH 函数参数设置

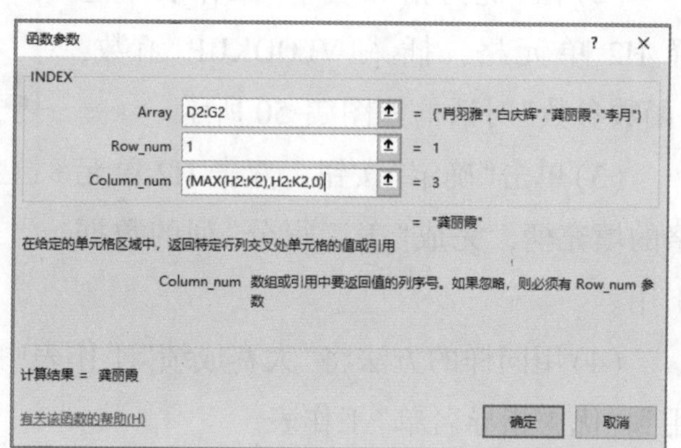

图 7-52　INDEX 函数参数设置

注意：

①在本案例中，各技能项指导的排列顺序必须与各技能项得分的排列顺序一致，即单元格区域 D1:G1 的值分别为美工指导、客服指导、推广指导、直播指导；单元格区域 H1:K1 的值分别为美工得分、客服得分、推广得分、直播得分。

②在本案例中，INDEX 函数的第一个参数区域一定要和 MATCH 函数的第二个参数区域起始行一致，否则会出现查找错位的情况。

此处两个区域起始行一定要一致

INDEX(**D2:G2**,1,MATCH(MAX(H2:K2),**H2:K2**,0))

利用 MATCH、INDEX、MAX 函数求指导类别。

操作步骤如下。

(1)在“优秀指导名单”工作表中选择 M2 单元格，插入 MAX 函数，求出 4 个单项技能得分最高的项。

(2)选择 M2 单元格，在编辑栏中选中“MAX(H2:K2)”，按 Ctrl+X 组合键，将选定内容“剪切”到剪贴板上。

(3)插入 MATCH 函数，在打开的“函数参数”对话框中将插入点放置在第 1 个参数“Lookup_ value”处，按 Ctrl+V 组合键，将剪贴板中的内容粘贴到该处，在第 2 个参数处选择单元格区域 H2:K2，在第 3 个参数处输入“0”，单击“确定”按钮。

(4)再次选择 L2 单元格，在编辑栏中选中“MATCH(MAX(H2:K2), H2:K2, 0)”，按 Ctrl+X 组合键，将选定内容“剪切”到剪贴板上。

(5)插入 INDEX 函数，在打开的“函数参数”对话框中，在第 1 个参数处选择单元格区域 D1:G1，在第 2 个参数处输入“1”，将插入点放置在第 3 个参数处，按 Ctrl+V 组合键，将剪贴板中的内容粘贴到该处，如图 7-53 所示，单击“确定”按钮。

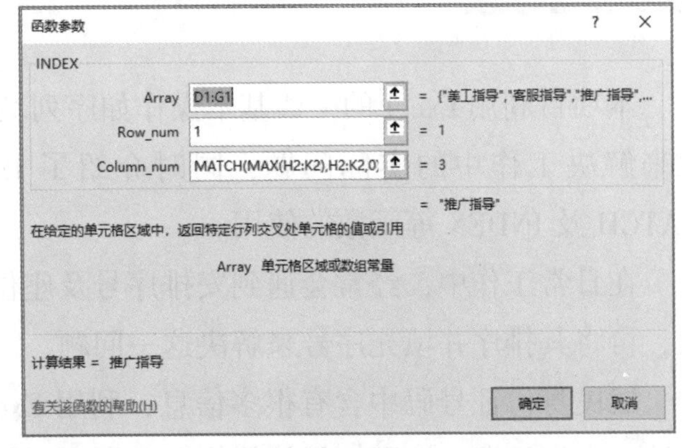

图 7-53 “函数参数”对话框

此时 L2 单元格中显示结果“推广指导”，编辑栏中的公式为“= INDEX(D1:G1, 1, MATCH(MAX(H2:K2), H2:K2, 0))”。

(6)在编辑栏中选择“D1:G1”，按 F4 键使其变为“$D$1:$G$1”，按 Enter 键确认。

(7)双击 M2 单元格的填充柄，求出所有优秀指导的指导类别。

3. 删除重复项，隐藏不需要的列

在“优秀指导名单”工作表中，依据“优秀指导”列，删除重复项，并隐藏不需要的列。

操作步骤如下。

(1)在数据区域选择任意一个单元格，在“数据”选项卡的“数据工具”组中单击“删除重复值”按钮，打开“删除重复值”对话框，单击“取消全选”按钮，选中“优秀指导”复选框，如图7-54所示。

(2)单击“确定”按钮，出现如图7-55所示的对话框，再次单击“确定”按钮，完成重复值的删除。

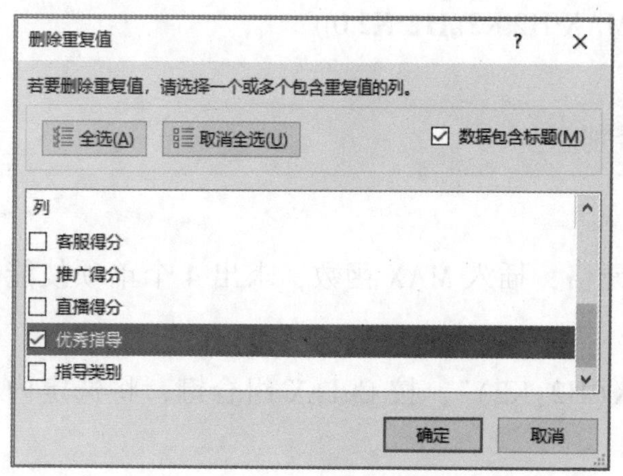

图7-54 “删除重复值”对话框

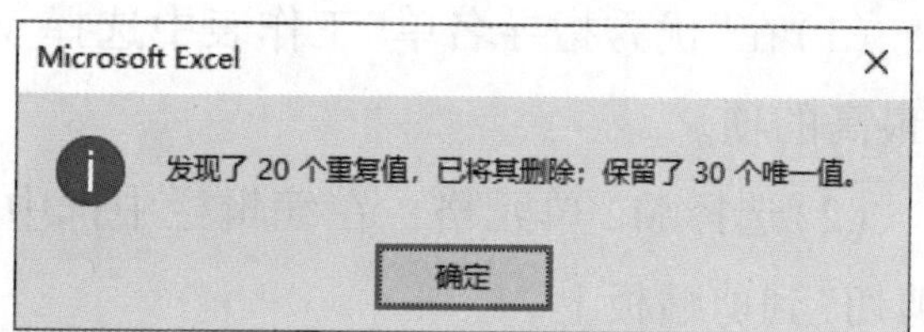

图7-55 确认对话框

(3)将所有列的列宽设置为最合适列宽，选中A、B两列，在选择区右击，在弹出的快捷菜单中选择“隐藏”选项。用同样的方法隐藏D列至K列，结果如图7-6所示。

【项目总结】

本项目利用Excel的一些基本操作如序列填充、排序、筛选、分类汇总等，以及公式与函数来解决工作中的实际问题，同时介绍了RAND、YEAR、TODAY、MID、AND、LARGE、MATCH及INDEX等函数的使用。

在日常工作中，经常会遇到安排序号及座位号的情况，利用Excel的RAND函数生成随机数，再将其排序并填充序号来解决这一问题。

居民身份证号码中含有很多信息，利用Excel的公式与函数可以从身份证号码中得到居住地址、出生日期、性别、年龄等信息，常用到的函数有MID、YEAR、TODAY、DATE等。

对于数据的排序操作，需要掌握排序依据，单个字段排序和多个字段排序的操作方法有所不同。排序时正确选择数据区域非常重要。

“数据”选项卡的“数据工具”组中的“删除重复值”可以将某字段值相同的记录删除；自动筛选的“文本筛选”中的“包含……”可以筛选出包含某些文字的记录并对其进行其他处理。

查找与引用函数 MATCH 是返回某个值在某个区域中的位置，而 INDEX 函数是返回由行号和列号所指定位置的数据，这两个函数组合起来使用，能解决很多查找与引用的问题。

【巩固练习】

东升科技有限公司员工信息管理

请打开"东升科技有限公司员工信息表(素材).xlsx"，将其另存为"东升科技有限公司员工信息表.xlsx"(注意，保存类型选择"Excel 工作簿")。

任务一：根据"员工档案管理"工作表中的内容，完成以下操作。

(1)根据身份证号，求出每位员工的出生日期和性别(提示：身份证号的第 7~14 位为出生日期码，表示编码对象出生的年、月、日。第 15~17 位为顺序码，顺序码的奇数分配给男性，偶数分配给女性。求出生日期可使用"DATE"函数)。

(2)根据出生日期计算每位员工的年龄(结果能自动更新)

(3)在"员工档案管理"工作表后面插入一个新的工作表，命名为"各部门人数"，将"员工档案管理"工作表中的"员工姓名""员工编号""所属部门""担任职务"复制到此工作表。

(4)在"各部门人数"工作表中利用分类汇总求出各部门人数，并根据汇总结果插入图表，图表具体要求如下。

①图表类型为"三维饼图"，图表样式为"样式 2"。

②图表标题为"各部门人数"，在图表上方；图例位置在"底部"。

③设置数据标签格式：标签包括"类别名称""值""显示引导线"，标签位置"最佳匹配"。

④设置"图表区"的填充效果为"渐变填充"中的预设渐变"浅色渐变-个性色 1"。

⑤将图表中的所有文字先设置为"宋体、10"，再将图表标题的字体设置为"隶书、16、加粗"。

任务二：在"12 月份员工加班记录"工作表中完成以下操作。

(1)计算总加班时间，并用"条件格式"中的"数据条"表示加班时长。

(2) 根据"员工考勤标准"工作表中的相关数据，如图 7-56 所示，利用公式计算加班奖金。

	C	D	E	F	G	H	I
6	不同假别应扣金额						
7	假别	事假	病假	婚假	丧假	孕假	其他
8	对应图识	★	☆	▲	▽	◆	◎
9	应扣金额（元）/天	60	30	0	0	0	100
10							
11	加班性质与加班奖金						
12	加班性质	工作日加班		双休日加班		节假日加班	
13	加班奖金/小时	15		30		50	
14							
15	全勤奖（元/月）						
16	300						

员工考勤标准 | 12月份员...

图 7-56 员工考勤标准

(3)对“12 月份员工加班记录”工作表中的数据排序，主要关键字为“加班奖金”，次要关键字为“总加班时间”，均为降序。

任务三：在“12 月份员工请假记录”工作表中完成以下操作。

(1)根据“员工考勤标准”工作表中的相关数据，如图 7-56 所示，利用 IF 及 HLOOKUP 函数计算“应扣工资”。

(2)根据“员工考勤标准”工作表中的相关数据，如图 7-56 所示，利用 IF 函数计算“全勤奖”。

(3)在“请假天数”“应扣工资”数据列的相应单元格计算其平均值及最大值。

(4)利用 COUNTBLANK 函数计算全勤人数，并写入相应单元格。

任务四：在“12 月份员工工资管理”工作表中完成以下操作。

(1)将“员工档案管理”工作表中的“员工姓名”“员工编号”“担任职务”列数据复制到此工作表中。

(2)根据“担任职务”计算“基本工资”(部门经理：9000，经理助理：6000，组长：5000，员工：4500)。

(3)利用 VLOOKUP 函数及公式计算“应扣工资”和“应发奖金”(应发奖金=全勤奖+加班奖金)。

(4)计算实际发放工资。

任务五：完成“员工信息查询”工作表中的内容。

要求：员工编号可以选择，其他信息自动显示，如图 7-57 所示(提示：“员工姓名”“身份证号码”可用 INDEX 及 MATCH 函数完成，“所属部门”“担任职务”“基本工资”可用 VLOOKUP 函数完成)。

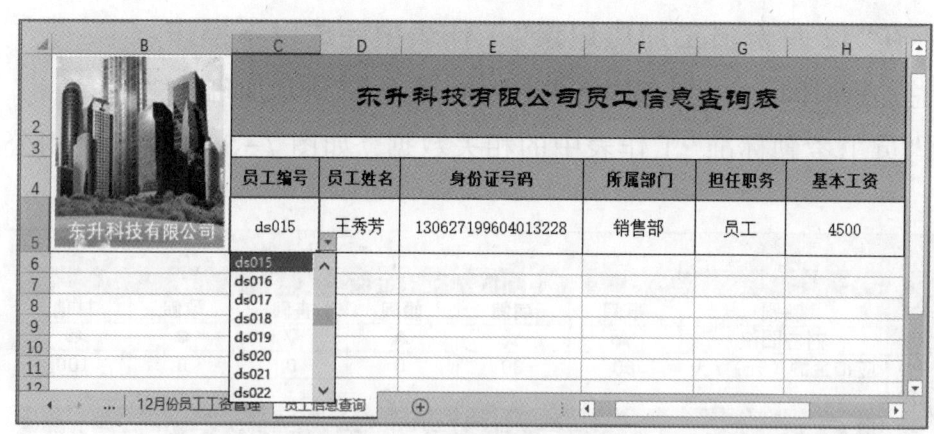

图 7-57　员工信息查询

模块三

PowerPoint 2019 演示文稿制作

PROJECT 8 项目八

PowerPoint应用——制作《打造特色产业 助力乡村振兴》宣传片

项目概述

本项目将以制作“《打造特色产业 助力乡村振兴》宣传片”为例，介绍 PowerPoint 2019 的主要功能及制作演示文稿的基本方法。其中包括幻灯片的制作、母版的使用、文字编排、图片的插入、SmartArt 图形的使用、幻灯片版式的应用、背景的设置、幻灯片动画效果的设置、幻灯片放映效果及放映方式的设置等。

学习导图

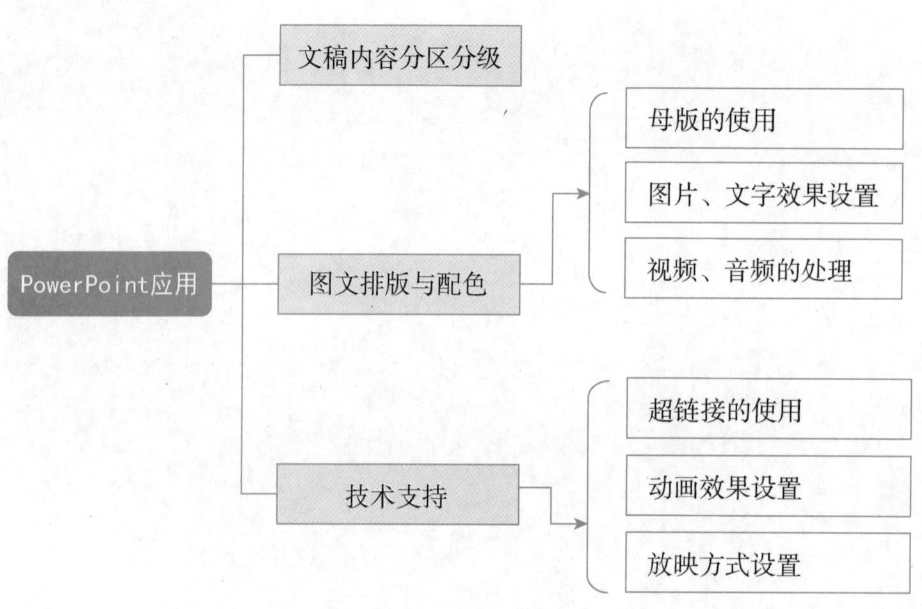

【项目分析】

为了大力发展农村经济，某乡镇要求所有工作人员共同学习有关“乡村振兴”的内容。李亮负责学习内容的整理工作，目前，他已经撰写完成《打造特色产业 助力乡村振兴》的 Word 文稿，并想通过图文并茂的方式向大家展示此内容，这需要利用 PowerPoint 来制作演示文稿。

下面是李亮的设计方案。

首先根据《打造特色产业 助力乡村振兴》Word 文稿制作一份演讲提纲，提纲实际上就是该文稿的结构，包括封面、目录、标题 1、标题 2、标题 3 及相应内容，再利用 PowerPoint 2019 将文稿提纲制作成演示文稿。

在制作演示文稿的过程中，为了突出主题，需要选择与文稿主题相适应的版式；为了使演讲的逻辑性和条理性更好，要用到超链接功能；为了使文稿中的论点更具有说服力，要在演示文稿中插入一些图片、图表和数据等；为了使演讲更生动、更具有感染力，在演示文稿中还需插入一些动画、声音、视频等。

经过对文稿内容进行筛选和提炼，并按照上面的方案制作完成后的演示文稿效果如图 8-1 所示。

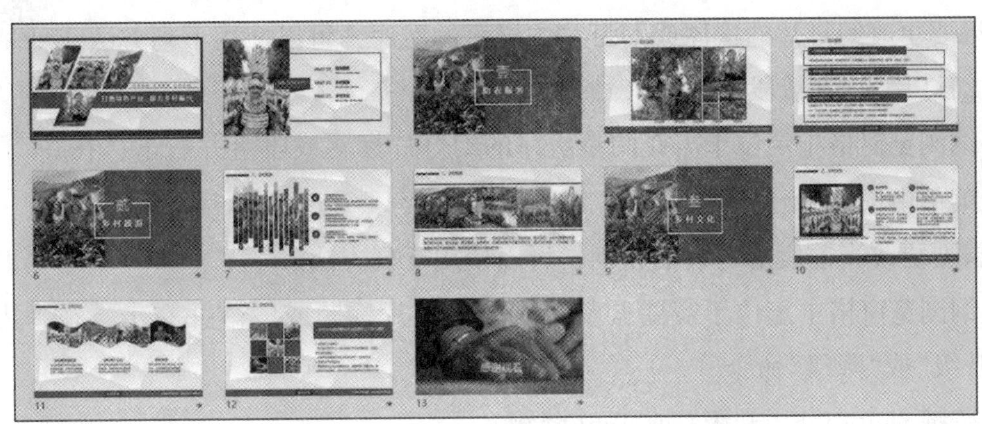

图 8-1　助力乡村振兴宣传片效果

任务一　提炼信息，巧做大纲

【任务分析】

本任务的目标是利用 Word 和 PowerPoint 两个软件之间的联系进行格式的转换，快速地将

Word 文稿中的文字分区、分级别，并导入 PowerPoint 中。本任务分解成如图 8-2 所示的 3 步来完成。

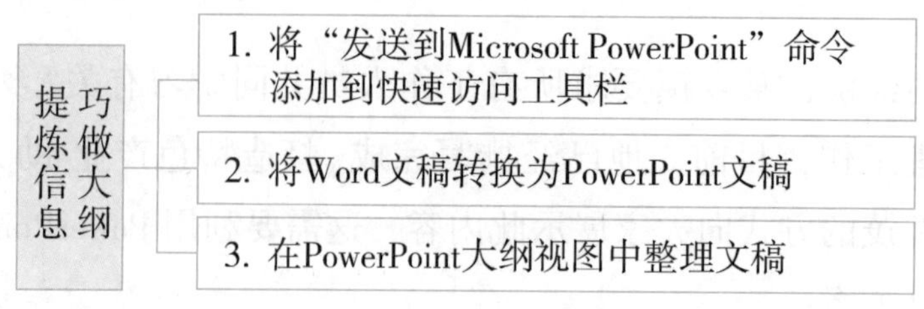

图 8-2　任务一分解

【知识储备】

1. 演示文稿与幻灯片

在 PowerPoint 中，演示文稿和幻灯片这两个概念是有差别的。演示文稿是一个扩展名为“.pptx”的文件，而幻灯片是演示文稿中的一个页面。一份完整的演示文稿由若干张相互联系并按一定顺序排列的幻灯片组成。

2. PowerPoint 大纲浏览窗格

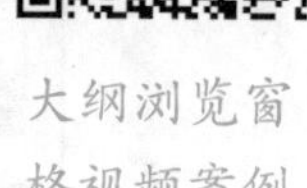

大纲浏览窗格视频案例

在 PowerPoint 大纲浏览窗格中，可以方便地组织演示文稿的内容。

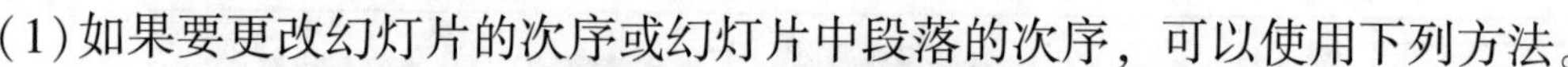

(1) 如果要更改幻灯片的次序或幻灯片中段落的次序，可以使用下列方法。

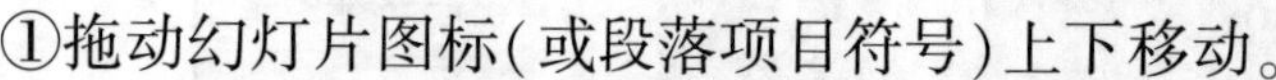

①拖动幻灯片图标(或段落项目符号)上下移动。

②在大纲浏览窗格中定位于需要调整次序的幻灯片标题或段落并右击，在弹出的快捷菜单中选择“上移”或“下移”命令。

(2) 如果要更改当前段落的大纲级别，可以使用下列方法。

①在大纲浏览窗格中定位于需要调整级别的幻灯片标题或段落并右击，在弹出的快捷菜单中选择“升级”或“降级”命令。

②按快捷键 Shift+Tab（升级）或 Tab(降级）。

(3) 如果要折叠，可以使用下列方法。

①在大纲浏览窗格中定位于需要折叠的幻灯片标题或段落并右击，在弹出的快捷菜单中选择“折叠”或“展开”命令，如果选择“全部折叠”或“全部展开”命令，可以将所有幻灯片的正文全部折叠或展开。

②双击某一幻灯片的图标，可以“折叠”或“展开”该幻灯片的正文。

【任务实施】

1. 将“发送到 Microsoft PowerPoint”命令添加到快速访问工具栏

在 Word 中将“发送到 Microsoft PowerPoint”命令添加到快速访问工具栏。

操作步骤如下。

(1)打开“课堂案例”文件夹中的文件“文字素材.docx”，单击Word软件中的快速访问工具栏中的“自定义快速访问工具栏”按钮，在弹出的下拉菜单中选择“其他命令”选项，如图8-3所示。

(2)在打开的“Word选项”对话框中，在“从下列位置选择命令”下拉列表框中选择“不在功能区中的命令”选项，选择其下方的“发送到Microsoft PowerPoint”命令，单击“添加”按钮，如图8-4所示。

(3)单击“确定”按钮，“发送到Microsoft PowerPoint”命令按钮添加到了快速访问工具栏。

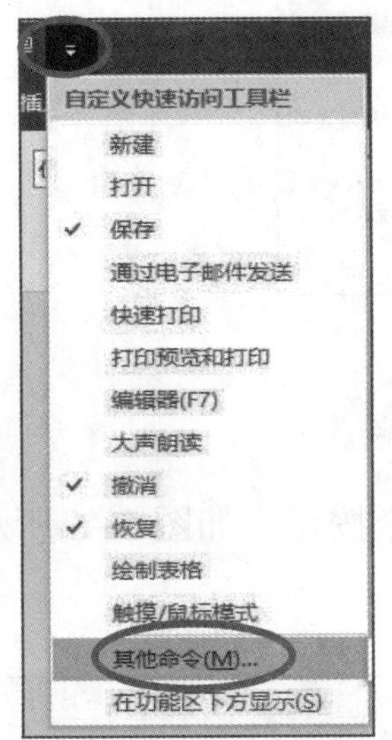

图8-3 选择“其他命令”

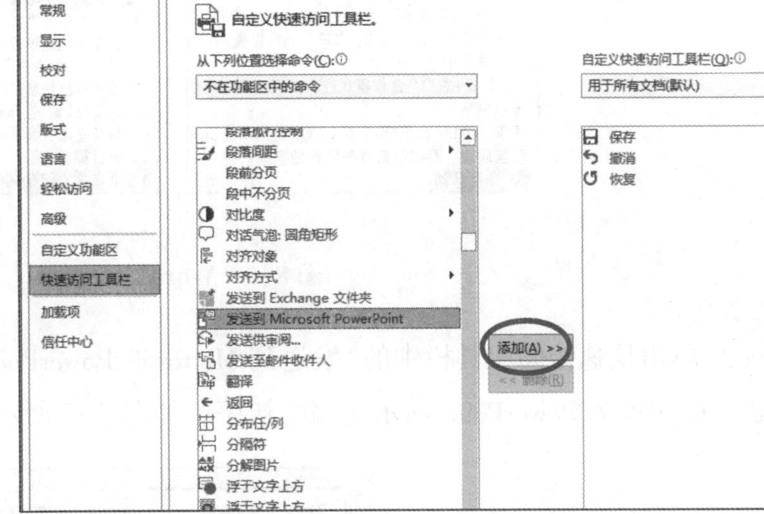

图8-4 添加“发送到Microsoft PowerPoint”命令

2. 将Word文稿转换为PowerPoint文稿

在Word大纲视图中对文字进行分级，并一键转化为PowerPoint文稿。

操作步骤如下。

(1)在“文字素材.docx”的“视图”选项卡“视图”组中单击“大纲”按钮，切换到大纲视图。通过对整体文稿的理解，将文稿进行分级，按住Ctrl键选中同一级别的文字，在“大纲显示”选项卡的“大纲工具”组中单击“正文文本”下拉按钮，在弹出的下拉菜单中选择文字的级别，如图8-5所示。

注意:

1级文字选择文稿标题和3个大标题(大标题一、二、三)，2级文字选择小标题(小标题1、2、3)，其他的文字选择级别中的“3级”。

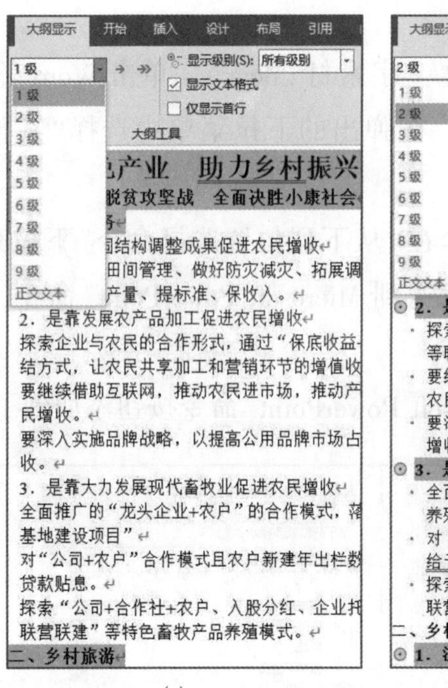

(a)

(b)

图 8-5　Word 文稿分级

(2)单击快速访问工具栏中的“发送到 Microsoft PowerPoint”命令按钮，如图 8-6 所示，将 Word 文稿转换为 PowerPoint 演示文稿的初稿，如图 8-7 所示。

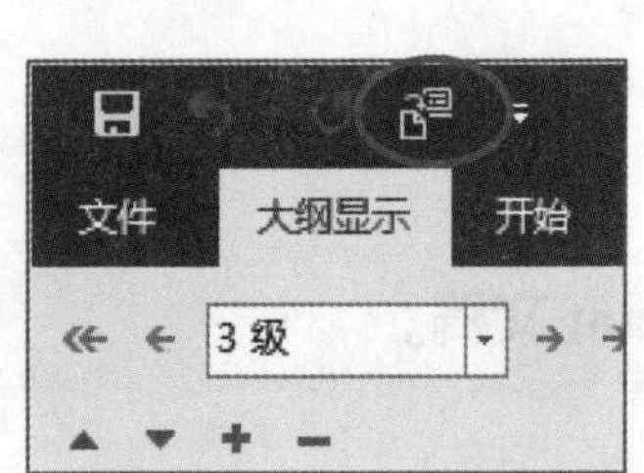

图 8-6　一键转换

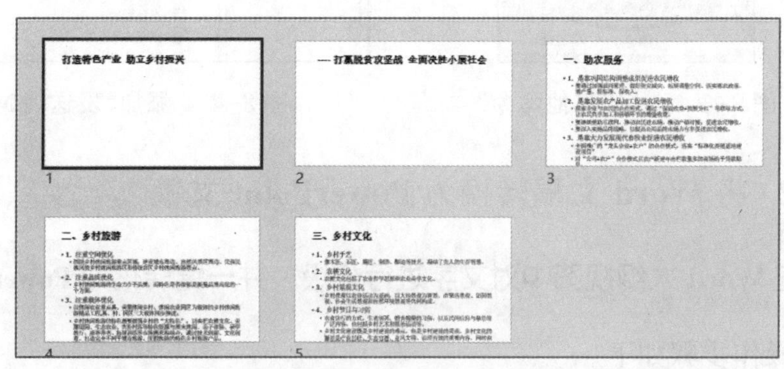

图 8-7　转换后的效果

3. 在 PowerPoint 大纲视图中整理文稿

进入 PowerPoint 大纲视图，整理文稿。

操作步骤如下。

(1)文稿的主副标题分别位于两张幻灯片中，移动第 2 张幻灯片上的副标题至第 1 张幻灯片，删除原第 2 张幻灯片，即前两张幻灯片合为一张幻灯片。效果如图 8-8 所示。

打造特色产业 助力乡村振兴

— 打赢脱贫攻坚战 全面决胜小康社会

图 8-8　合成后的效果

(2)单击“视图”选项卡“演示文稿视图”组中的“大纲视图”按钮，在大纲浏览窗格选中文稿的第 4 张幻灯片，即

“乡村文化”所在的幻灯片，如图 8-9 所示，下面准备将一张幻灯片拆分为 3 张幻灯片。

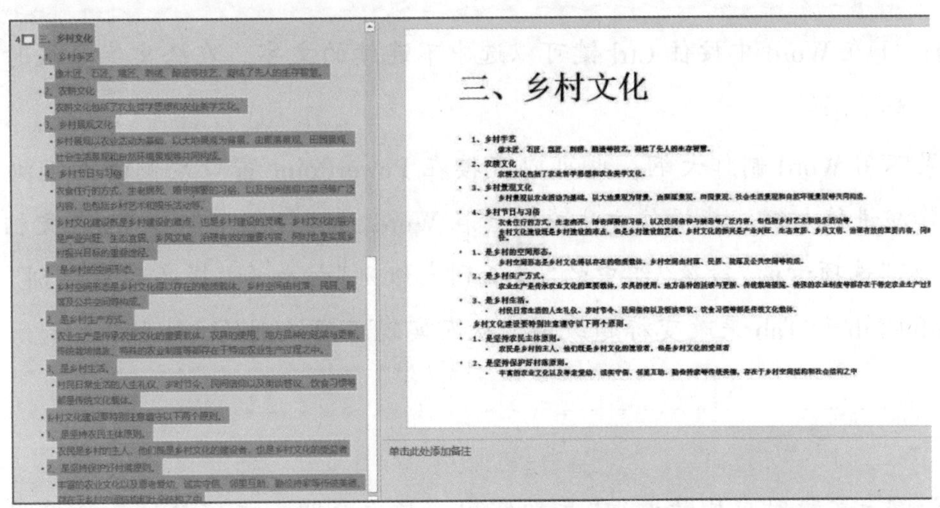

图 8-9 “乡村文化”幻灯片拆分前

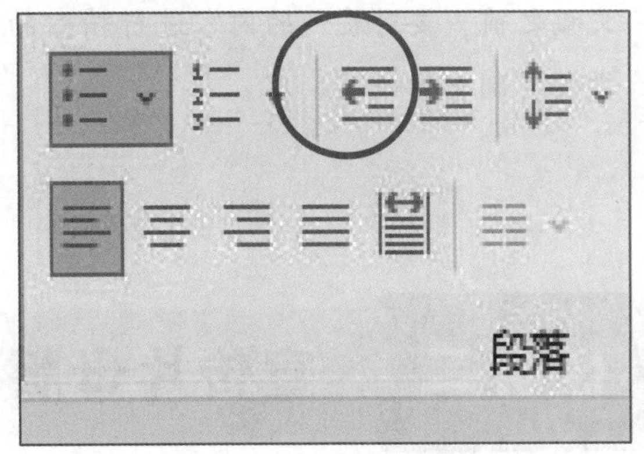

图 8-10 降低列表级别

(3) 将光标置于大纲浏览窗格中文字“1. 乡村的空间形态”的前方，在“开始”选项卡的“段落”组中单击“降低列表级别”按钮，如图 8-10 所示。这时文字“1. 乡村的空间形态”及以后的内容已经添加到新生成的第 5 张幻灯片中了。

(4) 在大纲浏览窗格选中文稿的第 5 张幻灯片，光标置于大纲浏览窗格中文字“乡村文化建设要特别注意遵守以下两个原则”的前方，在“开始”选项卡的“段落”组中连续两次单击“降低列表级别”按钮。这时文字“乡村文化建设要特别注意遵守以下两个原则”及以后的内容已经添加到新生成的第 6 张幻灯片中去了。这样，原来的第 4 张幻灯片“乡村文化”就拆分为第 4、5、6 三张幻灯片了，效果如图 8-11 所示。

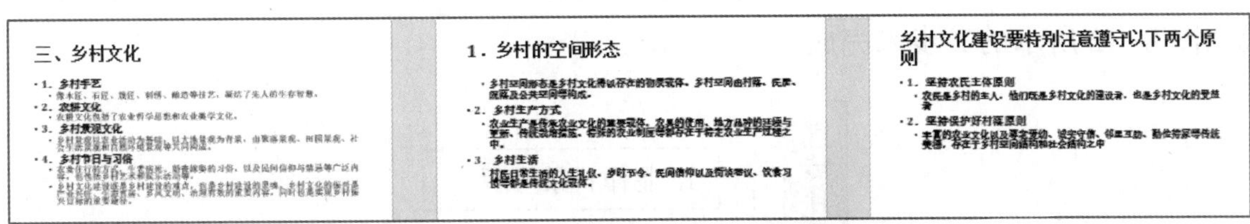

图 8-11 “乡村文化”幻灯片的拆分

(5) 在大纲浏览窗格选中文稿的第 3 张幻灯片，光标置于大纲浏览窗格中文字“乡村休闲旅游的特色需要做强乡村的‘大特色’”的前方，在“开始”选项卡的“段落”组中连续两次单击“降低列表级别”按钮。这时文字“乡村休闲旅游的特色需要做强乡村的‘大特色’”及以后的内容已经添加到新生成的第 4 张幻灯片中去了。

(6) 回到普通视图，此时共有 7 张幻灯片。保存文稿，命名为“打造特色产业 助力乡村振兴.pptx”。

小技巧：①在 Word 中按住 Ctrl 键可以选中不连续的文字。在给文字分级时，这个知识点至关重要。

②如果不用 Word 制作大纲，也可以直接在 PowerPoint 窗口左侧的大纲浏览窗格中快速地制作演讲稿大纲，其操作方法类似于在 Word 大纲视图下制作 Word 文档大纲。可以利用“开始”选项卡的“段落”组中的“降低列表级别”按钮和“提高列表级别”按钮或按快捷键 Shift+Tab 和 Tab 来改变标题级别，从而实现不同级别的文本输入。

注意：

在设计演示文稿时应尽量遵循“主题突出、层次分明；文字精练、简单明了；形象直观、生动活泼”的原则，以便突出重点，给观众留下深刻的印象。为此，在创建演示文稿之前，要对展示的内容进行精心的筛选和提炼，切忌把 Word 文档中的内容进行大段的复制。

任务二 宣传片母版制作

【任务分析】

本任务的目标是为《打造特色产业 助力乡村振兴》宣传片制作母版。其中封面、目录、过渡页需要同一个母版，称之为背景母版；内容页需要一个母版，称之为内容页母版。本任务分解成如图 8-12 所示的 2 步来完成。

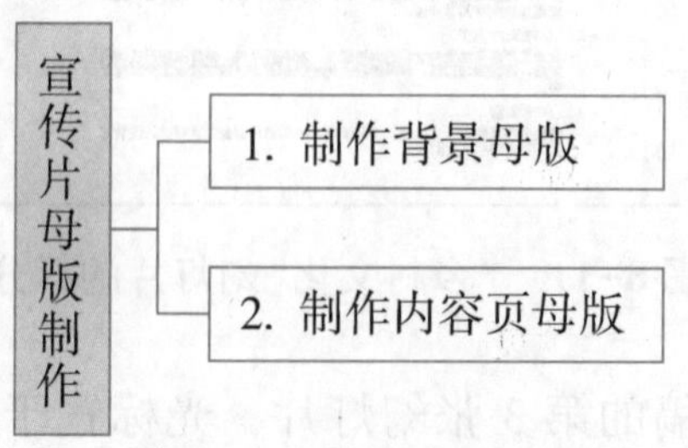

图 8-12　任务二分解

【知识储备】

1. 占位符

占位符是指幻灯片中一种带有虚线的矩形框，大多数幻灯片包含一个或多个占位符，用于放置标题、正文、图片、图表和表格等对象。

2. 母版

母版分为幻灯片母版、讲义母版和备注母版。其中，幻灯片母版是一张特殊的幻灯片，包括如下元素。

(1) 标题、正文和页脚文本的字体、字号。

(2) 文本和对象的占位符大小和位置。

(3) 项目符号样式。

(4) 背景和主题颜色。

利用幻灯片母版可以对演示文稿进行全局更改，并使更改应用到基于母版的所有幻灯片上大大提高工作效率。

3. 幻灯片版式

版式用于确定幻灯片所包含的对象及各对象之间的位置关系。版式由占位符组成，而不同的占位符中可以放置不同的对象。例如，标题和文本占位符可以放置文字，内容占位符可以放置表格、图表、图片、形状、剪贴画和媒体剪辑等对象。

【任务实施】

1. 制作背景母版

在主母版的幻灯片中设置背景图片。

操作步骤如下。

(1) 打开文档“打造特色产业助力乡村振兴 . pptx”，在“视图”选项卡的“母版视图”组中，单击“幻灯片母版”按钮，如图 8-13 所示。

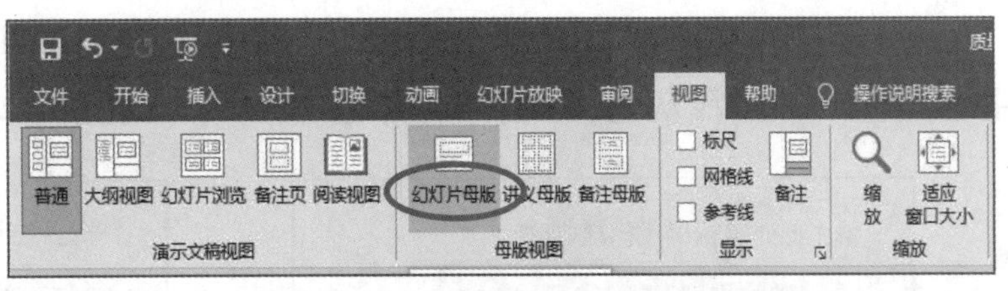

图 8-13 “视图”选项卡功能区

(2) 进入母版视图，左侧的浏览窗格中第 1 张为主母版，其余为子母版(可删除多余的子母版，留下几张备用即可)，在主母版幻灯片上右击，在弹出的快捷菜单中选择“设置背景格式”选项。打开“设置背景格式”任务窗格，如图 8-14 所示，选中“填充”中的“图片或纹理填充”单选按钮。

（3）单击“插入”按钮，弹出“插入图片”对话框，单击“来自文件”按钮选择“图片素材”文件夹中的“主母版背景 . png”图片。

（4）单击“插入”按钮，效果如图 8-15 所示。

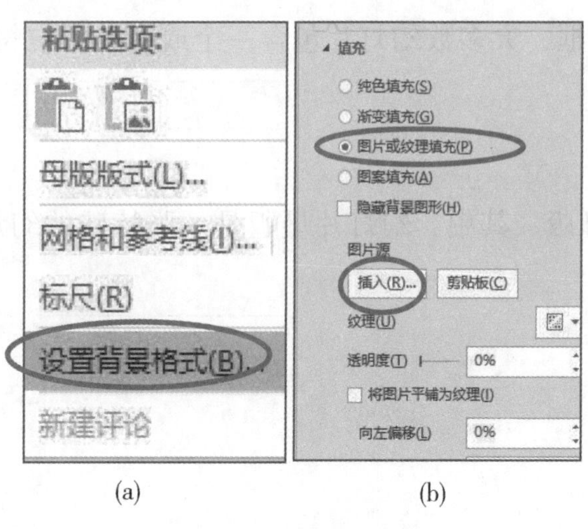

(a)　(b)

图 8-14　设置背景格式

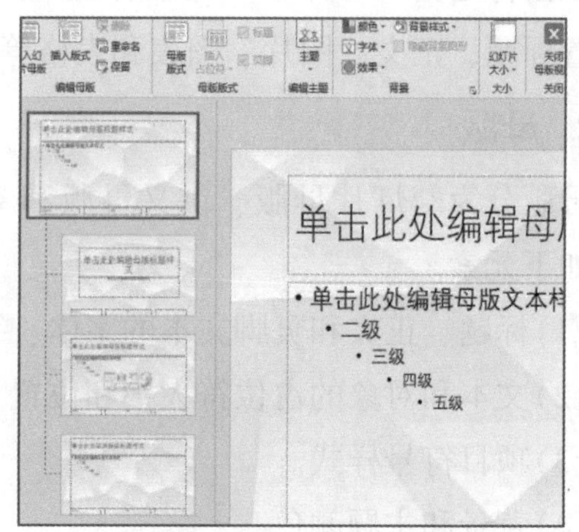

图 8-15　背景母版

2. 制作内容页母版

在内容页设计中，要使每张幻灯片均有页眉和页脚，将页眉和页脚设置在母版中，可大大提高工作效率。

在子母版幻灯片的页脚位置插入形状，输入文字。

操作步骤如下。

（1）进入母版视图，选择一张子母版的幻灯片（本案例中选择子母板的第 2 张幻灯片），在“插入”选项卡的“插图”组中单击“形状”下拉按钮，在弹出的下拉列表框中选择“矩形”选项，在页脚位置绘制一个矩形，如图 8-16 所示。

（2）选中矩形，在“绘图工具/格式”选项卡的“形状样式”组中单击“形状填充”下拉按钮，在弹出的下拉菜单中选择“标准色”中的“深红”选项，“形状轮廓”选择“无轮廓”。

（3）在矩形中间插入一个平行四边形，调整大小和位置（高度要与矩形一致），设置颜色为“主题颜色”中的“浅灰色，背景 2，深色 75%”，无轮廓。效果如图 8-17 所示。

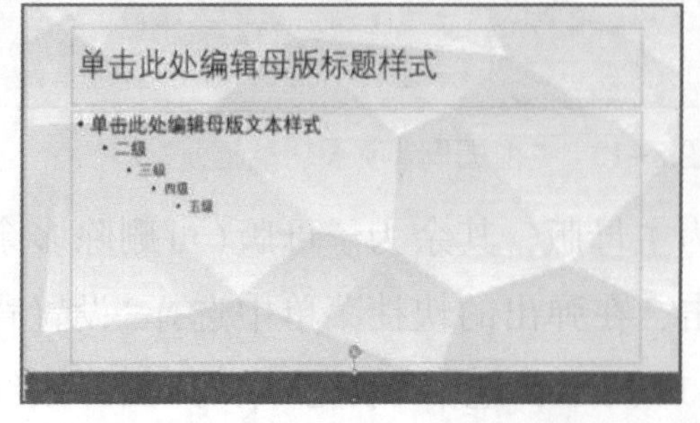

图 8-16　插入矩形制作页脚

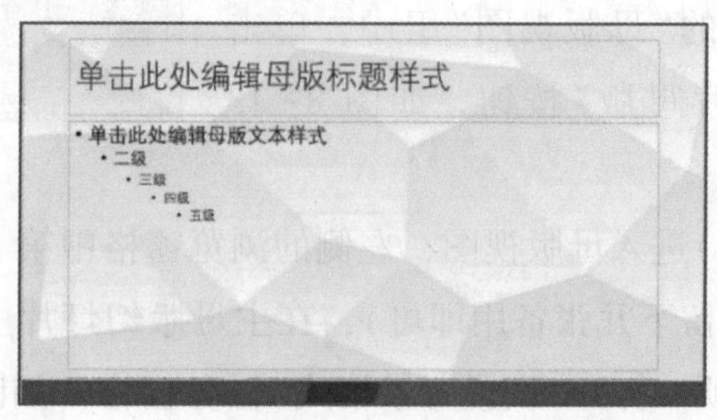

图 8-17　页脚设置

(4) 在矩形上插入文本框，输入宣讲主题“打赢脱贫攻坚战　全面决胜小康社会”，在平行四边形上插入文本框，输入文字“返回目录”，字体设置均为“微软雅黑，白色，14”。

(5) 调整文本框的位置，效果如图 8-18 所示。

图 8-18　页脚文字

在子母版幻灯片的页眉位置插入形状，并对母版标题占位符进行设置。

操作步骤如下。

(1) 在页眉位置插入两个小平行四边形，颜色分别设置为“主题颜色”中的“浅灰色，背景 2，深色 75%”和“标准色”中的“深红”，无轮廓，并调整大小和位置，效果如图 8-19 所示。

(2) 单击母版标题占位符，在“开始”选项卡的“字体”组中设置字体为“微软雅黑，18”、颜色为“主题颜色”中的“浅灰色，背景 2，深色 75%”，并调整标题占位符的大小与位置，使其与小平行四边形垂直居中对齐，效果如图 8-20 所示。

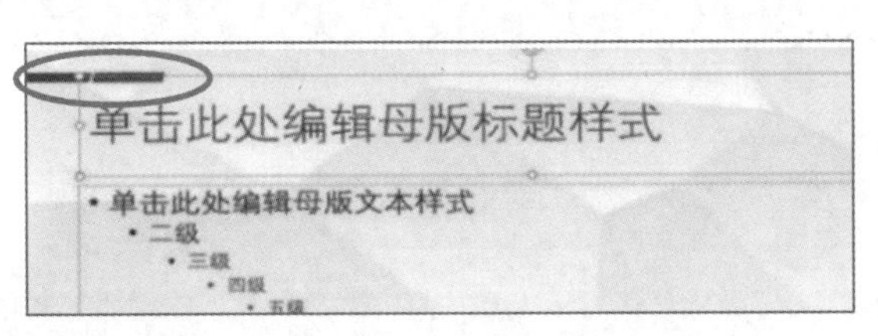

图 8-19　页眉设置

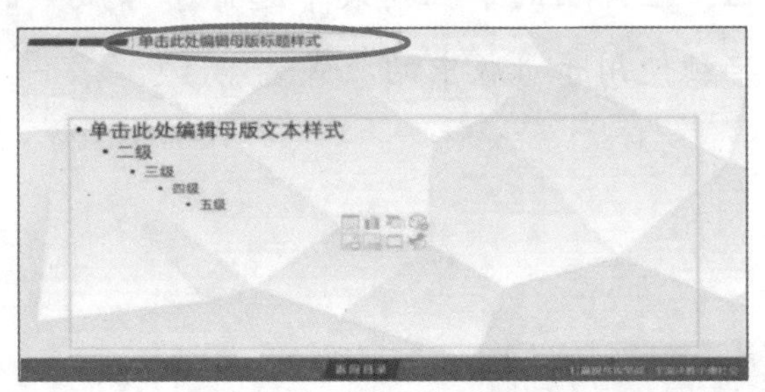

图 8-20　页眉设置

(3) 删除“单击此处编辑母版文本样式”占位符，关闭母版视图，保存文档。

注意:

如果在使用母版之前已经对幻灯片相关的格式进行了设置，那么使用母版统一的风格对该格式无效。也就是说，利用母版设置格式的优先级低于对幻灯片直接设置格式。

知识链接

目前制作了两张母版，主母版中的元素会存在于所有的幻灯片中，如何应用子母版呢？

操作步骤如下。

①母版设置完毕后，在“幻灯片母板”选项卡中单击“关闭母版视图”按钮，如图8-21所示。

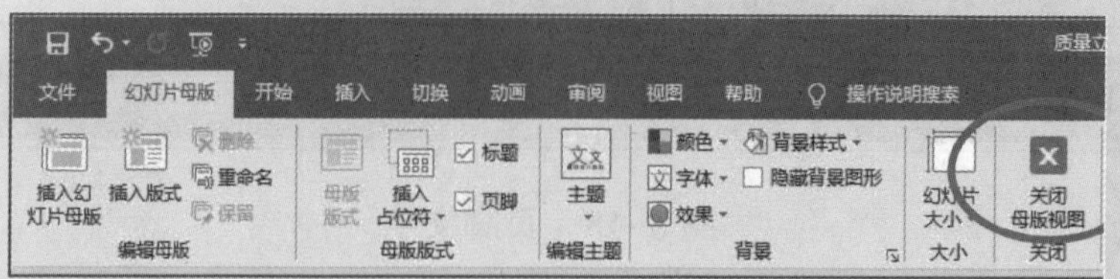

图 8-21　关闭母版

②返回普通视图后，选中需要使用母版的幻灯片，在“开始”选项卡的“幻灯片”组中单击“版式”下拉按钮，在弹出的下拉列表中有刚刚设置的两种母版版式，根据内容选择对应的母版版式，如图 8-22 所示。

应用母版后，所有的幻灯片都自动应用了主母版的版式；根据内容，选中某一张幻灯片，单击“版式”下拉按钮，在弹出的下拉列表中选择子母版中的版式，该页即可单独使用子母版中的版式。

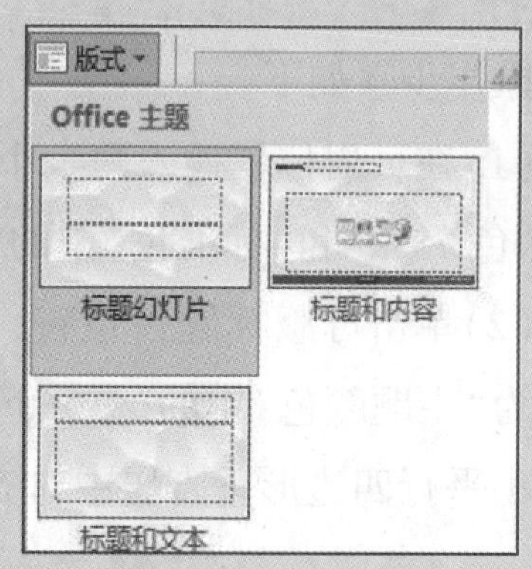

图 8-22　应用母版

任务三　宣传片封面制作

【任务分析】

本任务的目标是为《打造特色产业 助力乡村振兴》演示文稿制作封面，封面元素分为图形和文字，主要利用形状制作图形，利用“形状填充”改变图片的形状，同时对图形和文字进行布局和配色。本任务分解成如图 8-23 所示的 3 步来完成。

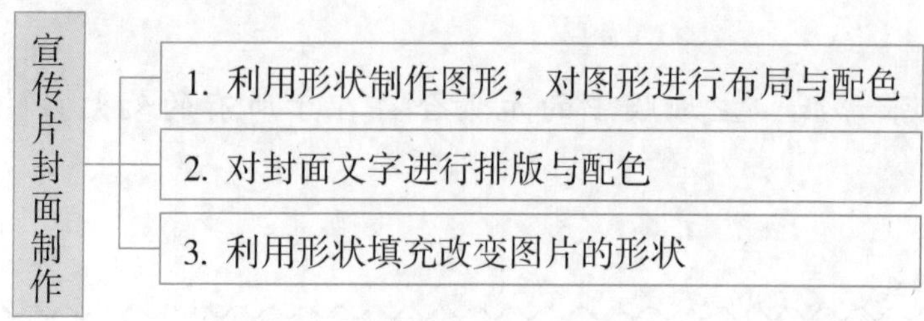

图 8-23　任务三分解

【知识储备】

形状与形状格式

形状视频案例

利用形状可以为文稿添加多种多样的形状图形元素，也可以利用形状对图片进行处理，改变图片的形状。

对形状图形进行形状格式设置，分为形状选项和文本选项。两项中均包含填充与线条、效果、大小与属性三个方面。

【任务实施】

1. 利用形状制作图形，对图形进行布局与配色

图形色块是封面构图饱满的重要元素，利用形状可以组合不同的图形，通过布局和配色让构图和谐平衡，产生韵律。

在第 1 张幻灯片中插入两个矩形。

操作步骤如下。

(1) 打开“打造特色产业 助力乡村振兴 . pptx”文档，选中第 1 张幻灯片，在页脚位置插入一个矩形，调整大小和位置，填充颜色为“主题颜色”中的“浅灰色，背景 2，深色 75%”，无轮廓。

(2) 在幻灯片舞台中间位置再次插入一个矩形，调整大小，填充颜色为“标准色”中的“深红”，无轮廓。此时幻灯片效果如图 8-24 所示。

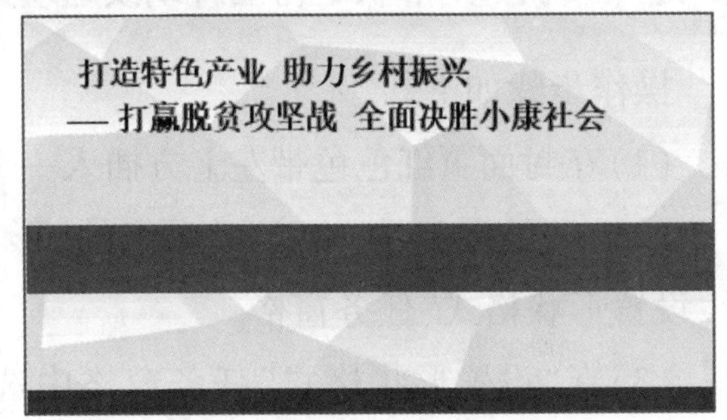

图 8-24　封面图形

2. 对封面文字进行排版与配色

文字排版对整体布局起着至关重要的作用，文字排版注意主标题和副标题文字的大小区别、颜色区别，字体一致，配色上尽量选择封面中的主色调以及黑白色。

在封面页对标题文字进行设置。

操作步骤如下。

(1) 在主标题“打造特色产业 助力乡村振兴”文本框的边框上右击，在弹出的快捷菜单中选择“置于顶层”选项，并将其移动到红色色带右侧。对主标题文字设置为“微软雅黑，白色，字号 36”，如图 8-25 所示。

(2) 在红色色带上方插入一个文本框，输入“助农服务 乡村旅游 乡村文化”，设置字体为“微软雅黑，黑色，字号 16”，将文字间距适当调宽。在文字上下各插入一条黑色直线。

(3) 调整文本框的位置，效果如图 8-26 所示。

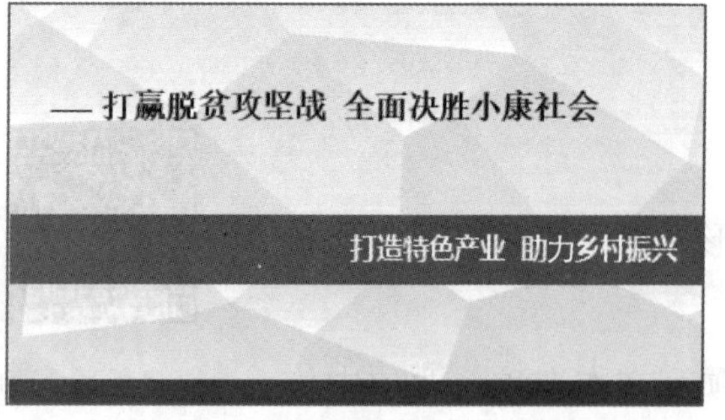

图 8-25　封面主标题设置

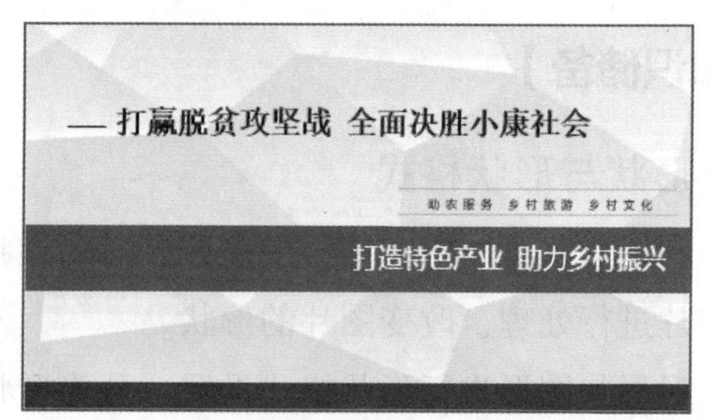

图 8-26　插入文本框

小技巧： 文字的颜色一般使用无色系(黑白灰色)，黑白色为百搭颜色，主标题等大号或者字数多的文字，大多使用无色系，副标题或者少量的装饰性文字，可采用封面中的主色调颜色、辅色调颜色、点睛色颜色等。

3. 利用形状填充改变图片的形状

利用 PowerPoint 软件中的形状填充，可以对图片的形状进行改变。

插入形状，对形状进行图片或纹理填充。

操作步骤如下。

(1)在封面页红色色带左上方插入一个平行四边形，如图 8-27 所示。

(2)在“绘图工具/格式”选项卡的“形状样式”组中单击右下角的“对话框启动器”按钮，打开“设置形状格式”任务窗格。

(3)在“设置形状格式”任务窗格中选中“填充”中的“图片或纹理填充”单选按钮，如图 8-28所示。然后单击“插入”按钮，选择“图片素材”文件夹中的“民族活动 .jpg”。

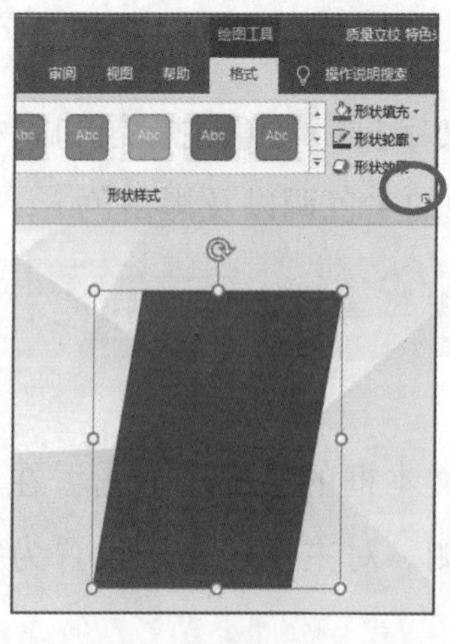

图 8-27　插入平行四边形

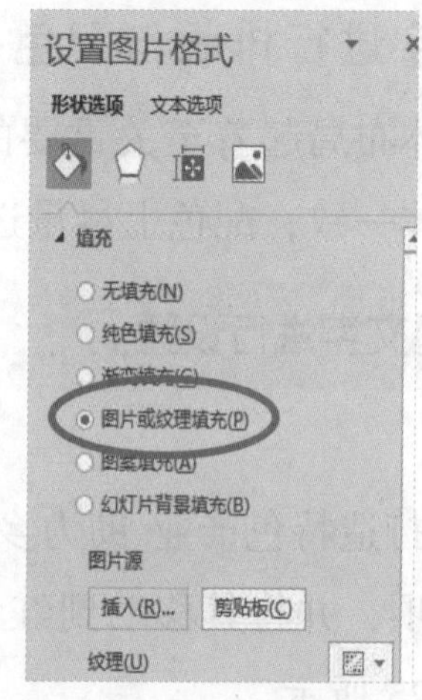

图 8-28　图片填充

(4)在“设置图片格式”任务窗格的“线条”中选择“无线条”单选按钮。调整图片大小和位置，效果如图 8-29 所示。

（5）利用相同的方法，参照图8-30，对另外3张图片“剪纸.jpg、采茶.jpg、番茄.jpg”进行布局。

图8-29 调整图片位置和大小

图8-30 布局其他3张图片

（6）移动副标题“打赢脱贫攻坚战 决胜全面小康”到第2张图片的上方，设置字体为“微软雅黑，12”、字体颜色为“浅灰色，背景2，深色75%”。副标题的位置和封面最终效果如图8-31所示。

图8-31 封面效果图

（7）保存文档。

小技巧：在特定形状中填充图片时，图片可能存在一定的变形，可利用“设置图片格式”任务窗格中上下左右的“偏移”调整图片，如图8-32所示。

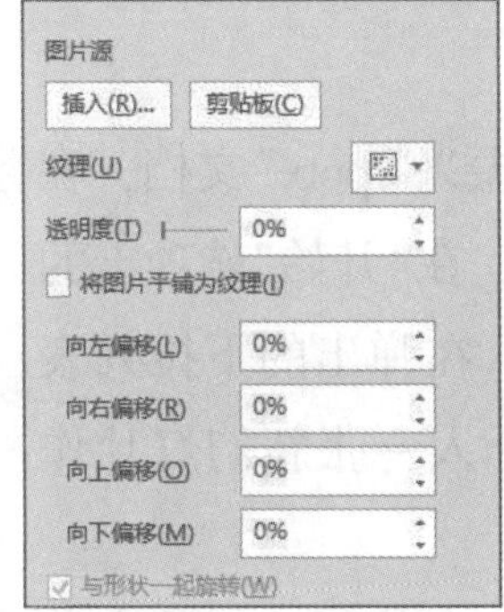

图8-32 偏移图片

任务四 宣传片目录页制作

【任务分析】

本任务的目标是为《打造特色产业 助力乡村振兴》宣传片制作目录页，目录页的制作要求结构清晰，简约大气。本任务分解成如图 8-33 所示的 3 步来完成。

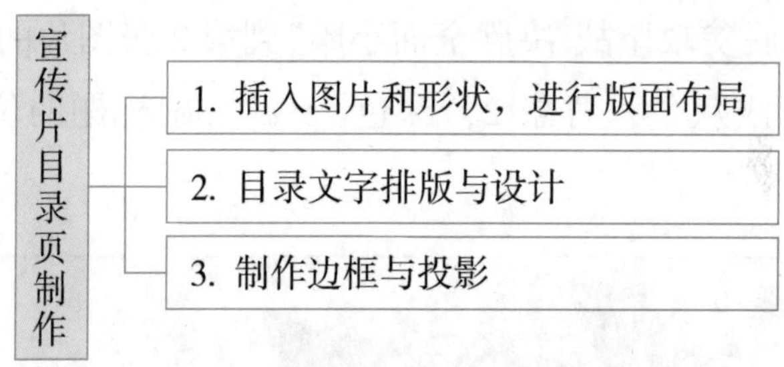

图 8-33　任务四分解

【知识储备】

插入对象

在 PowerPoint 2019 中，可以利用“插入”选项卡插入表格、图片、图表、视频、音频等多种对象，其插入方法类似于 Word。此外，还可以利用“幻灯片版式”插入各种对象。

【任务实施】

1. 插入图片和形状，进行版面布局

新建 1 张幻灯片作为目录页，并插入图片。

操作步骤如下。

（1）打开“打造特色产业 助力乡村振兴 . pptx”文档，在普通视图模式下的幻灯片浏览窗格，单击第 1 张和第 2 张幻灯片之间的空白处，在“开始”选项卡的“幻灯片”组中单击“新建幻灯片”按钮，在弹出的下拉列表框中选择版式为“空白”的幻灯片，则插入一张新幻灯片作为目录页。

（2）选中第 2 张幻灯片，在幻灯片左侧插入“图片素材”文件夹中的“民族活动 . jpg”图片，并对图片进行裁剪和缩放，调整其位置，效果如图 8-34 所示。

图 8-34　插入图片

插入形状，制作目录文字的立体背景。

操作步骤如下。

(1) 在目录页幻灯片的中间位置插入一个矩形，设置填充颜色为“标准色”中的“深红”，无轮廓，如图 8-35 所示。

(2) 在矩形的右下部插入一个“直角三角形”。

(3) 选中三角形，在“绘图工具/格式”选项卡的“排列”组中单击“旋转”按钮，在弹出的下拉菜单中选择“垂直翻转”选项，如图 8-36 所示。

(4) 设置该三角形的填充颜色为“主题颜色”中的“浅灰色，背景 2，深色 75%”，无轮廓，并调整其位置和大小，效果如图 8-37 所示。插入直角三角形的目的是让其上面的矩形产生阴影，形成立体感。

图 8-35 插入矩形

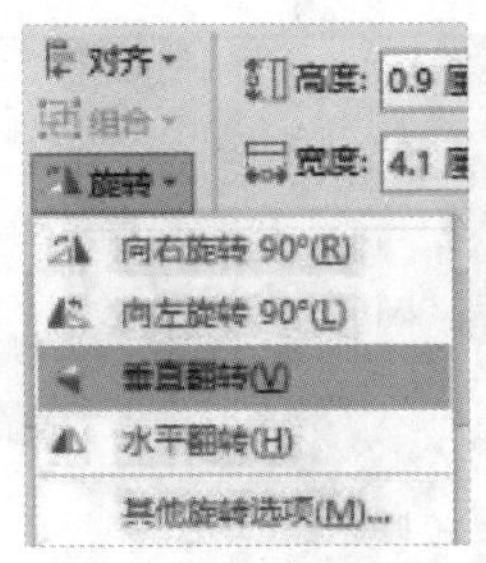

图 8-36 垂直翻转

图 8-37 设置三角形

2. 目录文字排版与设计

输入目录文字，并进行排版。

操作步骤如下。

(1) 鼠标指针指向矩形并右击，在弹出的快捷菜单中选择“编辑文字”选项。

(2) 输入文字“目录 CONTENTS”，字体设置为“微软雅黑，20，白色”，可适当调整矩形的大小，效果如图 8-38 所示。

图 8-38 输入文字

(3) 在矩形右侧插入两个文本框，一个文本框输入“PART 01.”，字体设置为“微软雅黑，24，黑色”；另一个文本框输入“助农服务 Agricultural Services”分两行显示，“助农服务”字体设置为“微软雅黑，20，黑色，加粗”；“Agricultural Services”字体设置为“微软雅黑，11，黑色，加粗”。调整两个文本框的位置，按住 Ctrl 键选中两个文本框，将其进行组合，如图 8-39 所示。

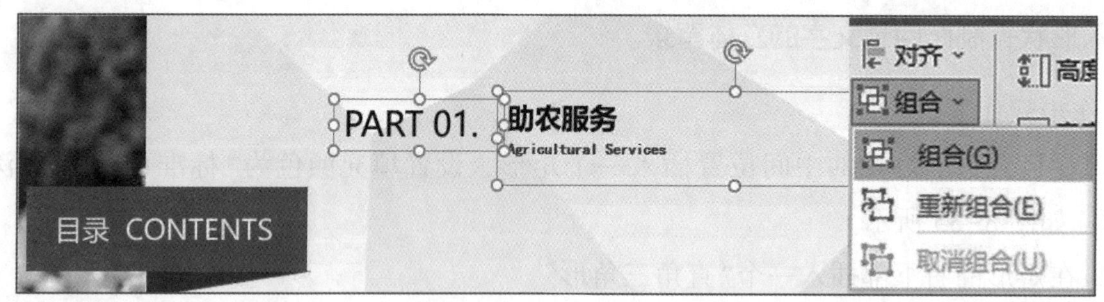

图 8-39　组合文本框

(4)用相同的方法完成目录“PART 02. 乡村旅游 Rural Tourism”和“PART 03. 乡村文化 Rural Culture”的制作。

(5)按住 Ctrl 键同时选中三组文本框，利用对齐工具将三组文本框“左对齐”且“纵向分布”，如图 8-40 所示。调整文本框的位置，效果如图 8-41 所示。

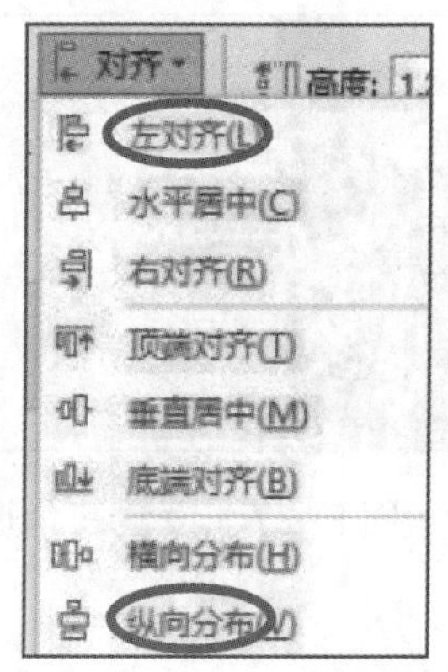

图 8-40　对齐文本框

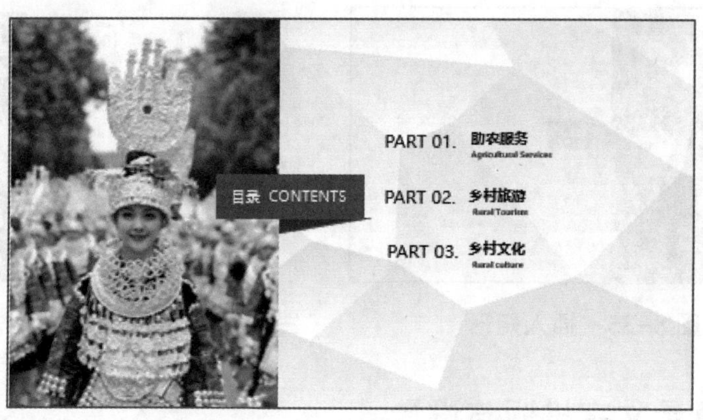

图 8-41　目录页效果

小技巧：①插入的文本框比较多的时候，要注意组合，以组合的方式进行设置，会大大提高工作效率。

②如果对母版设置的背景不满意，可以右击舞台，在弹出的快捷菜单中选择“设置背景格式”命令，在打开的“设置背景格式”对话框中进行重新设置，可单独改变这一页的背景。

3. 制作边框与投影

边框可以让视觉效果有更强的区域感，边框阴影等特效可以提高画面的立体感。

利用无填充的矩形制作边框，并设置投影效果。

操作步骤如下。

(1)在目录页幻灯片的中间位置插入一个矩形，“形状填充”为“无填充”，“形状轮廓”中的颜色为“标准色”中的“深红”，粗细为“3 磅”，效果如图 8-42 所示。

(2)选中上述矩形并右击，在弹出的快捷菜单中选择“置于底层”选项，在级联菜单中选择

“下移一层”选项，如图 8-43(a)所示，效果如图 8-43(b)所示。

图 8-42 添加边框

(a) (b)

图 8-43 下移一层

(a)快捷菜单；(b)设置效果

(3)选中矩形，在“绘图工具/格式”选项卡的“形状样式”组中单击右下角的“对话框启动器”按钮，打开“设置形状格式”任务窗格，如图 8-44 所示，单击“形状选项”的“效果”按钮，在“阴影”选项区域中，“预设”选择“外部”的“偏移：右下”，可以根据需要对阴影的透明度、大小、角度、距离等进行调整，这里使用默认设置，效果如图 8-45 所示。

(4)保存文档。

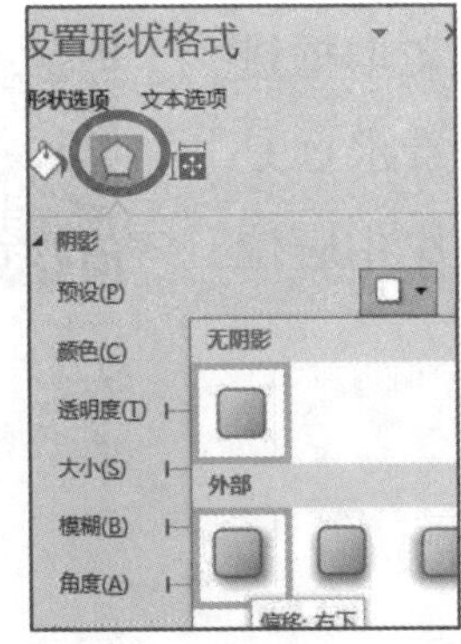

图 8-44 阴影设置

图 8-45 目录页效果

任务五 宣传片过渡页制作

【任务分析】

本任务的目标是为《打造特色产业 助力乡村振兴》宣传片制作过渡页，过渡页起着承上启下的作用，能够向观众表明前面的内容已经结束，新的内容即将开始，并将新内容的主题和中心思想传递给观众。这样会使演讲稿条理更加清晰，层次更加分明。本任务分解成如图8-46所示的2步来完成。

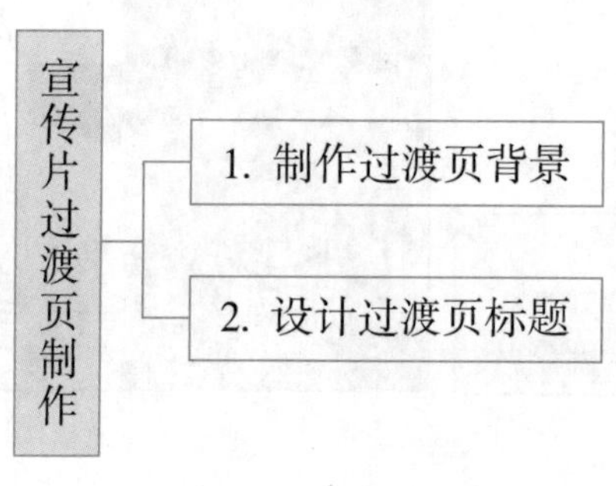

图 8-46　任务五分解

【知识储备】

幻灯片背景填充

文本框是放置文本的容器，使用文本框可以将文本放置在页面的任意位置，文本框也属于一种图形对象，因此可以为文本框设置各种边框格式、选择填充色、添加阴影，也可以对文本框中的文字设置字体格式和段落格式。

PowerPoint 2019 在文本框设置里，新增了一个新的功能，对文本框进行填充时，可以进行幻灯片背景填充，这个功能使得文本框的背景永远是幻灯片的背景，且不论文本框移动到哪里，背景自动切换到幻灯片相应位置的背景，使得文本框背景和幻灯片背景融合在一起。

幻灯片背景填充视频案例

【任务实施】

1. 制作过渡页背景

过渡页主要传递即将演讲的内容主题和顺序号，所以背景可以选择干净的背景，利用图形将内容主题和顺序号表现出来。

插入图片和形状，组合成新背景。

操作步骤如下。

(1)打开“打造特色产业 助力乡村振兴 . pptx”文档，在普通视图模式的幻灯片浏览窗格，在第 2 张和第 3 张幻灯片之间新建一张空白幻灯片作为过渡页幻灯片。

(2)选中第 3 张幻灯片，插入“图片素材”中的“采茶 . jpg”图片，并进行裁剪，放在幻灯片舞台左侧。

(3)在图片右侧插入一个矩形，设置该矩形的颜色为“标准色”中的“深红”，无轮廓，效果如图 8-47 所示。

(4)按住 Ctrl 键的同时选中图片和矩形，将图片和矩形进行组合，右击此组合，在弹出的快捷菜单中选择“另存为图片”选项，将其保存在桌面上，文件名为“过渡页背景 . jpg”。

(5)把该组合删除，右击舞台，在弹出的快捷菜单中选择“设置背景格式”选项，弹出“设置背景格式”任务窗格，如图 8-48 所示，选中“图片或纹理填充”单选按钮，单击“插入”按钮，选择刚刚保存的“过渡页背景 . jpg”图片。这样图片“过渡页背景 . jpg”就成为过渡页的背景了。

图 8-47 过渡页背景

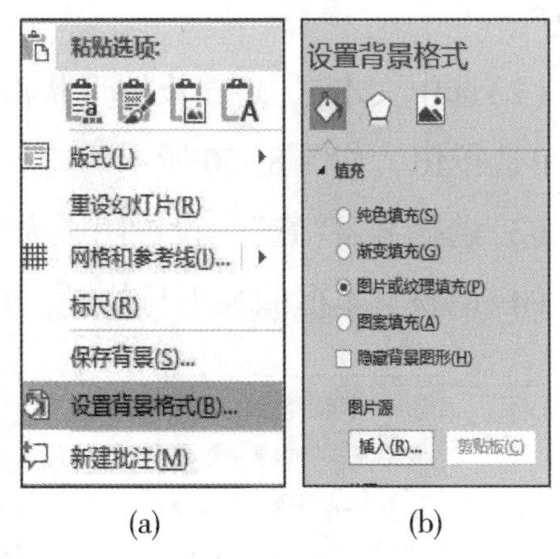

(a) (b)

图 8-48 重新插入背景

2. 设计过渡页标题

宣传片的内容分为三部分，分别为“助农服务”“乡村旅游”“乡村文化”。所以需要制作 3 张过渡页幻灯片。

制作标题的边框，设置边框阴影。

操作步骤如下。

(1)在过渡页舞台中间位置插入一个“矩形”，“形状填充”为“无填充”；“形状轮廓”颜色“白色”，粗细为“6 磅”。调整矩形的大小与位置，效果如图 8-49 所示。

(2)在“设置形状格式”任务窗格中，单击“形状选项”的“效果”按钮，在“阴影”选项区域中，“预设”选择“外部”的“偏移：右下”，可以根据需要对阴影的透明度、大小、角度、距离等进行调整，这里使用默认设置。

图 8-49　制作标题的边框

对文本框进行“幻灯片背景填充”。

操作步骤如下。

(1)在矩形的上边框中间位置插入一个文本框，输入“壹”，字体设置为“微软雅黑、80、白色”。

(2)选中文本框，在“设置形状格式”任务窗格中选中“填充”选项区域中的“幻灯片背景填充”单选按钮，如图 8-50 所示。

(3)选择文字“壹”，设置阴影为“外部”的“偏移：右下”。

(4)调整文本框的大小与位置，效果如图 8-51 所示。

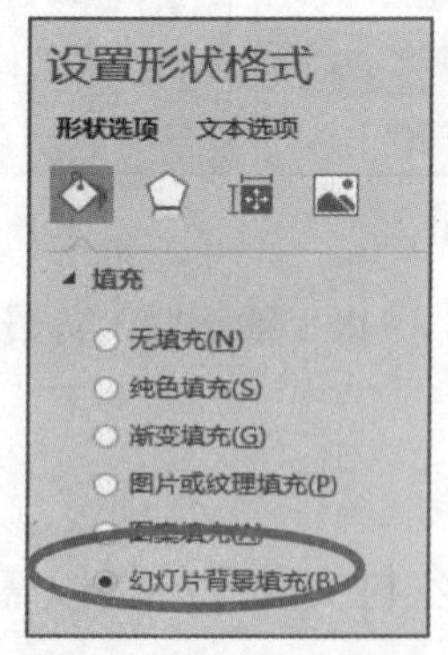

图 8-50　幻灯片背景填充

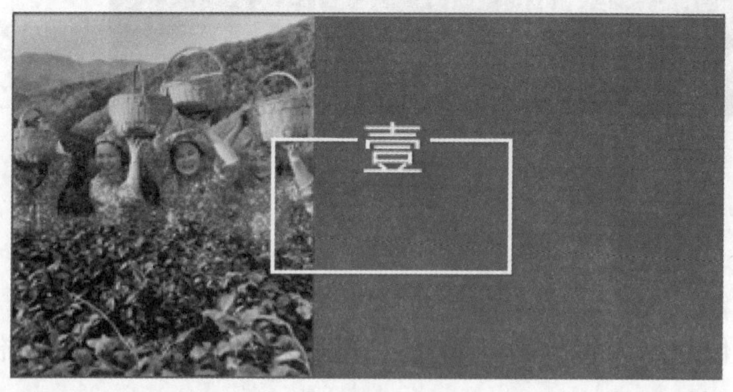

图 8-51　标题的边框效果

输入标题内容。

操作步骤如下。

(1)在边框内部插入文本框，输入标题“助农服务”，字体设置为“微软雅黑、48、白色”，并为文字添加阴影效果。过渡页的最终效果如图 8-52 所示。

(2)在幻灯片浏览窗格右击第3张幻灯片，在弹出的快捷菜单中选择“复制幻灯片”，将该幻灯片复制两份，分别将其标题内容改为“贰 乡村旅游”和“叁 乡村文化”，如图8-53所示。

图8-52 过渡页最终效果

(a) (b)

图8-53 二、三部分过渡页

(3)移动第4张幻灯片至第6张和第7张幻灯片之间，即移动至“乡村旅游”内容页的上面。

(4)移动现在的第4张幻灯片至第8张和第9张幻灯片之间，即移动至“乡村文化”内容页的上面。

任务六 宣传片“助农服务”内容页制作

【任务分析】

本任务的目标是为《打造特色产业 助力乡村振兴》宣传片制作内容页“助农服务”。本任务分解成如图8-54所示的2步来完成。

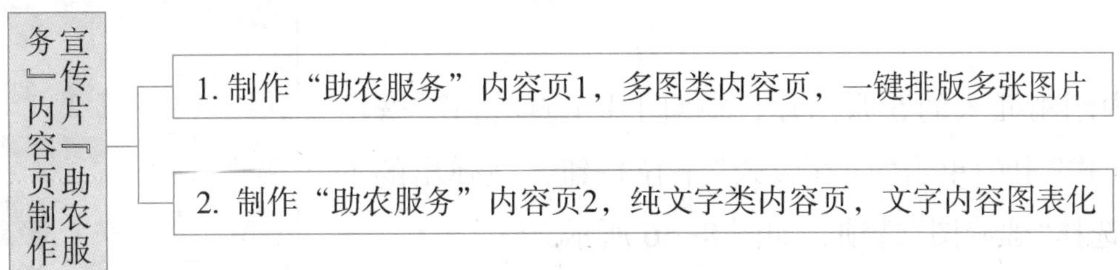

图8-54 任务六分解

【知识储备】

SmartArt 图形

SmartArt 图形是信息的一种视觉表示形式。PowerPoint 提供了多种不同布局的 SmartArt 图形，利用 SmartArt 图形可以快速、轻松、有效地传达信息。

【任务实施】

1. 制作“助农服务”内容页 1，多图类内容页，一键排版多张图片

“助农服务”的内容分为两张幻灯片进行展示，第一张主要为“助农服务”的图片展示，可以利用 SmartArt 图形版式，一键排版多张图片和文字。

插入 SmartArt 图形，一键排版多张图片。

操作步骤如下。

(1) 在第 3 张和第 4 张幻灯片之间新建一张空白幻灯片，即在过渡页“壹 助农服务”后面新建一张空白幻灯片。选中第 4 张幻灯片，在“开始”选项卡的“幻灯片”组中单击“版式”下拉按钮，在弹出的下拉列表框中选择前面制作的内容页母版版式，空白幻灯片即可应用内容页母版，如图 8-55 所示。

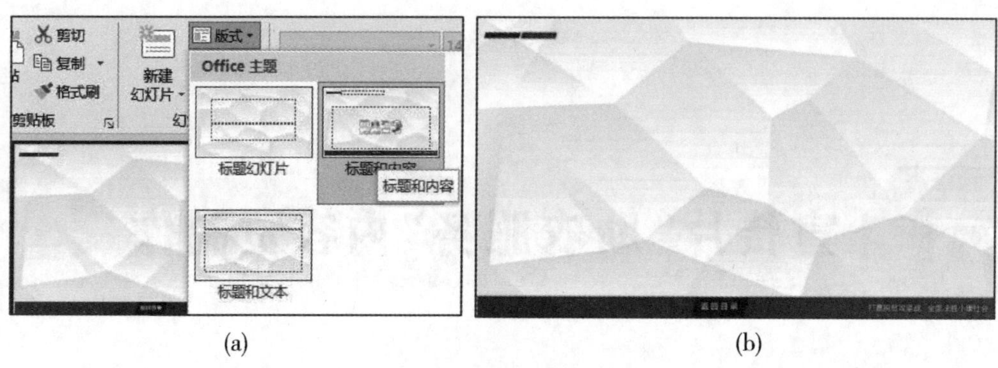

(a) (b)

图 8-55 应用母版

(2) 在页眉占位符中输入“一、助农服务”，自动应用了内容页母版对字体的设置。

(3) 插入“图片素材”文件夹的“助农”子文件夹中的 5 张图片。

(4) 选中刚刚插入的 5 张图片，在“图片工具/格式”选项卡的“图片样式”组中单击“图片版式”下拉按钮，在弹出的下拉列表框中选择“螺旋图”选项，如图 8-56 所示。

(5) 选中 SmartArt 图形组合，参照图 8-59 调整大小和位置。

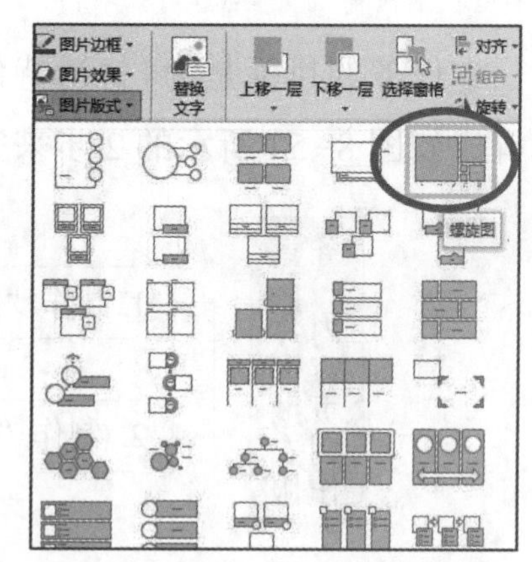

图 8-56 SmartArt 图形版式

在 SmartArt 图形的文本框中，输入文字，并设置文字效果。

操作步骤如下。

(1) 在“SmartArt 工具/设计”选项卡的“创建图形”组中单击“文本窗格”按钮，弹出“在此处键入文字”窗格，如图 8-57 所示。

图 8-57 螺旋图排版

(2)在该 SmartArt 的“在此处键入文字”窗格中输入图片的说明文字，分别为“江西脐橙、樱桃番茄、河北油菜花、江苏茶叶、余杭茶叶”。

(3)对说明文字进行颜色字体的设置。颜色为“主题颜色”中的“浅灰色，背景 2，深色 75%”，字体为“微软雅黑、14”。

将 SmartArt 图表转化为形状，删除多余形状。

操作步骤如下。

(1)选中 SmartArt 图表，在“SmartArt 工具/设计”选项卡的“重置”组中单击“转换”下拉按钮，在弹出的下拉菜单中选择“转换为形状”选项，如图 8-58 所示。

(2)选中 SmartArt 图中的小图标(蓝色小圆形)，将其全部删除。

(3)“助农服务”内容页 1 的最终效果如图 8-59 所示。

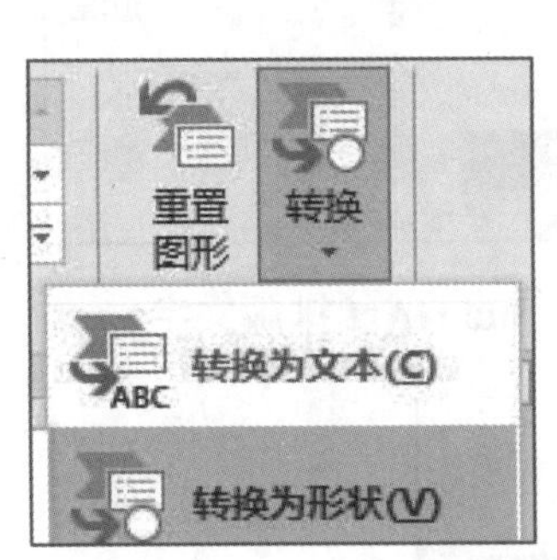

图 8-58 转换为形状

图 8-59 “助农服务”内容页 1 最终效果

小技巧：①利用 SmartArt 图形可以一键排版图文，但需要注意的是，一键排版后，多数图片会变得较小，需要整体选中，调整其大小和位置。

②一键排版后注意更改色块的颜色，与整体风格统一。

知识链接

（1）可以通过文本窗格输入和编辑在 SmartArt 图形中显示的文字。文本窗格显示在 SmartArt 图形的左侧。在文本窗格中添加内容时，SmartArt 图形会自动更新，即根据需要添加或删除形状。

（2）在文本窗格中输入不同级别文本的方法类似于在大纲浏览窗格中输入文本的方法。

（3）打开或关闭文本窗格的方法如下。

①单击 SmartArt 图形外框左侧的“扩展/收缩”按钮。

②在“SmartArt 工具/设计”选项卡的“创建图形”组中单击“文本窗格”按钮。

2. 制作“助农服务”内容页 2，纯文字类内容页，文字内容图表化

对“助农服务”内容第 2 张幻灯片的设计是纯文字展示。但是大量的文字会让观众视觉疲劳，分不清重点和层次。将文字图表化，可以让文字内容层次清晰，主题突出，画面美观。

利用 SmartArt 图形来排版文字，将文字内容图表化。

操作步骤如下。

（1）选中第 5 张幻灯片，“版式”应用“内容页母版”，效果如图 8-60 所示。

（2）选中所有文字并右击，在弹出的快捷菜单中选择“转换为 SmartArt”选项，如图 8-61 所示，在级联菜单中选择第一个选项，即“垂直项目符号列表”，此时内容页 2 的效果如图 8-62 所示。

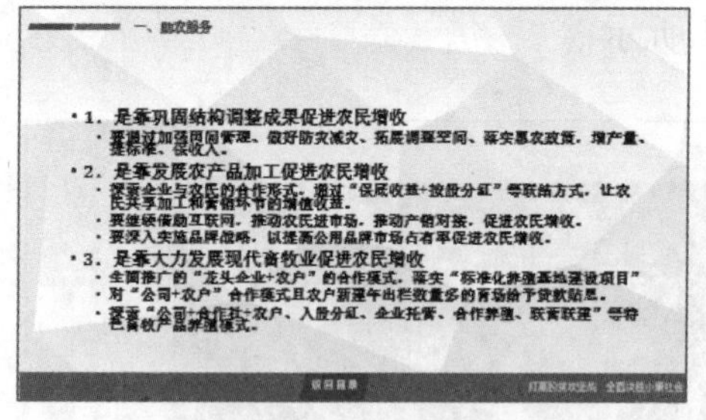

图 8-60 “助农服务”内容页 2 最初效果

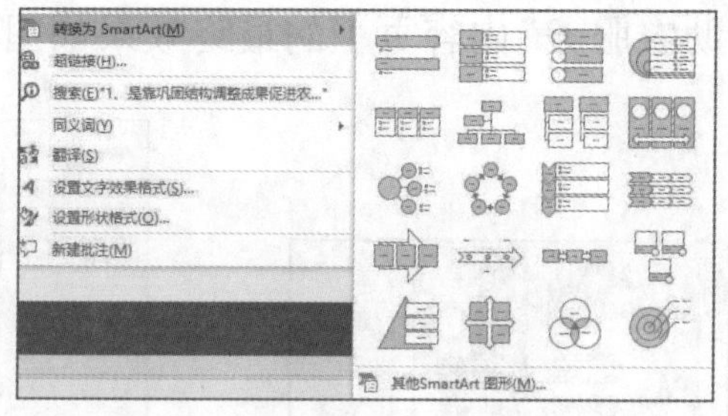

图 8-61 SmartArt 排版文字

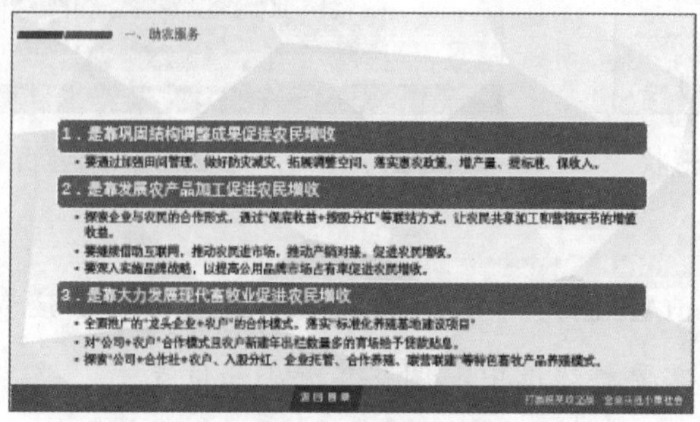

图 8-62 “助农服务”内容页 2 效果

制作边框，美化色条。

操作步骤如下。

(1)选中第一个小标题的色条，打开“设置形状格式”任务窗格，在“填充与线条”选项卡的“填充”选项区域中选中“渐变填充”单选按钮，“类型”选择“线性”，“方向”选择“线性向右”；设置两个渐变色分别为“主题颜色”中的“浅灰色，背景 2，深色 75%”和“标准色”中的“深红”，移动滑块调整渐变效果，参数设置如图 8-63 所示。

(2)在第一个小标题及其文字外侧插入一个“矩形”，设置“形状填充”为“无填充”，“形状轮廓”颜色为“主题颜色”中的“浅灰色，背景 2，深色 75%”，粗细为“1 磅”。

(3)将第一个小标题的渐变色条缩短，并调整其位置。右击矩形的边框，在弹出的快捷菜单中选择“置于底层”选项，效果如图 8-64 所示。

(4)用同样的方法制作其他小标题的边框。

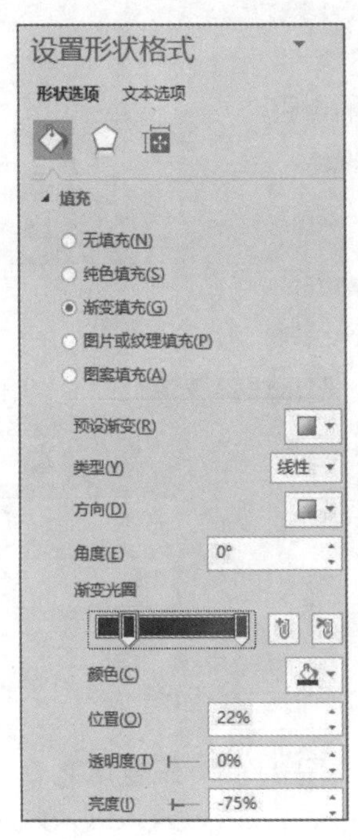

图 8-63　渐变填充设置

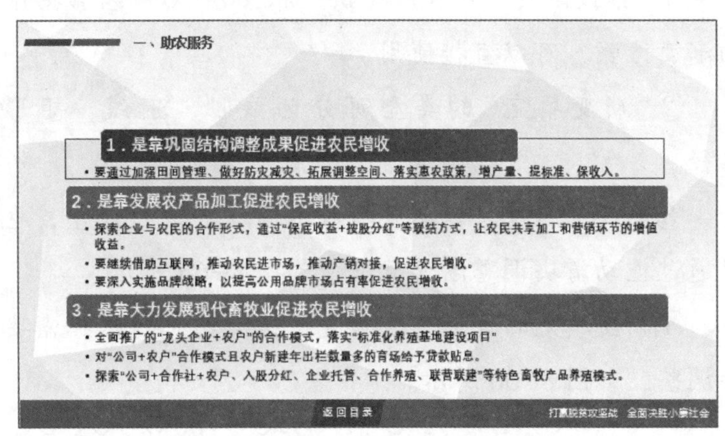

图 8-64　第一个小标题的边框效果

文字格式设置。

操作步骤如下。

(1)小标题的字体设置为“微软雅黑、16、白色”。

(2)其他文字字体设置为“微软雅黑、14、黑色”；行间距选择“多倍行距”中的“1. 25”。

(3)为各矩形框设置阴影，在“设置形状格式”任务窗格中，设置“外部右下”的阴影，这样为灰色边框添加了阴影，增强了立体感。

(4)调整各矩形框的大小和位置。最终效果如图 8-65 所示。

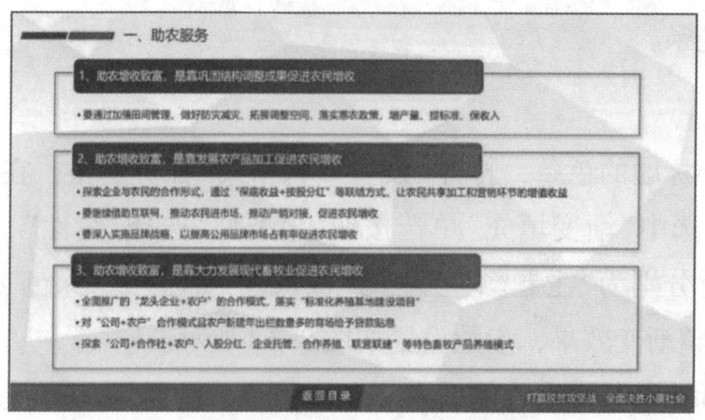

图 8-65 “助农服务”内容页 2 最终效果

(5)保存文档。

知识链接

在“设置形状格式”任务窗格的“填充与线条”选项卡中，“填充”选项区域中的“渐变填充”，可为形状填充多种渐变色。

①“预设渐变”为用户提供了很多样式和色彩搭配好的渐变方案，可以直接使用。

②“渐变填充”的类型可分为线性、射线、矩形和路径。

③渐变的角度可以通过输入不同度数进行调整，也可以通过拖动滑块调整渐变范围，如图 8-66 所示。

④渐变填充的位置、透明度、亮度均可以根据需要进行调整，如图 8-66 所示。

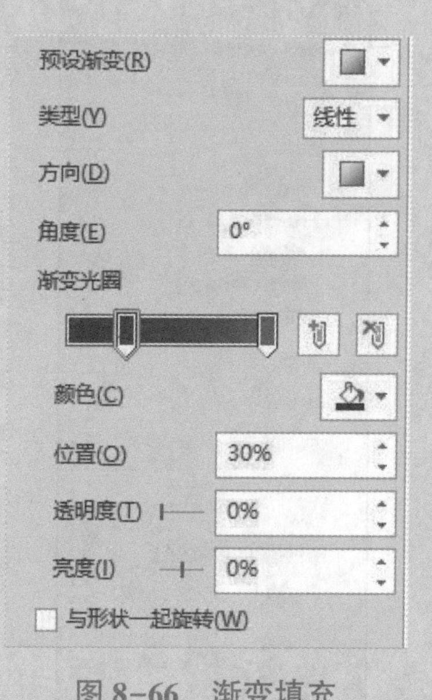

图 8-66 渐变填充

小技巧：(1)对 SmartArt 图形中的形状可以根据需要随时进行增、删、改。

①增加形状：选中形状并右击，在弹出的快捷菜单中选择“添加形状”命令，或在“SmartArt 工具/设计”选项卡的“创建图形”组中单击“添加形状”按钮。

②删除形状：选中形状，按 Delete 键。

③修改形状：选中形状并右击，在弹出的快捷菜单中选择“更改形状”命令，或在“SmartArt 工具/格式”选项卡的“形状”组中单击“更改形状”按钮。

(2)在制作含有 SmartArt 图形的幻灯片时，也可以利用“插入”选项卡“插图”组中的“SmartArt 图形”按钮实现。

任务七 宣传片“乡村旅游”内容页制作

【任务分析】

本任务的目标是通过文字排版、图片填充形状及图片动画设置为《打造特色产业 助力乡村振兴》宣传片制作内容页“乡村旅游”。本任务分解成如图 8-67 所示的 2 步来完成。

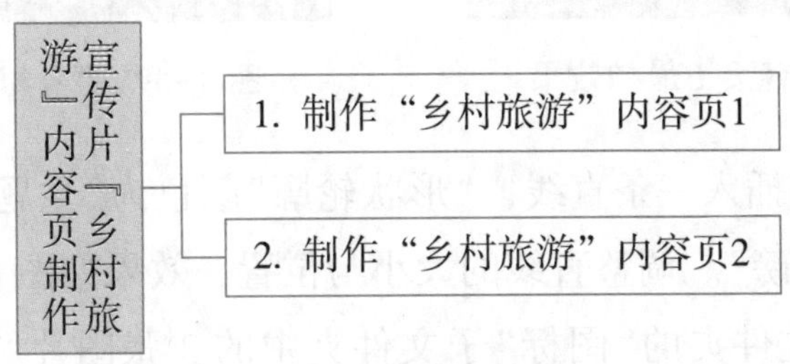

图 8-67 任务七分解

【知识储备】

动画效果

PowerPoint 的动画效果可以分为两类：一类是针对幻灯片切换的动画效果，另一类是针对幻灯片中各对象的动画效果。动画效果可以为演示文稿添加特殊的视觉或声音效果。添加动画效果的目的是突出重点、控制信息流，并增加演示文稿的趣味性。

动画设置
视频案例

【任务实施】

1. 制作“乡村旅游”内容页 1

“乡村旅游”部分需要两张幻灯片完成，分别为“乡村旅游”内容页 1 和内容页 2。

“乡村旅游”内容页 1 的设计是图文左右排版，这是幻灯片设计中最常见的排版类型，为了增加特色，可以对图文进行个性化处理，使这种常见的排版类型增加新意。

对“乡村旅游”内容页 1 的文字进行排版。

操作步骤如下。

(1) 打开“打造特色产业 助力乡村振兴 . pptx”文档，选中第 7 张幻灯片，单击“版式”按钮，应用内容页母版，最初效果如图 8-68 所示。

(2)选择文本占位符，设置字体为“微软雅黑、黑色”，行间距为“1.25”，小标题字号为“18”，其余文字字号为“14”。

(3)删除文本占位符中所有小标题编号及项目符号，所有文本左对齐。

(4)调整文本占位符的大小和位置，如图 8-69 所示。

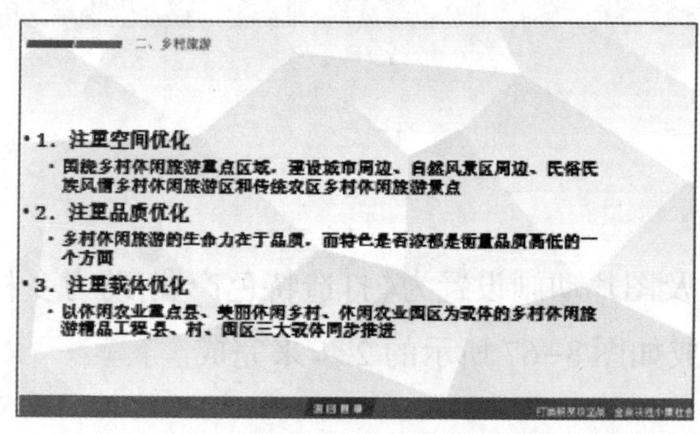

图 8-68 “乡村旅游”内容页 1 最初效果

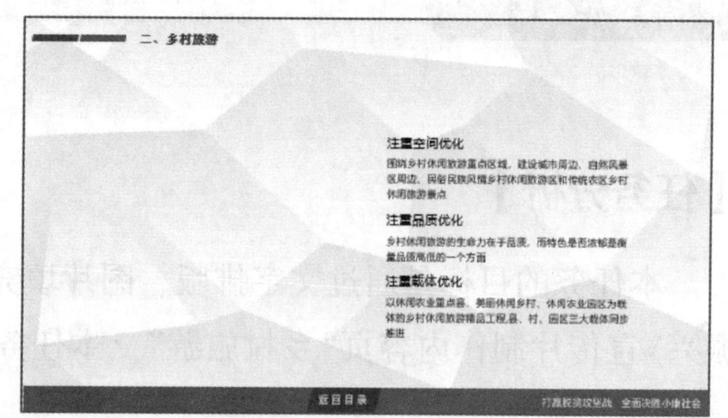

图 8-69 “乡村旅游”内容页 1 文字排版

(5)在每个小标题下面插入一条直线，“形状轮廓”颜色为“主题颜色”中的“浅灰色，背景 2，深色 75%”，粗细为“1 磅”。调整直线的大小与位置，效果如图 8-70 所示。

(6)插入“图片素材”文件夹的“图标”子文件夹中的 3 张图片“图标 1. png”“图标 2. png”“图标 3. png”，调整图片大小与位置，效果如图 8-71 所示。

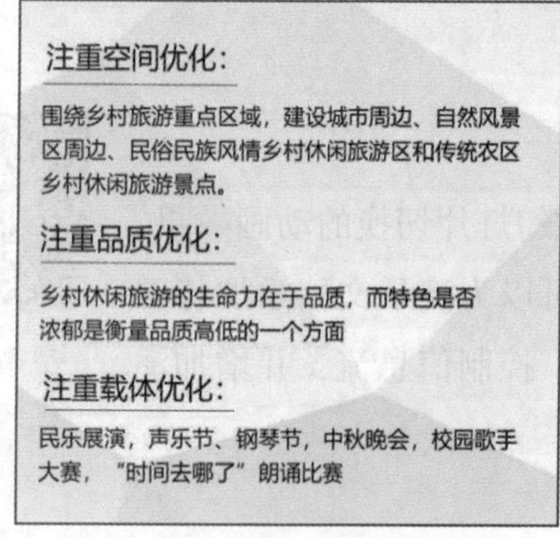

图 8-70 插入直线

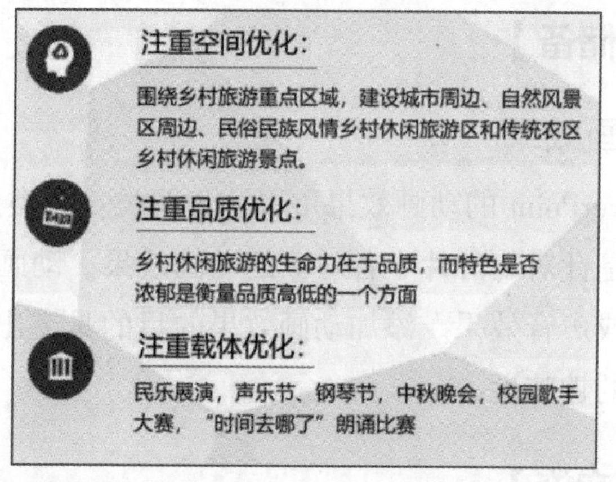

图 8-71 插入图标

利用图片填充形状，更改图片形状。

操作步骤如下。

(1)在幻灯片舞台左侧插入“图片素材”文件夹的“乡村旅游”子文件夹中的图片“采茶.jpg”，调整图片大小与位置，效果如图 8-72 所示。

(2)在图片上面插入一个圆角矩形，设置无“无轮廓”，调整大小与位置，如图 8-73 所示。

(3)将该圆角矩形复制多个，调整各个圆角矩形的位置，使之上下错落。选中所有圆角矩形，利用对齐工具中的“横向分布”，将多个圆角矩形水平平均分布，如图 8-74 所示。

图 8-72 图文左右排版

图 8-73 插入圆角矩形

(4)选中所有圆角矩形，将其进行组合。

(5)选中图片“采茶.jpg”，按 Ctrl+X 组合键将其“剪切”到剪贴板上；选中圆角矩形组合，在“设置形状格式”任务窗格的“填充与线条”选项卡中选中“填充”选项区域中的“图片或纹理填充”单选按钮。

此时图片“采茶.jpg”就变为圆角矩形组合的形状了，如图 8-75 所示。

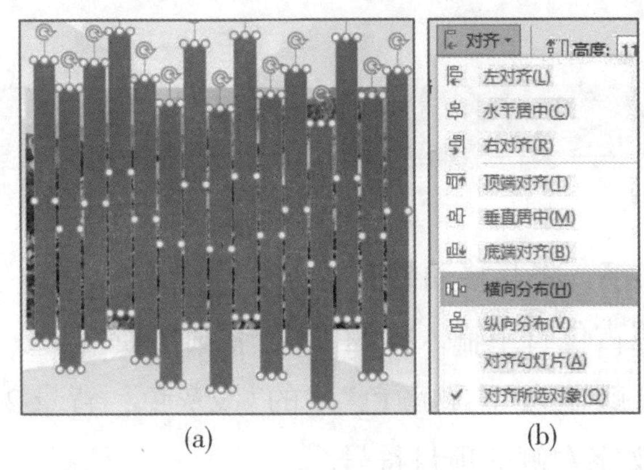

(a)

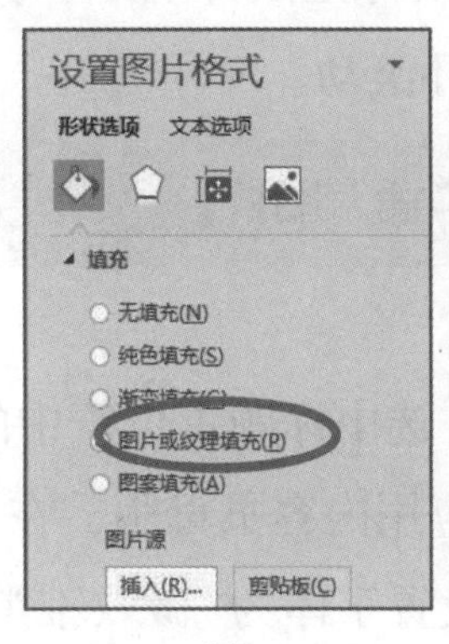

(b)

图 8-74 圆角矩形对齐

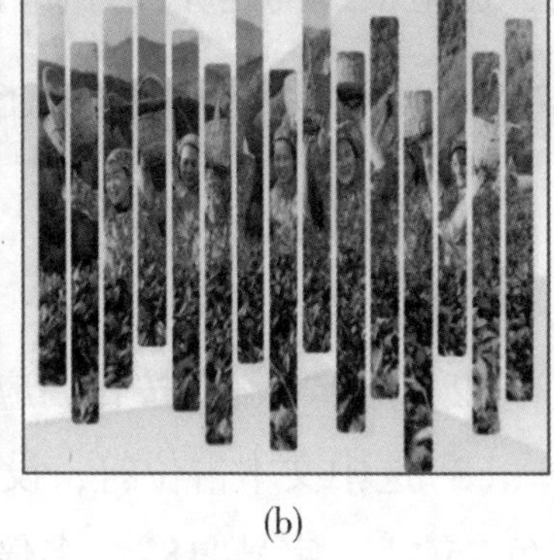

(a) (b)

图 8-75 图片填充

(6)选中填充了图片的形状组合，在“设置图片格式”任务窗格的“效果”选项卡中选择“外部，偏移：右下”的阴影，最终效果如图 8-76 所示。

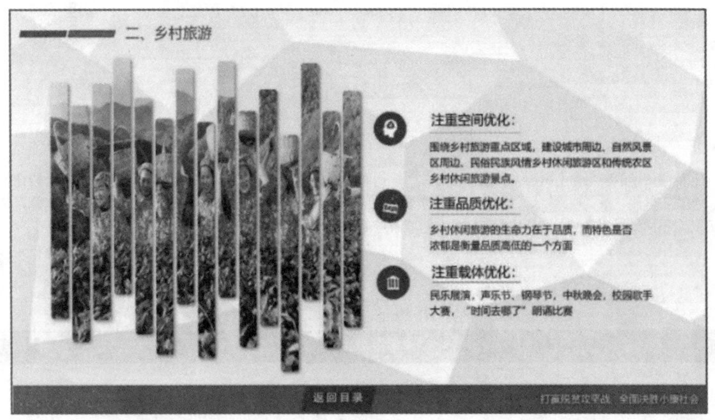

图 8-76 “乡村旅游”内容页 1 最终效果

注意：

当使用图片填充形状时，如果选中图8-77中的"将图片平铺为纹理"复选框，图片就不会因形状图形的大小而变形，会保持原来的大小，这时候可能出现图片重复，或者图片过大展示不全的情况，需要通过"偏移"进行处理，或者取消选中"将图片平铺为纹理"复选框。

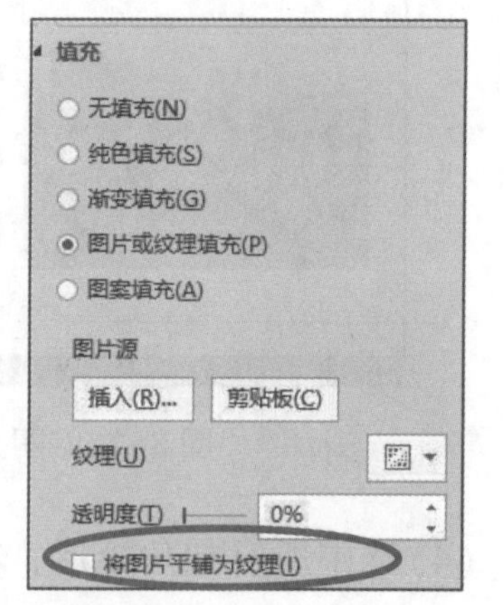

图8-77　图片平铺

2. 制作"乡村旅游"内容页2

"乡村旅游"内容页2的设计是图片展示，为了增加图片展示的活泼性，可以为其添加动画，这里设计的是让图片循环滚动。

在"乡村旅游"内容页2中插入图片。

操作步骤如下。

(1)单击第8张幻灯片，选中标题占位符中的文字，将其移动到文本占位符中。

(2)单击"版式"按钮，应用内容页母版，在页眉占位符中输入标题"二、乡村旅游"。

(3)选中文本占位符，设置字体为"微软雅黑"，颜色为"主题颜色"中的"浅灰色，背景2，深色75%"，字号"18"，多倍行距"1.25"，并删除文字左侧的项目符号。

(4)调整文本占位符的大小和位置，如图8-78所示。

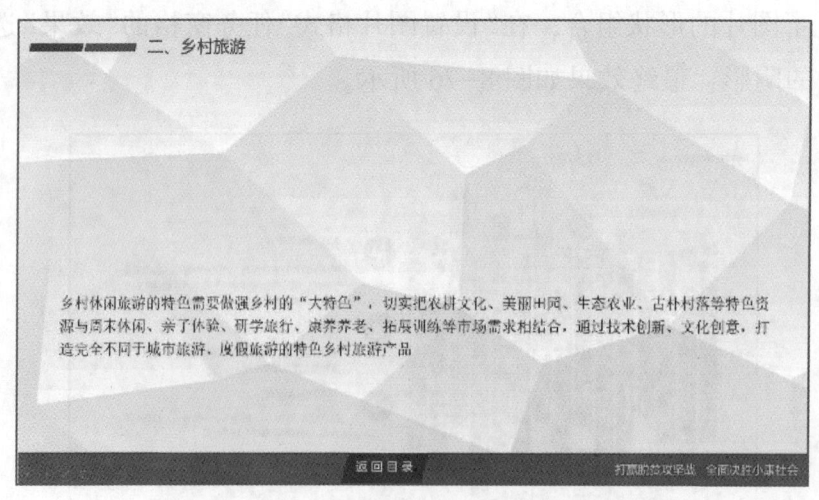

图8-78　"乡村旅游"内容页2最初效果

(5)在幻灯片舞台中间位置插入“图片素材”文件夹的“乡村旅游”子文件夹中的5张图片。将5张图片全部选中，更改图片大小，高度为“8厘米”，宽度为“6.8厘米”。将图片左右排列不留缝隙，利用“对齐”工具进行“顶端对齐”，如图8-79所示。

(6)将5张图片全部选中，进行组合，效果如图8-80所示。

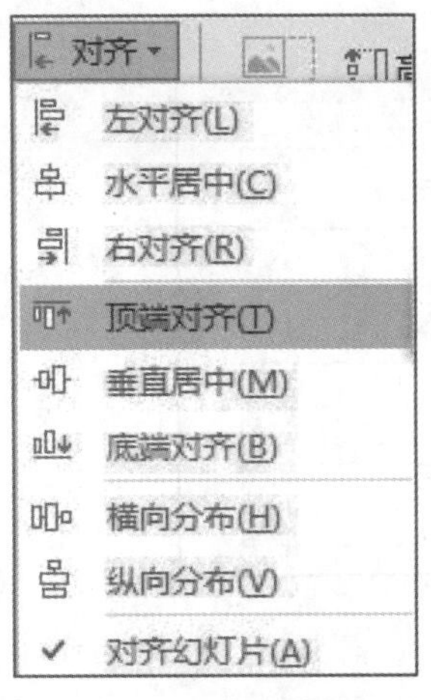

图8-79　对齐图片

图8-80　组合图片

设置组合后图片的动画效果为“飞入”。

操作步骤如下。

(1)选中该图片组合，在“动画”选项卡的“动画”组中单击动画列表右下角的“其他”按钮，在弹出的下拉列表框中选择“进入”选项区域中的 “飞入”动画，如图8-81所示。

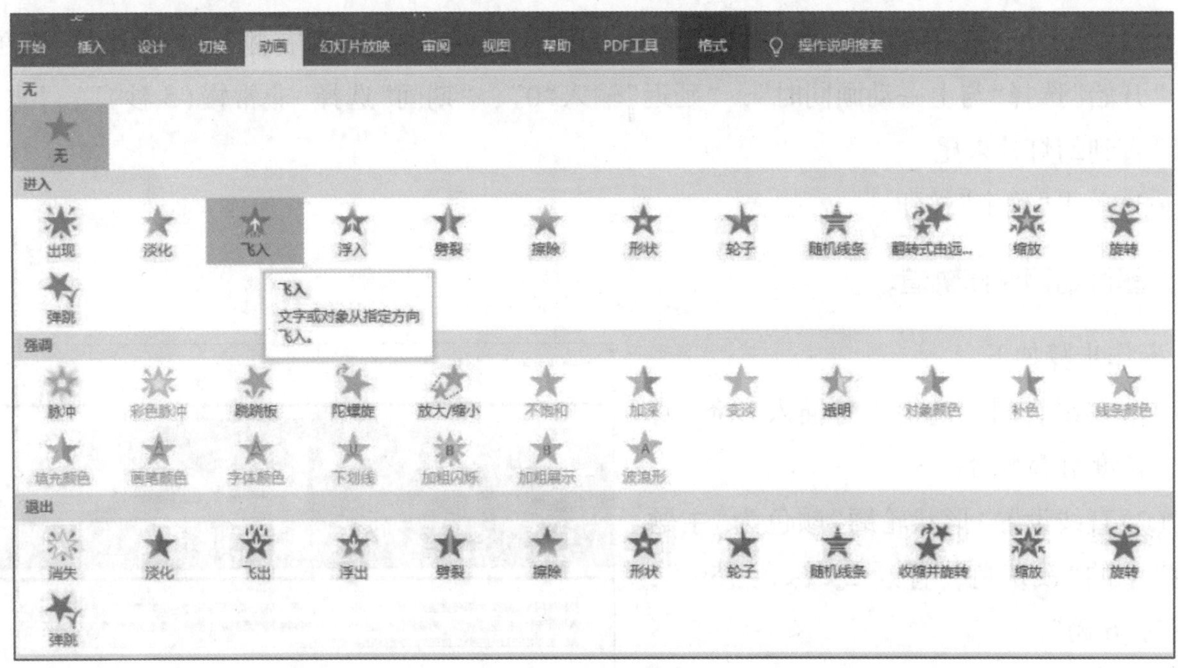

图8-81　动画类型

(2)单击“动画”组右下角的“对话框启动器”按钮，打开“飞入”对话框。

（3）在“效果”选项卡中，“方向”选择“自左侧”，如图 8-82(a)所示；在“计时”选项卡中，“开始”选择 “与上一动画同时”，“延迟”输入“0”，“期间”选择“非常慢(5 秒)”，“重复”选择“直到幻灯片末尾”，如图 8-82(b)所示。

（4）单击“确定”按钮。

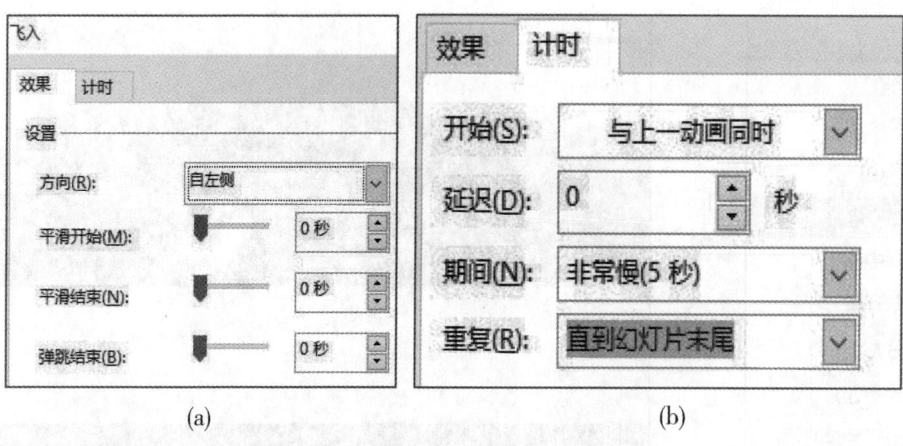

图 8-82　效果选项

(a)“效果”选项卡；(b)“计时”选项卡

复制组合后的图片，设置其动画效果为“飞出”。

操作步骤如下。

（1）复制组合后的图片，调整其位置，使其与原组合图片重合，并设置其动画效果为“退出”选项区域中的“飞出”。

（2）打开“飞出”对话框，在“效果”选项卡中，“方向”选择“到右侧”；在“计时”选项卡中，“开始”选择“与上一动画同时”，“延迟”输入“0”，“期间”选择“非常慢(5 秒)”，“重复”选择“直到幻灯片末尾”。

（3）单击“确定”按钮。

为图片动画制作轨道。

操作步骤如下。

（1）在组合图片的上下各插入一条“直线”，长度贯穿舞台。

（2）直线设置“形状轮廓”颜色为“主题颜色”中的“浅灰色，背景 2，深色 75%”，粗细为“6 磅”。

（3）“乡村旅游”内容页 2 的效果如图 8-83 所示。保存文档。

图 8-83　“乡村旅游”内容页 2 效果

知识链接

(1)在“动画”选项卡“动画”组的下拉列表框中共包含4类预置动画效果：进入、强调、退出、动作路径。前3种类型的动画效果又分为基本型、细微型、温和型、华丽型，“动作路径”动画效果分为基本、直线和曲线、特殊3种细分类型，如图8-81所示。

①如果要使文本或对象以某种效果进入幻灯片，可以选择“进入”动画效果。

②如果要使幻灯片中的文本或对象在放映中起到强调作用，可以选择“强调”动画效果。

③如果要使文本或对象在某一时刻从幻灯片中离开，可以选择“退出”动画效果。

④如果要使文本或对象按照指定的路径移动，可以选择“动作路径”动画效果。

(2)在“动画”选项卡的“高级动画”组中单击“动画窗格”按钮，可以打开动画窗格，利用动画窗格可以方便地预览动画效果、调整动画顺序、设置动画的效果。

①在动画窗格中单击“播放”按钮，可以预览当前幻灯片中的动画效果。

②单击上下按钮，可以将选中对象的动画播放顺序向前或向后移动。

③单击对象右侧的下拉按钮，在弹出下拉菜单中可以方便地设置动画效果选项、开始方式等。

④如果要删除选定对象的动画，可以在动画窗格的下拉菜单中选择“删除”选项。

任务八 宣传片“乡村文化”内容页制作

【任务分析】

本任务的目标是为《打造特色产业 助力乡村振兴》宣传片制作“乡村文化”的内容页。本任务分解成如图8-84所示的3步来完成。

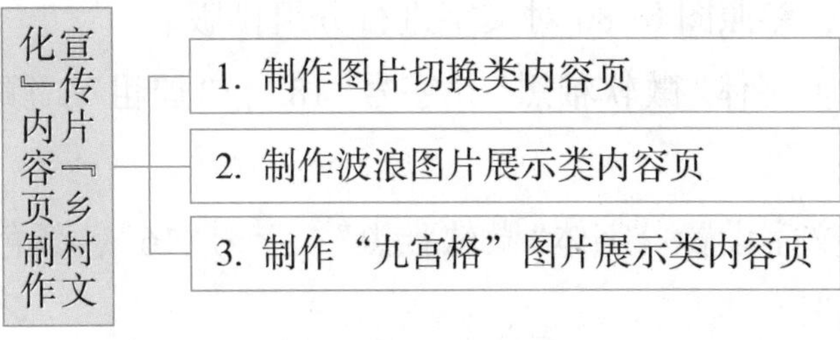

图8-84 任务八分解

【知识储备】

制作特殊的动画效果

特殊动画效果视频案例

利用图片填充形状，再为形状设置合适的动画效果，可以制作出特殊的动画效果。

【任务实施】

1. 制作图片切换类内容页

“乡村文化”部分需要3张幻灯片完成，分别为“乡村文化”内容页1、“乡村文化”内容页2和“乡村文化”内容页3。

“乡村文化”内容页1的设计是图文左右排版，因图片较多，需要在同位置进行多张图片的切换。

对第10张幻灯片中的文字进行排版。

操作步骤如下。

(1)打开“打造特色产业 助力乡村振兴.pptx”文档，选中第10张幻灯片，单击“版式”按钮，应用内容页母版，最初效果如图8-85所示。

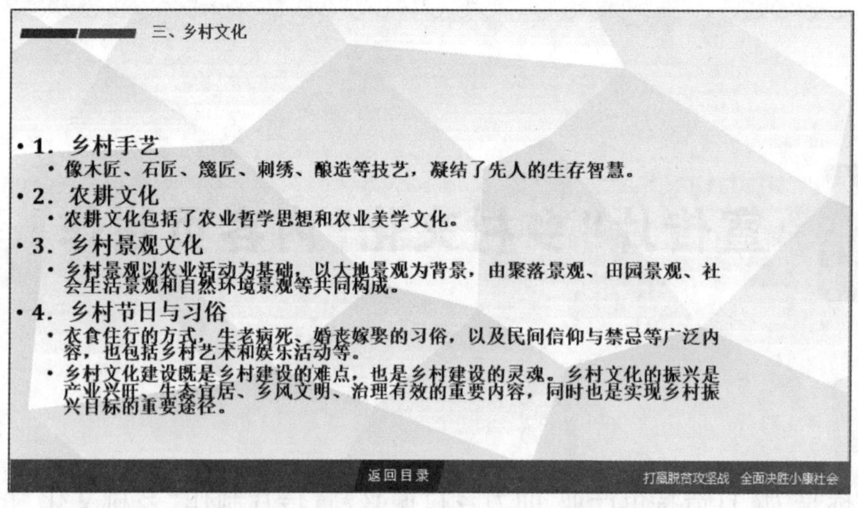

图8-85 “乡村文化”内容页1最初效果

(2)插入5个文本框，参照图8-86对文字进行分组排版。

(3)各标题文字设置：字体“微软雅黑”，字号“18”，“加粗”，颜色为“标准色”中的“深红”。

(4)除标题外的其他文字设置：字体“微软雅黑”，字号“16”，颜色为“主题颜色”中的“浅灰色，背景2，深色75%”。

(5)在最下面的文本框上面插入一条“直线”，“形状轮廓”颜色为“主题颜色”中的“浅灰

色，背景2，深色75%”，粗细为“1磅”。

(6)插入“图片素材”文件夹的“图标”子文件夹中的图片“图标4、图标5、图标6、图标7”，调整图片的大小与位置，利用“对齐”工具将文本框及图标对齐，最终效果如图8-86所示。

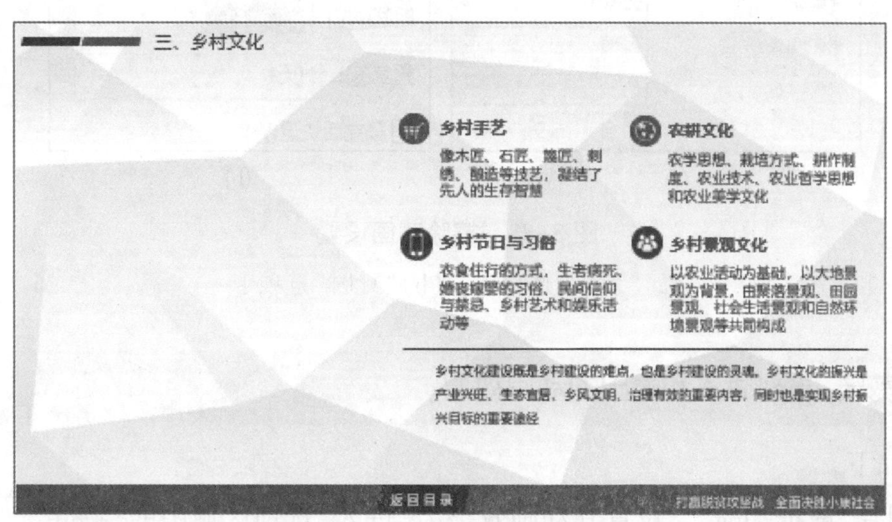

图8-86 文字排版效果

在第10张幻灯片舞台的左侧插入5张图片，并设置图片“民族活动.jpg”的动画效果。

操作步骤如下。

(1)在第10张幻灯片舞台的左侧插入“图片素材”文件夹的“乡村文化”子文件夹中的“民族活动.jpg”“剪纸.jpg”“面花.jpg”“民族画.jpg”“舞龙.jpg”5张图片，调整5张图片的大小，高度为“9.71厘米”，宽度为“12.24厘米”，参照图8-87调整图片的叠放次序，叠放次序从上到下依次为“民族活动.jpg”“剪纸.jpg”“面花.jpg”“民族画.jpg”“舞龙.jpg”。

图8-87 图片摆放和叠放次序

(2)选中图片“民族活动.jpg”，设置其动画效果为“退出”选项区域中的“擦除”。

(3)打开“擦除”对话框，在“效果”选项卡中，“方向”选择“自左侧”，如图8-88(a)所示；在“计时”选项卡中，“开始”选择“上一动画之后”，“延迟”输入“2”，“期间”选择“中速(2秒)”，“重复”选择“无”，如图8-88(b)所示。

(4)单击“确定”按钮。

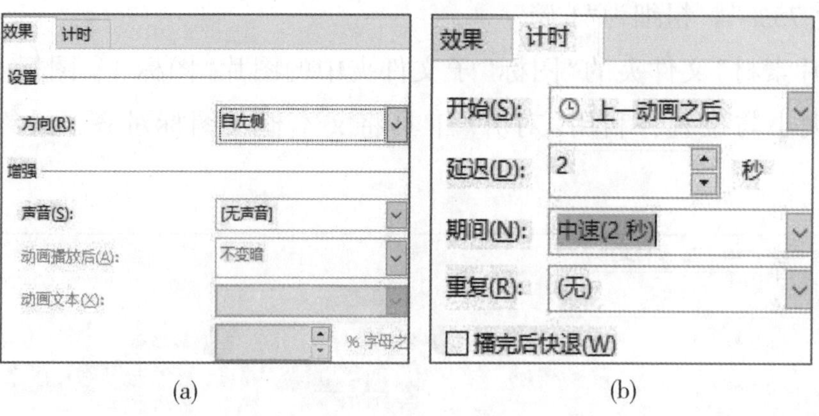

(a) (b)

图 8-88 擦除动画设置

(a)“效果”选项卡；(b)“计时”选项卡

设置图片“剪纸 . jpg”进入和退出的动画效果。

操作步骤如下。

(1)选中图片“剪纸 . jpg”，设置其动画效果为“进入”选项区域中的“擦除”。

(2)打开“擦除”对话框，在“效果”选项卡中，“方向”选择“自左侧”，如图 8-89(a)所示；在“计时”选项卡中，“开始”选择“与上一动画同时”，“延迟”输入“2. 1”，“期间”选择“中速(2 秒)”，“重复”选择“无”，如图 8-89(b)所示。

(3)单击“确定”按钮。

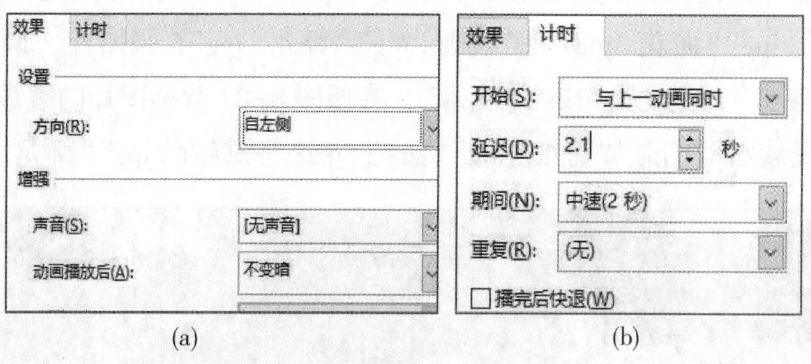

(a) (b)

图 8-89 动画设置

(a)“效果”选项卡；(b)“计时”选项卡

(4)再次选中图片“剪纸 . jpg”，在“动画”选项卡的“高级动画”组中单击“添加动画”下拉按钮，如图 8-90(a)所示，在弹出的下拉列表框中，选择“退出”选项区域中的“擦除”选项，如图 8-90(b)所示。

(5)打开 “擦除”对话框，在“效果”选项卡中，“方向”选择“自左侧”，如图 8-91(a)所示；在“计时”选项卡中，“开始”选择“上一动画之后”，“延迟”输入“2”，“期间”选择“中速(2 秒)”，“重复”选择 “无”，如图 8-91(b)所示。

(6)单击“确定”按钮。

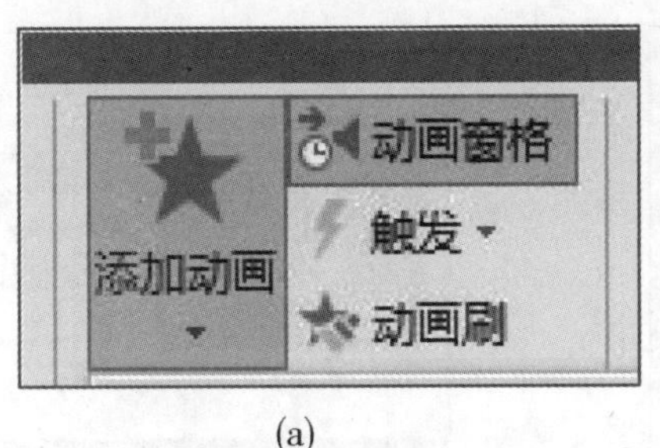

(a)

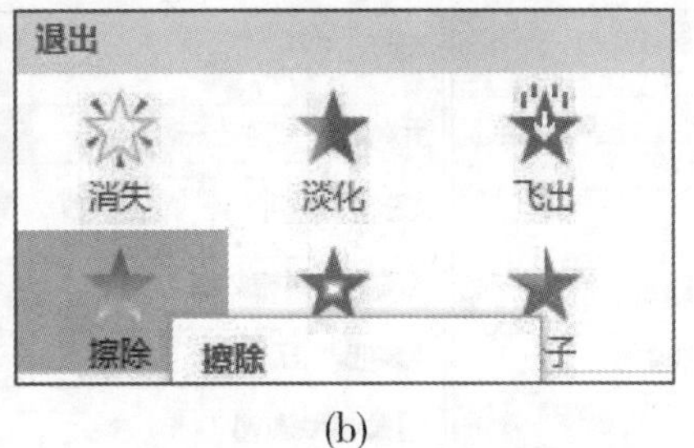

(b)

图 8-90　添加动画

(a)“添加动画”按钮；(b)“退出”选项区域

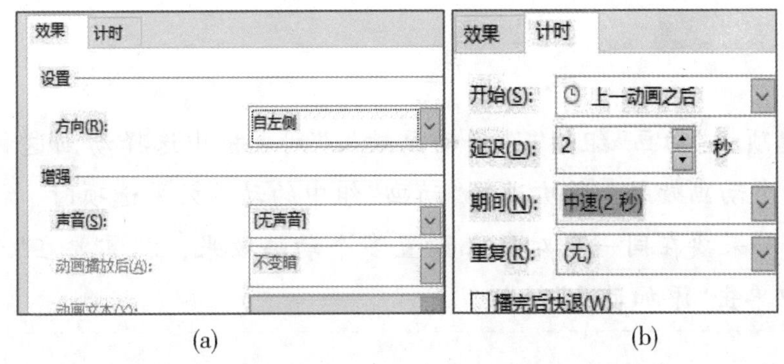

(a)　(b)

图 8-91　添加动画设置

(a)“效果”选项卡；(b)“计时”选项卡

设置图片“面花 . jpg”和“民族画 . jpg”的进入和退出动画效果。

操作步骤如下。

(1)选中“面花 . jpg”，重复操作图片“剪纸 . jpg”动画设置第 1 步到第 6 步的操作。

(2)选中“民族画 . jpg”，重复操作图片“剪纸 . jpg”动画设置第 1 步到第 6 步的操作。

设置图片“舞龙 . jpg”的动画效果。

操作步骤如下。

(1)选中图片“舞龙 . jpg”，设置其动画效果为“进入”选项区域中的“擦除”。

(2)打开“擦除”对话框，在“效果”选项卡中，“方向”选择“自左侧”，如图 8-92(a)所示；在“计时”选项卡中，“开始”选择“与上一动画同时”，“延迟”输入“2. 1”，“期间”选择“中速(2 秒)”，“重复”选择“无”，如图 8-92(b)所示。

(3)单击“确定”按钮。

(4)5 张图片的动画效果设置好之后，调整位置使 5 张图片完全重合。

(5)插入“图片素材”文件夹中的“屏幕 . png”，调整其位置，使其在 5 张图片正上面。

此时，动画设置已完成，“乡村文化”内容页 1 的最终效果如图 8-93 所示。

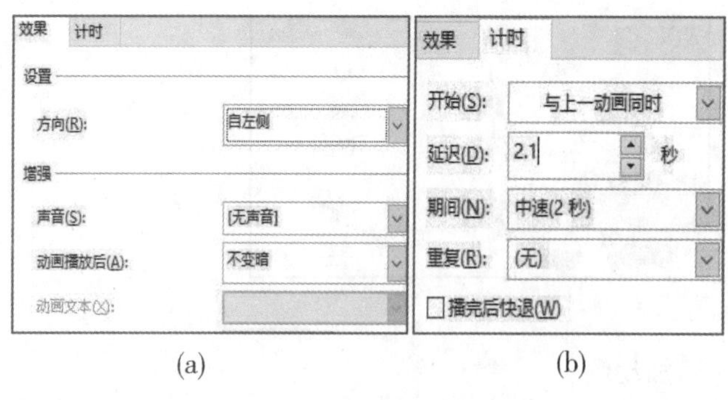

图 8-92 “舞龙”动画设置

(a)“效果”选项卡；(b)“计时”选项卡

图 8-93 “乡村文化”内容页 1 最终效果

> **注意：**
>
> 在“动画”选项卡“动画”组的“选择动画效果”列表框中选择动画这种方式，只能为同一对象设置一个动画效果，再次选择“动画”组中的动画效果选项时，视为对该对象动画效果的修改，如果要在同一个对象上设置多个动画效果，就需要在“动画”选项卡的“高级动画”组中单击“添加动画”按钮。

2. 制作波浪图片展示类内容页

“乡村文化”内容页 2 的设计是利用图片填充形状，巧用动画效果，制作波浪运动类的内容页。

对第 11 张幻灯片的文字进行排版。

操作步骤如下。

(1)选中第 11 张幻灯片，将标题占位符中的文字“1. 乡村的空间形态”移动到文本占位符中，其级别与小标题 2、小标题 3 同级。

(2)单击“版式”按钮，应用内容页母版，将标题“三、乡村文化”输入到页眉占位符中，“乡村文化”内容页 2 的最初效果如图 8-94 所示。

(3)插入 3 个文本框，将文字分为 3 组“乡村的空间形态”“乡村生产方式”“乡村生活”，分别移动到 3 个文本框中，字体均为“微软雅黑”，小标题文字字号为“18”，颜色为“标准色”中的“深红”，其他文字字号为“14”，颜色为“主题颜色”中的“浅灰色，背景 2，深色 75%”。调整文本框的大小与位置，效果如图 8-95 所示。

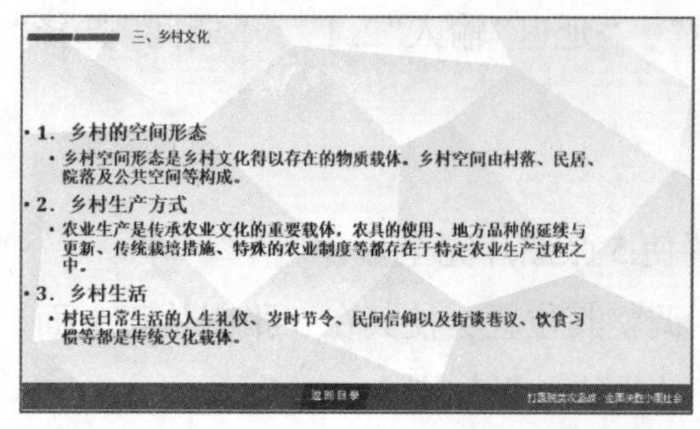

图 8-94 “乡村文化”内容页 2 的最初效果

图 8-95 文字排版

制作波浪形图片。

操作步骤如下。

(1)在第11张幻灯片舞台的中间插入“形状”中“星与旗帜”选项区域中的“波形”，设置为“无轮廓”。调整大小和位置，在“设置形状格式”任务窗格中，选中“填充”选项区域中的“图片或纹理填充”单选按钮，如图8-96所示。单击“插入”按钮，插入“图片素材”文件夹的“乡村文化”子文件夹中的“民族活动.jpg”，该图片就变成了波浪形。

(2)从“乡村文化”文件夹中选择另外3张图片重复第(1)步的操作，这样4张图片均变成波浪形，调整4张图片的位置，使其紧密摆放为一行，不留缝隙，利用对齐工具设置“顶部对齐”，这样4张图片组成了一条波浪，如图8-97所示。

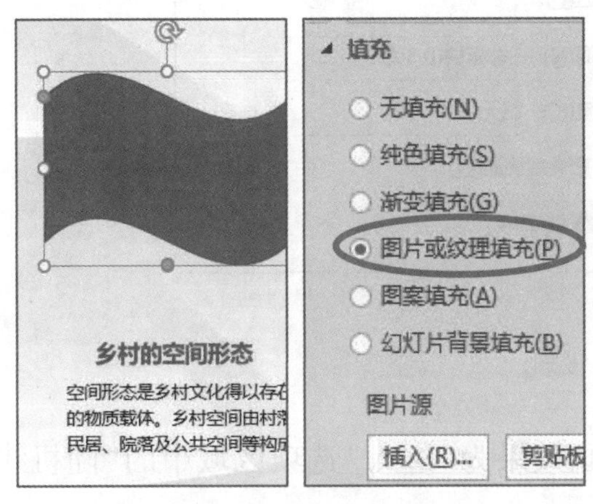

图8-96 图片填充形状

图8-97 波浪形图片

为波浪形图片设置动画效果。

操作步骤如下。

(1)选中第一个波浪形图片，设置其动画效果为“进入”选项区域的“擦除”，效果选项参数如图8-98所示。

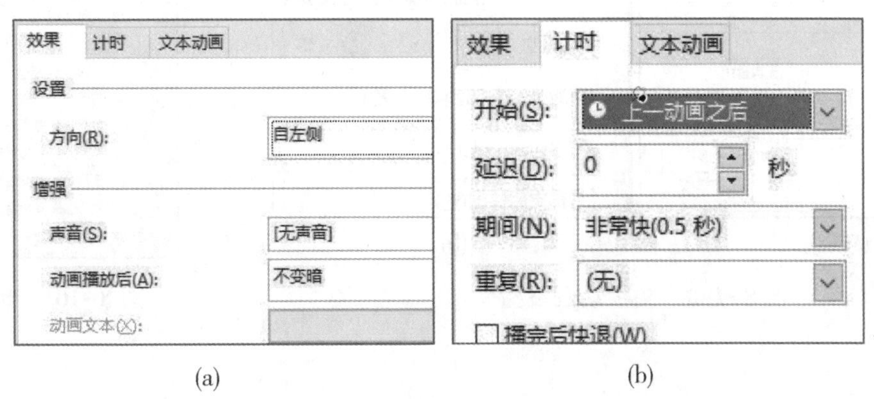

(a) (b)

图8-98 波浪形图片动画设置

(2)分别为后面3张波浪形图片设置与第一张相同的动画效果。

为各文本框文字设置动画效果。

操作步骤如下。

(1)选中第一个文本框中的标题"乡村的空间形态"，设置其动画效果为"进入"选项区域中的"缩放"，效果选项参数如图8-99所示。

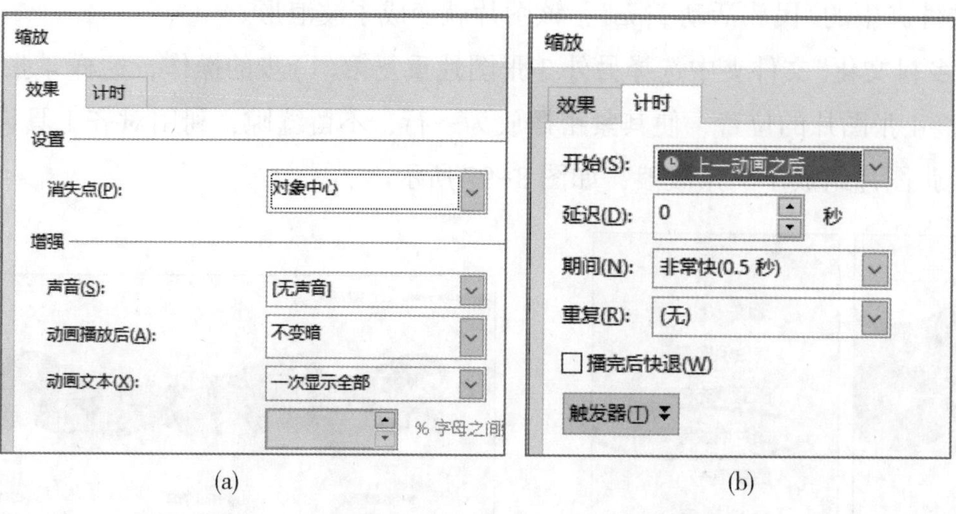

图8-99 标题文字动画设置

(2)选中第一个文本框中标题下的文字，设置其动画效果为"进入"选项区域中的"随机线条"，效果选项参数如图8-100所示。

(3)分别为后面两组文字设置与第一组文字相同的动画效果。动画窗格的最终效果如图8-101所示。

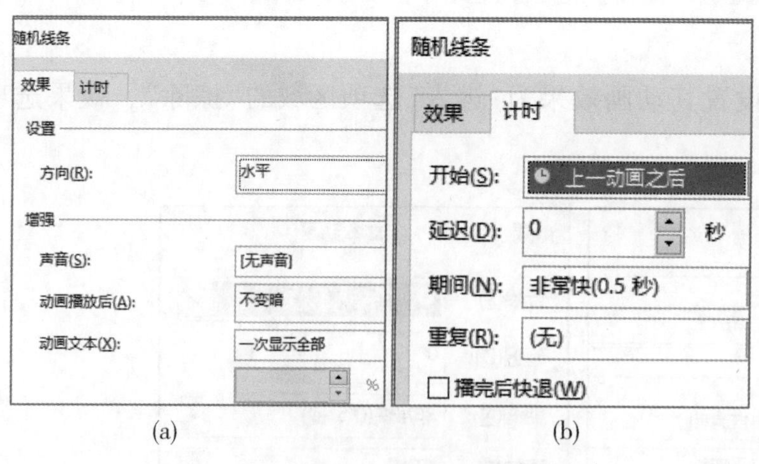

图8-100 文字动画设置

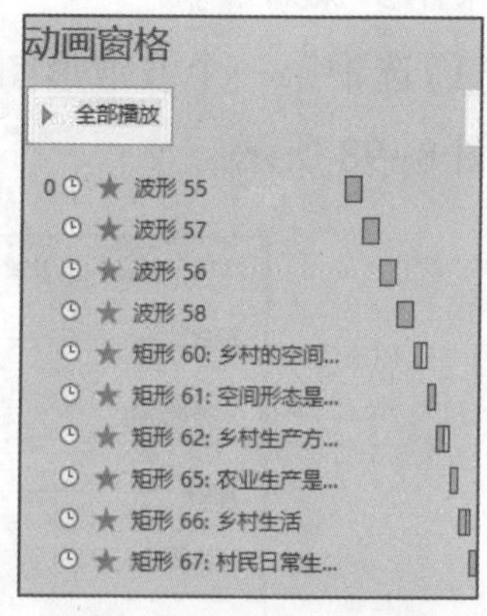

图8-101 动画窗格

知识链接

①在“动画”选项卡的“动画”组中，单击动画列表右下角的“其他”按钮，在弹出的下拉列表框中选择“更多进入效果”选项，弹出“更改进入效果”对话框，如图8-102所示，可以添加更多动画效果。

②相同操作可以添加“更多退出效果”“更多强调效果”“其他动作路径”。

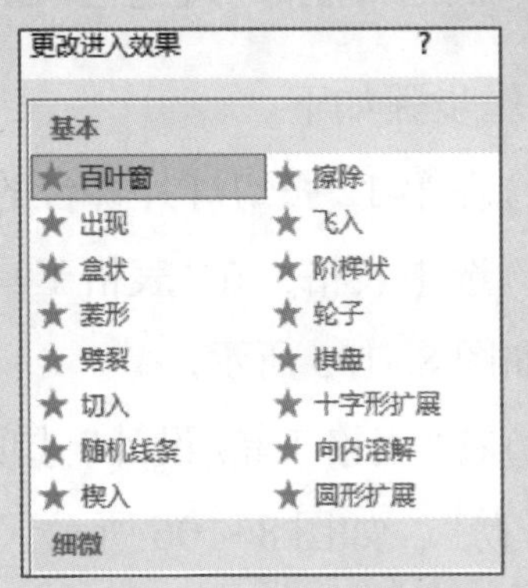

图8-102　更多动画效果

3. 制作“九宫格”图片展示类内容页

“乡村文化”内容页3的设计是利用图片填充表格为背景，巧用动画效果，制作“九宫格”图片展示类内容页。

将第12张幻灯片的文字进行排版。

操作步骤如下。

(1)选中第12张幻灯片，将标题占位符中的文字“乡村文化建设要特别注意遵守以下两个原则”移动到文本占位符中。

(2)单击“版式”按钮，应用内容页母版，将标题“三、乡村文化”输入到页眉占位符中，“乡村文化”内容页3的最初效果如图8-103所示。

(3)插入一个矩形，设置为无轮廓，填充颜色为“标准色”中的“深红”，右击矩形，在弹出的快捷菜单中选择“编辑文字”选项，将“乡村文化建设要特别注意遵守以下两个原则”剪贴粘贴到矩形内，设置文字颜色为“白色”，字体为“微软雅黑”，字号为“20”。参照图8-104调整矩形的大小和位置。

(4)设置文本占位符中的文字，字体为“微软雅黑”，字号为“14”，小标题文字颜色为“标准色”中的“深红”，其他文字颜色为“黑色”。调整文本占位符的大小和位置，如图8-104所示。

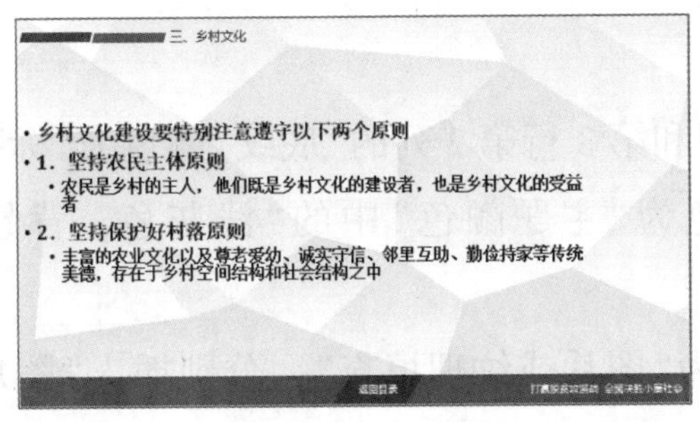

图8-103　“乡村文化”内容页3最初效果

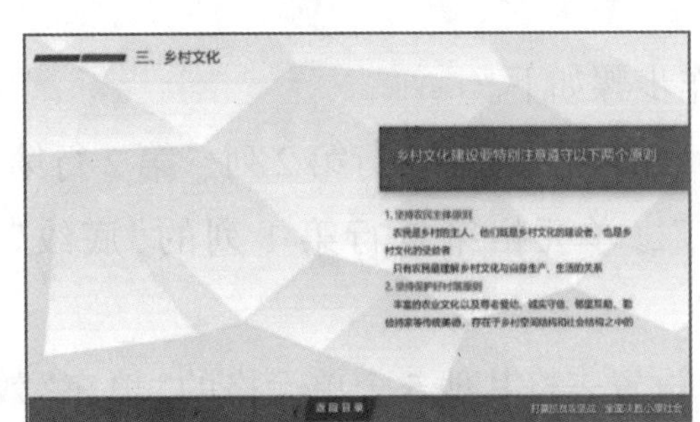

图8-104　文字排版

插入表格，制作“九宫格”图片。

操作步骤如下。

(1) 在第 12 张幻灯片舞台的左侧插入一个 3 行 3 列的表格。

(2) 选中表格，在“表格工具/布局”选项卡的“单元格大小”组中设置高度和宽度均为“3 厘米”，如图 8-105 所示。

(3) 在“表格工具/设计”选项卡的“绘制边框”组中设置“笔颜色”为“白色”，“笔画粗细”为“6.0 磅”，如图 8-106 所示。

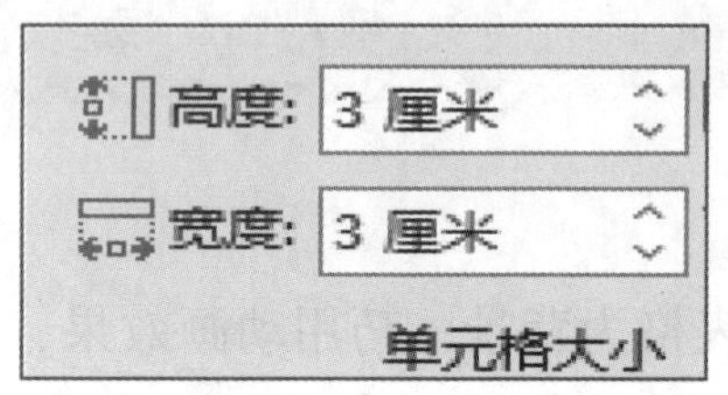

图 8-105　单元格大小

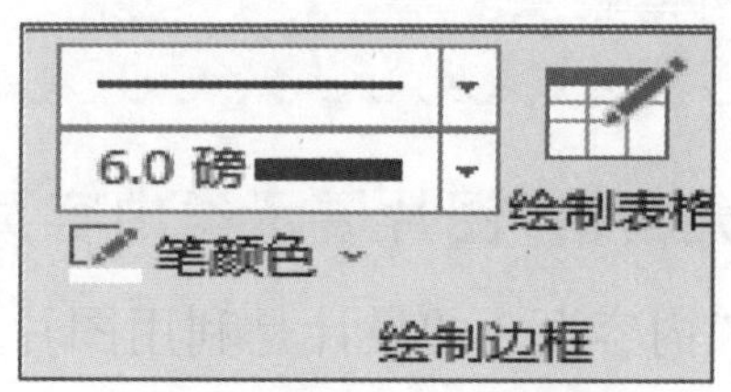

图 8-106　设置笔触

(4) 在“表格工具/设计”选项卡的“表格样式”组中单击“边框”下拉按钮，在弹出的下拉菜单中选择“内部框线”选项，如图 8-107 所示。

(5) 表格效果如图 8-108 所示。

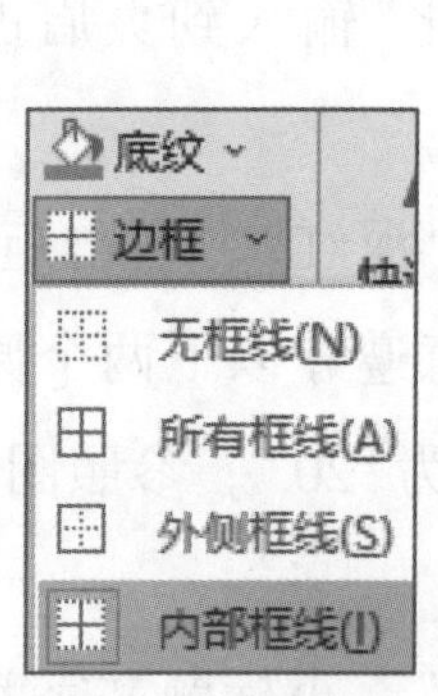

图 8-107　内部框线

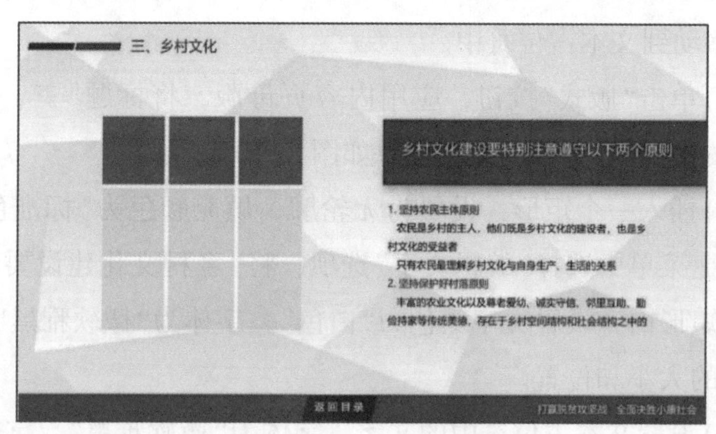

图 8-108　表格效果

为表格填充颜色和图片背景。

操作步骤如下。

(1) 设置单元格第 1 行第 2 列、第 2 行第 3 列和第 3 行第 2 列的“底纹”颜色为“标准色”中的“深红”，单元格第 2 行第 1 列的“底纹”颜色为“主题颜色”中的“浅灰色，背景 2，深色 75%”。

(2) 设置表格其他 5 个单元格的“填充”效果为“图片或纹理填充”，分别插入“图片素材”文件夹的“乡村文化”子文件夹中的 5 张图片。“乡村文化”内容页 3 最终效果如图 8-109 所示。

图 8-109 “乡村文化”内容页 3 最终效果

任务九 制作超链接并设置切换方式

【任务分析】

本任务的目标是为《打造特色产业 助力乡村振兴》宣传片制作超链接、设置幻灯片切换方式。目的是使读者以自己所希望的节奏和次序灵活地放映幻灯片。本任务分解成如图 8-110 所示的 3 步来完成。

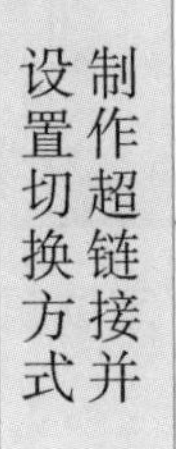

1. 制作目录到相应过渡页的超链接
2. 制作内容页中的“返回目录”超链接
3. 设置幻灯片的切换方式

图 8-110 任务九分解

【知识储备】

超链接

在 PowerPoint 中，超链接可以链接到幻灯片、文件、网页或电子邮件地址。超链接本身可以是文本或对象（如艺术字或图片）。如果链接指向另一张幻灯片，目标幻灯片将显示在 PowerPoint 演示文稿中，如果链接指向某个网页、网络位置或不同类型的文件，那么会在 Web 浏览器中显示目标页或在相应的应用程序中打开目标文件。

制作超链接
视频案例

PowerPoint 中的超链接与 Internet 中的超链接效果类似，都可以通过单击某个对象后跳转到另一个位置或打开一个新的对象。

【任务实施】

1. 制作目录到相应过渡页的超链接

在第 2 张幻灯片中为目录设置超链接到 3 张过渡页。

操作步骤如下。

(1)在第 2 张幻灯片中右击“助农服务”文本框，在弹出的快捷菜单中选择“超链接”选项，如图 8-111 所示。

(2)打开“插入超链接”对话框，在“链接到”选项区域中选择“本文档中的位置 ”选项，在“请选择文档中的位置”列表框中选择“幻灯片 3”选项，如图 8-112 所示，单击“确定”按钮。

(3)用相同的方法为“乡村旅游”设置超链接到“幻灯片 6”，为“乡村文化”设置超链接到“幻灯片 9”。

图 8-111　快捷菜单

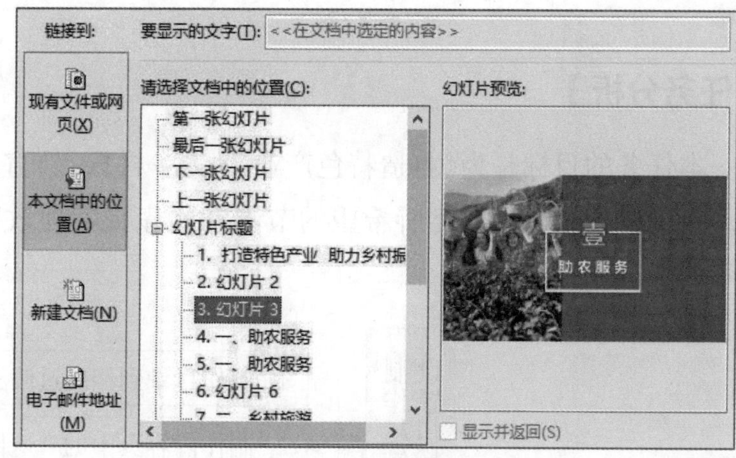

图 8-112　定位超链接

2. 制作内容页中的“返回目录”超链接

在母版中设置“返回目录”的超链接。

操作步骤如下。

(1)进入母版视图。

(2)在内容页母版的页脚部分选中文字“返回目录”，设置超链接到“幻灯片 2”。

知识链接

①具有超链接的文本是按主题指定的颜色显示的。如果要改变默认的超链接文本颜色，可以在“设计”选项卡的“变体”组中单击“其他”按钮，在弹出的下栏菜单中选择“颜色”，在级联菜单中选择“自定义颜色”选项，重新设置超链接文本的颜色。

②超链接在放映幻灯片时才会被激活。如果要在编辑状态下测试跳转情况，可以在所选文本上右击，在弹出的快捷菜单中选择“打开超链接”命令。

③为图片、形状、图表等对象添加超链接的方法类似于为文本添加超链接的方法。

小技巧：①如果想用简单易懂的符号表示将转到下一张、上一张、第一张和最后一张幻灯片时，可以直接使用动作按钮。

②要想删除某个超链接，可以先选定设置了超链接的对象，然后右击，在弹出的快捷菜单中选择“取消超链接”命令。

③创建超链接既可以使用“动作”，也可以使用“超链接”。如果是链接到幻灯片、Word 文档等，这两个命令没有差别；但如果是链接到网页、邮件地址，用“超链接”就方便多了，而且还可以设置屏幕提示文字。“动作设置”对话框可以方便地设置声音响应，还可以设置在鼠标指针经过时就引起链接反应。

3. 设置幻灯片的切换方式

为幻灯片设置统一的幻灯片切换效果。

操作步骤如下。

(1) 进入普通视图。

(2) 在“切换”选项卡的“切换到此幻灯片”组中选择切换效果中的“页面卷曲”选项。

(3) 在“切换”选项卡的“计时”组中单击“应用到全部”按钮，如图 8-113 所示。

这样全部幻灯片都应用了“页面卷曲”的切换效果。

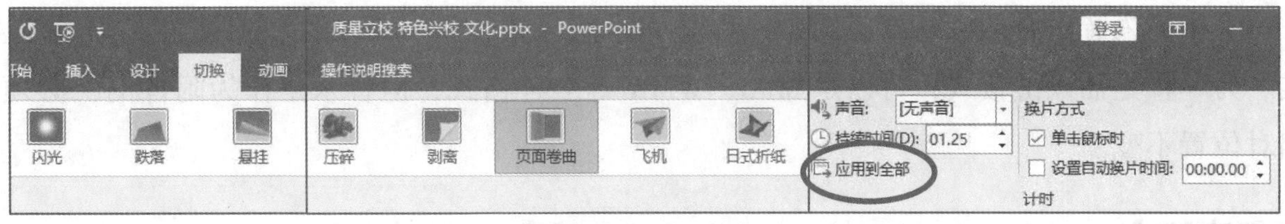

图 8-113 幻灯片切换

小技巧：一旦为幻灯片设置了自定义动画、幻灯片切换等动画效果，在幻灯片浏览视图或普通视图下就可以发现幻灯片缩略图的下方或左侧比原来多了一个“播放动画”按钮，单击该按钮可以观看当前幻灯片中设置的所有动画效果。

任务十 宣传片致谢封底制作

【任务分析】

本任务的目标是为《打造特色产业 助力乡村振兴》宣传片制作致谢封底页面，对于封底的设计，是将视频作为背景，致谢话术位于视频背景之上，即利用视频制作动态背景。本任务分解成如图 8-114 所示的 2 步来完成。

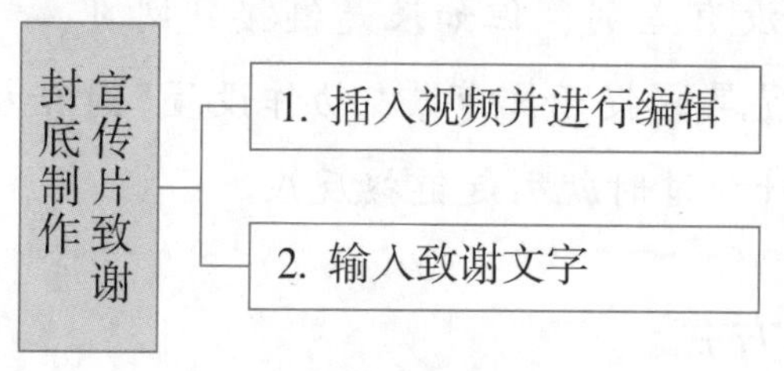

图 8-114 任务十分解

【知识储备】

插入视频、音频的格式

在 PPT 中能插入的动画和视频、音频格式如下。

动画：SWF、GIF 等；视频：AVI、MPG、WMV 等；音频：AVI、MPG、WAV、MID、MP3 等。

PPT 中插入音乐有两种基本模式，一种是完全融入式，是一个文件，但文件必须是 WAV 格式。另一种是插入链接式，可以是 MP3、WMA 等多种格式，但音乐是作为附件的，必须保证相对位置不变。

【任务实施】

1. 插入视频并进行编辑

PowerPoint 中的视频一般起展示作用，这里将视频作为动态背景使用。

新建一张空白幻灯片，插入视频并进行编辑。

操作步骤如下。

(1)在第 12 张幻灯片后面新建一张空白幻灯片，即第 13 张幻灯片。

(2)选中第 13 张幻灯片，在“插入”选项卡的“媒体”组中单击“视频”下拉按钮，在弹出的下拉菜单中选择“此设备”选项，如图 8-115 所示。弹出“插入视频文件”对话框，选择“图片素材”文件夹中的“视频素材 . mp4”，将视频插入到舞台。

图 8-115　插入视频

(3)插入的视频方向为竖向，选中该视频，在“视频工具/格式”选项卡的“排列”组中单击“旋转”下拉按钮，在弹出的下拉菜单中选择“向左旋转 90°”选项。

(4)改变视频的位置与大小，使其覆盖整个幻灯片舞台。

设置视频的播放方式，并剪裁视频。

操作步骤如下。

(1)在“视频工具/播放”选项卡的“视频选项”组中，“开始”选择“自动”。

(2)在“视频工具/播放”选项卡的“视频选项”组中，选中“循环播放，直到停止”和“播放完毕，返回开头”两个复选框。

(3)在“视频工具/播放”选项卡的“编辑”组中，单击“剪裁视频”按钮，在弹出的“剪裁视频”对话框中，绿色标记代表开始位置，红色标记代表结束位置，拖曳绿色标记至 2 秒位置，单击“确定”按钮，剪掉开头 2 秒的视频片段，如图 8-116 所示。

2. 输入致谢文字

输入致谢文字，并设置字体格式。

操作步骤如下。

(1)在视频上面插入一个文本框，输入“感谢观看”，设置字体为“微软雅黑”，颜色为“白色”，字号为“60”。

(2)移动文本框到舞台下方位置，如图 8-117 所示。

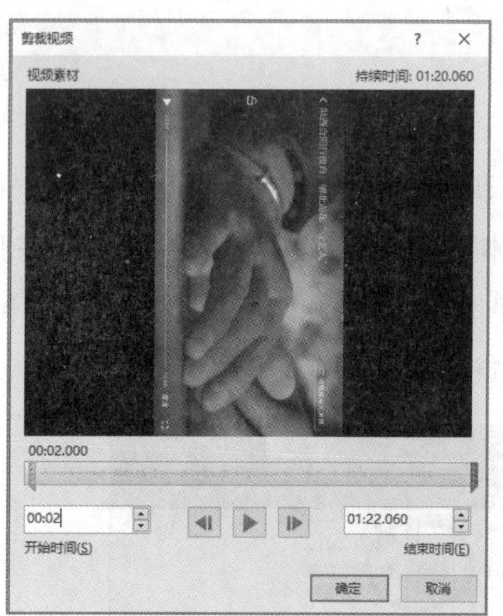

图 8-116 剪裁视频

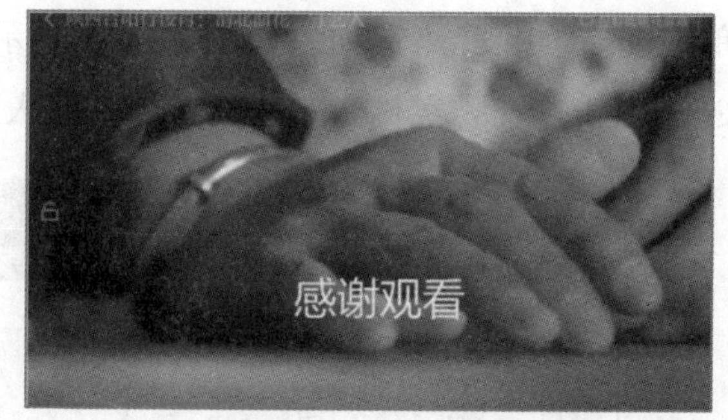

图 8-117 封底效果

知识链接

(1)在插入视频后，选中视频，菜单栏中会出现“视频工具/格式”和“视频工具/播放”两个选项卡，“视频工具/格式”选项卡的功能如下。

①“预览”组。如图 8-118 所示。

播放：视频播放和暂停按钮。

②“调整”组。如图 8-118 所示。

更正：对视频进行亮度和对比度的调整。

颜色：对视频进行重新着色。

海报框架：确定编辑过程中视频的封面，分为“当前帧”和“文件中图像”。

重置设计：重置视频的设计和大小。

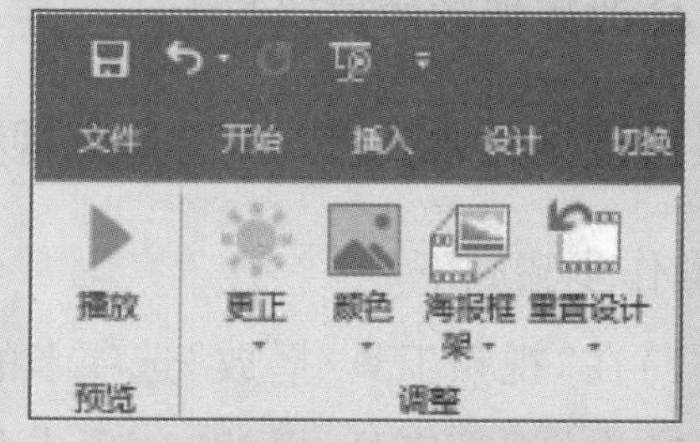

图 8-118 “视频工具/格式”选项卡

③“视频样式”组。在该组内对视频的处理与图片的处理方式是一样的，如图 8-119 所示。

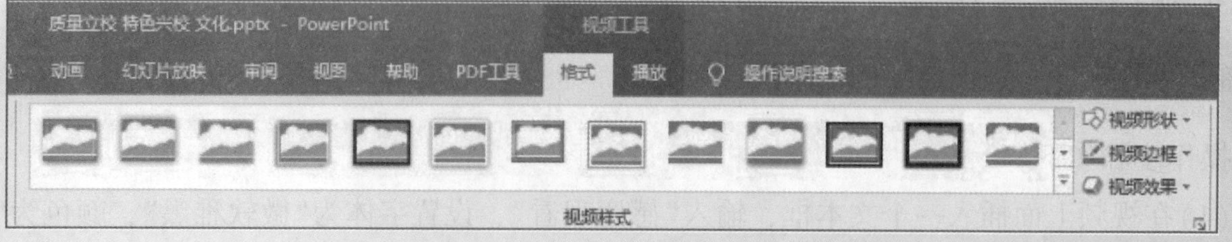

图 8-119 “视频工具/格式”选项卡“视频样式”组

④“排列”组。在该组内对视频的处理与图片的处理方式是一样的，如图 8-120 所示。

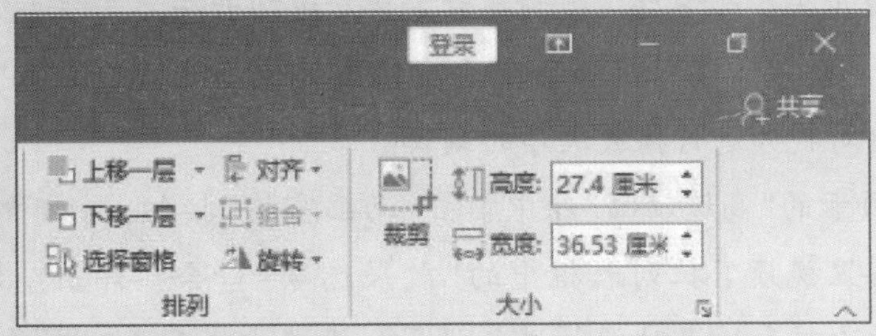

图 8-120 “视频工具/格式”选项卡“排列组”和“大小”组

⑤“大小”组。对视频进行裁剪和大小的设置，如图 8-120 所示。

(2)“视频工具/播放”选项卡(图 8-121)的功能如下。

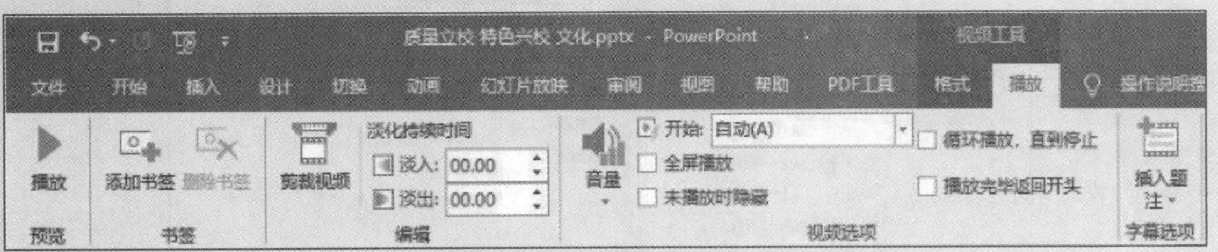

图 8-121 视频工具播放

①“预览”组。

播放：视频播放和暂停按钮。

②“书签”组。

添加书签：为视频添加标记。

删除书签：为视频删除标记。

③“编辑”组。

剪裁视频：对视频进行剪辑，选取需要的片段，如图 8-122 所示。

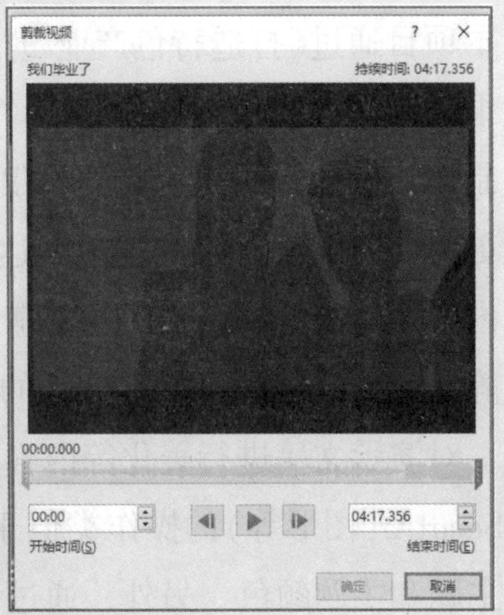

图 8-122 剪裁视频

淡化持续时间：设置视频开头淡入的时间和视频结尾淡出的时间。

④“视频选项”组。

音量：调整视频的音量大小。

开始：视频的开始播放方式，分为“自动”“单击时”和“按照单击顺序”。

全屏播放：选中后，幻灯片播放时，视频全屏展示。

未播放时隐藏：选中后，视频未播放时隐藏。

循环播放，直到停止：选中后，视频循环播放，直到本页幻灯片结束。

播放完毕返回开头：选中后，视频播放完毕后返回开头。

(3)插入视频后，在很多情况下，舞台中还有其他的元素，在不同元素均设置动画的情况下，就需要对视频进行播放次序的编辑。

在"动画"选项卡的"高级动画"组中单击"动画窗格"按钮，打开"动画窗格"任务窗格，选择动画窗格里视频下拉列表框中的"效果选项"命令，弹出"效果选项"对话框，可以对视频的播放次序和延迟时间等进行设置，设置方式和普通对象的动画设置一样，如图 8-123 所示。

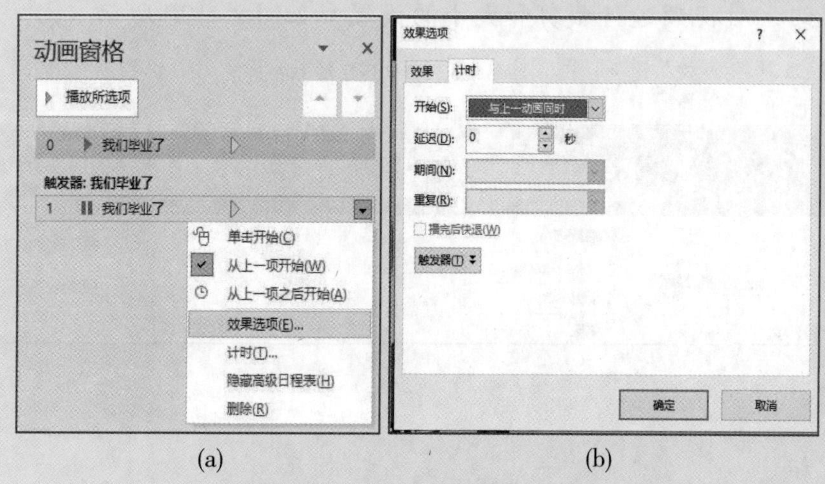

图 8-123　视频播放次序设置

【项目总结】

本项目通过《打造特色产业 助力乡村振兴》宣传片的制作，介绍了演示文稿静态效果、动态效果的制作方法和设计方案。

制作一份优秀的演示文稿不仅要有扎实的技术支持，还需要有对文案的归纳分类分级能力，更需要能够清晰而美观地表达设计方案，在配色、构图等方面均要重视，注重风格的统一，内容的清晰流畅、构图的平衡、丰富、清晰等。

静态效果的制作包括幻灯片的基本操作、插入各种版式的幻灯片、编辑幻灯片中的各种对象、对演示文稿进行美化等内容。在幻灯片中插入和编辑各种对象(文本、图片、图表、表格、SmartArt 图形等)的操作类似于 Word 中的操作。统一幻灯片整体风格的方法有 3 种：母版、主题和主题颜色。另外，通过设置背景，也可以起到美化幻灯片的作用。

但是要想真正体现出 PowerPoint 的特点和优势，还在于演示文稿的动态效果制作，包括在幻灯片中为对象设置动画效果、在幻灯片之间设置切换效果及设置演示文稿的放映方式等。

这些功能的应用使幻灯片充满了生机和活力。另外，为了增加幻灯片放映的灵活性，可以利用“超链接”创建交互式演示文稿。

在设计文稿的表现形式时，利用母版和配色等让整体风格统一，利用图形填充形状等让图片形状多样化，让图片展示丰富活泼，构图时注重画面饱满、平衡又清晰流畅。

利用 PowerPoint 制作演示文稿的基本过程如下。

(1) 制作演讲稿大纲。

(2) 对文档中的内容进行精心的筛选和提炼，然后将准备好的内容添加到演示文稿中。

(3) 通过使用主题、主题颜色、背景和母版等美化幻灯片外观。

(4) 为幻灯片添加动画效果，设置幻灯片的切换方式。

(5) 创建交互式演示文稿。

(6) 浏览修改，直至满意。

掌握了 PowerPoint 的使用技能，读者还可以在学术演讲、项目论证、产品展示、会议议程、个人或公司介绍等应用领域通过演示文稿进行演讲与展示。

【巩固练习】

制作“中国豪华 SUV 品牌介绍”演讲稿

某公司职员近日接到一项任务，领导需要他制作一份演示文稿，用于面向媒体进行公司品牌的宣传，要求图文结合，动态效果适当，充分显示品牌的优势和亮点。现在请你以该公司职员的身份，制作“中国豪华 SUV 品牌介绍”演讲稿。演讲稿的最终效果如图 8-124 所示。

图 8-124 “中国豪华 SUV 品牌介绍”演讲稿效果

任务一：制作演讲文稿所需要的母版，要求如下。

(1)新建“中国豪华 SUV 品牌介绍 . pptx”。

(2)梳理文字素材，对文字素材进行整理分类分级(“巩固练习”文件夹中的“文字资料 . docx”文件)。

(3)制作母版。

①母版：设置主母版背景。

②子母版：设置子母版背景。分别制作封面母版、目录页母版、内容页母版。

任务二：制作演讲文稿的封面页、目录页和过渡页，要求如下。

(1)制作封面页。封面不设置动画，封面直接应用封面母版，输入标题，效果如图 8-125 所示。

(2)制作目录页。应用目录页母版，插入线条和形状，设置形状填充颜色，颜色为“主题颜色”中的“橙色，个性 6，深色 25%”，效果如图 8-126 所示。后面幻灯片中所需要的橙色均为该橙色。

设置 4 组目录的动画效果，每组的目录图形和内容同时出现，4 组按顺序依次先后出现。目录图形动画效果为“回旋”，目录文字动画效果为“飞入”，方向为“自左侧”。动态效果见“中国豪华 SUV 品牌介绍(样例). pptx”。

图 8-125　封面页

图 8-126　目录页

(3)制作过渡页。应用“内容页母版”，根据文稿把内容分为4个部分，需要4个过渡页，制作好过渡页1，其他3个过渡页可以复制修改。效果如图8-127所示，插入矩形和圆形，设置形状的填充颜色，从“图片素材”文件夹中插入所需的图标图片。

设置动画效果，不同元素依次出现。4个图标同时出现，动画效果为“缩放”，其他动画效果为“擦除”。动态效果见“中国豪华SUV品牌介绍(样例).pptx”。

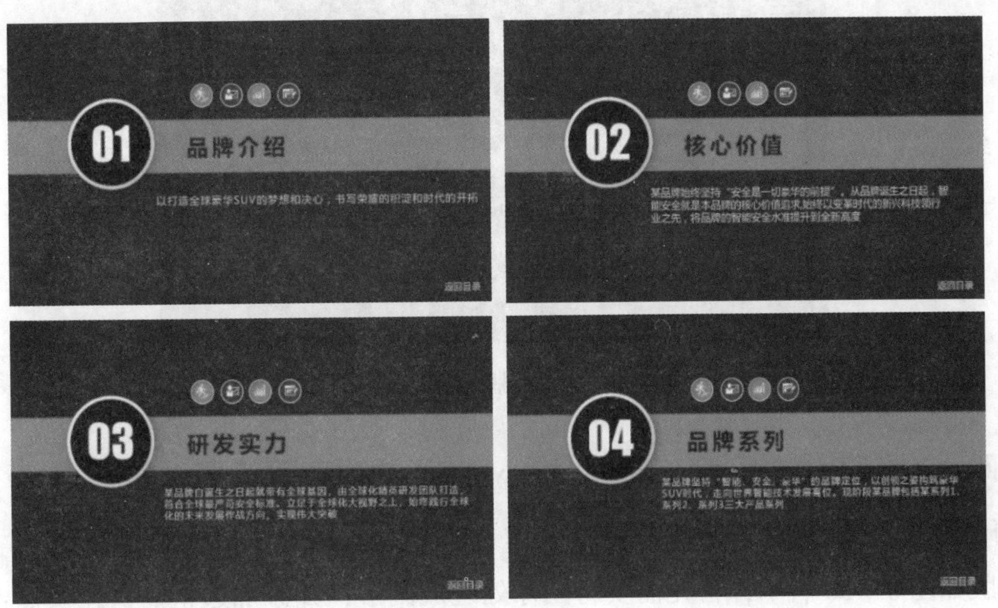

图8-127　过渡页

任务三：制作演讲文稿第一部分“品牌介绍”的内容页，要求如下。

(1)在过渡页1后面制作“品牌介绍”内容页1，应用“内容页母版”，后面所有内容页均首先应用“内容页母版”。图文排版如图8-128所示，首先需要将图片处理成圆角矩形，插入“形状”中的圆角矩形，利用产品图片对圆角矩形进行“图片或纹理填充”，可以实现本任务。

图8-128　“品牌介绍”内容页1

设置动画效果，4张图片依次出现，动画效果为“飞入”，方向为“自左侧”。图片出现完后，文字按顺序出现，动画效果为“基本缩放”和“随机线条”。动态效果见“中国豪华SUV品牌介绍(样例).pptx”。

(2)在“品牌介绍”内容页 1 后面制作“品牌介绍”内容页 2，图文排版如图 8-129 所示。

对文字设置动画效果，文字和图标依次出现，文字动画效果为“基本缩放”和“随机线条”。文字出现完后，4 个图标依次出现，动画效果为“飞入”，方向为“自底部”。动态效果见“中国豪华 SUV 品牌介绍(样例). pptx”。

图 8-129 “品牌介绍”内容页 2

任务四：制作演讲文稿第二部分“核心价值”的内容页，要求如下。

(1)将过渡页 2 移动到“品牌介绍”内容页 2 后面，在过渡页 2 后面制作“核心价值”内容页 1，图文排版如图 8-130 所示，首先需要将图片处理成圆形，并添加边框。操作要点：插入圆形形状，利用“图片或纹理填充”，插入图片，填充形状。制作圆环和圆形图标，操作要点：插入圆形，形状填充色“无”，形状边框如效果图进行设置。插入箭头，图标为插入的形状的叠加。

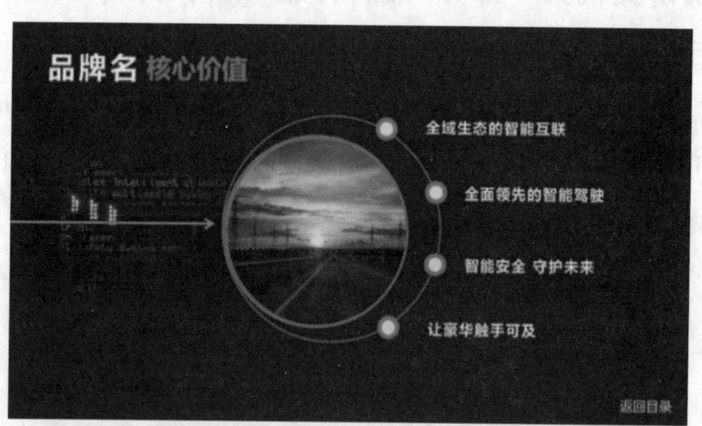

图 8-130 “核心价值”内容页 1

设置动画效果，箭头、圆环、图片先后出现，动画效果为“飞入”。图片出现完后，4 组图标和标题文字依次按顺序出现，动画效果为“基本缩放”。动态效果见“中国豪华 SUV 品牌介绍(样例). pptx”。

(2)在“核心价值”内容页 1 后面制作“核心价值”内容页 2，图文排版如图 8-131 所示，首先需要将图片处理成圆形，并添加边框。操作要点：插入圆形形状，利用“图片或纹理填充”，插入产品图片，填充形状。插入圆环背景和图标。

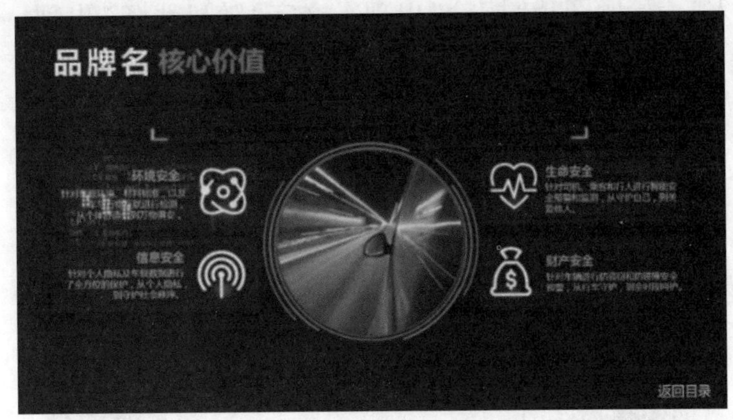

图 8-131 “核心价值”内容页 2

这是中心构图，围绕中心四点内容展现，清晰又饱满。文字排版时注意，标题文字和内容文字可以在文字颜色、字号、字体等方面行进行区分，这里字体均为微软雅黑，标题字号为 16，内容文字字号为 12。右侧内容左对齐，左侧内容右对齐。这样文字区域的视觉效果更加整齐。

任务五：制作演讲文稿第三部分“研发实力”的内容页，要求如下。

(1)将过渡页 3 移动到核心价值内容页 2 后面，在过渡页 3 后面制作“研发实力”内容页 1，图文排版如图 8-132 所示，首先需要将图片处理成菱形。操作要点：插入菱形形状，利用“图片或纹理填充”，插入图片，填充形状。

图 8-132 “研发实力”内容页 1

设置动画效果，一共 5 张图片先后顺序出现，动画效果为“飞入”，前两张图片同时飞入(设置不同图片不同的飞入方向)，后两张图片同时飞入(设置不同图片不同的飞入方向)，然后是第 5 张图片“飞入”。图片出现完后，4 组图标和标题文字依次出现，动画效果为“随机线条”。动态效果见“中国豪华 SUV 品牌介绍(样例). pptx”。

(2)在“研发实力”内容页 1 后面制作“研发实力”内容页 2，图文排版如图 8-133 所示，本页面是列表类排版，每行列表项均是图文左右排版。为文字区块添加灰色矩形色块。

设置动画效果，3 组列表依次出现。每组的动画顺序和效果为，图片“随机线条”出现，灰色矩形“自右下部飞入”，标题图片“擦除”出现，文字“随机线条”出现。动态效果见“中国豪华 SUV 品牌介绍(样例). pptx”。

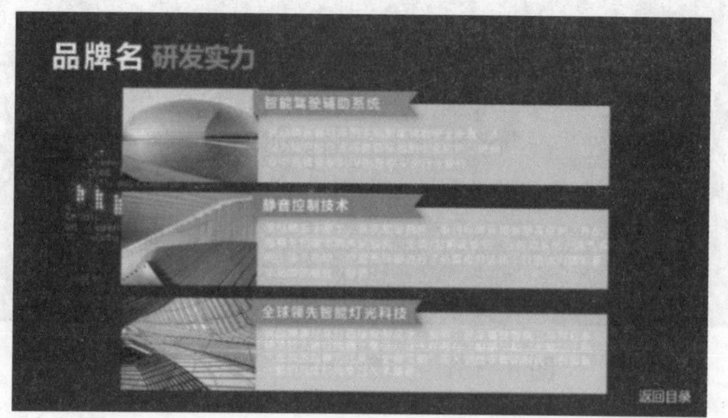

图 8-133 “研发实力”内容页 2

(3)在“研发实力”内容页 2 后面，制作“研发实力”内容页 3，图文排版如图 8-134 所示，首先需要将图片处理成波浪形。操作要点：插入形状“流程图：资料带”，利用“图片或纹理填充”，插入产品图片，填充形状。4 张图片均变为“流程图：资料带”的形状，移动 4 张图片，使之连接在一起，并设置对齐方式为“顶端对齐”。

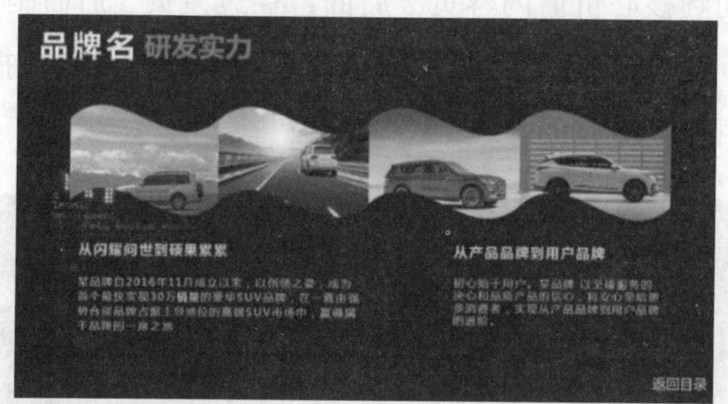

图 8-134 “研发实力”内容页 3

设置动画效果，4 张图片依次出现，动画效果为“擦除、自左侧”，这样就形成了波浪的动态效果。之后是文字按顺序出现，动画效果为“随机线条”。动态效果见“中国豪华 SUV 品牌介绍(样例). pptx”。

(4)在“研发实力”内容页 3 后面制作“研发实力”内容页 4，图文排版如图 8-135 所示。

需要重点突出的文字可以为其设置不一样的字体、字号或颜色，并且可以为其添加下划线。这里下画线粗细为 6 磅，下划线和文字颜色为茶色 RGB(210, 184, 138)。

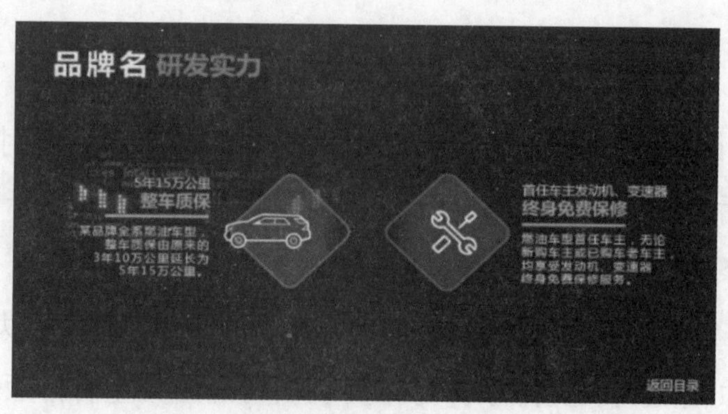

图 8-135 “研发实力”内容页 4

任务六：制作演讲文稿第四部分“品牌系列”的内容页，要求如下。

(1)将过渡页4移动到“研发实力”内容页4后面，在过渡页4后面制作“品牌系列”内容页1，图文排版如图8-136所示。

图8-136 “品牌系列”内容页1

设置动画效果，文字动画效果为“随机线条”。动态效果见“中国豪华SUV品牌介绍(样例).pptx”。

(2)在“品牌系列”内容页1后面制作“品牌系列”内容页2，图文排版如图8-137所示，本页面是图文交错排版。每行列表项均是图文左右排版。

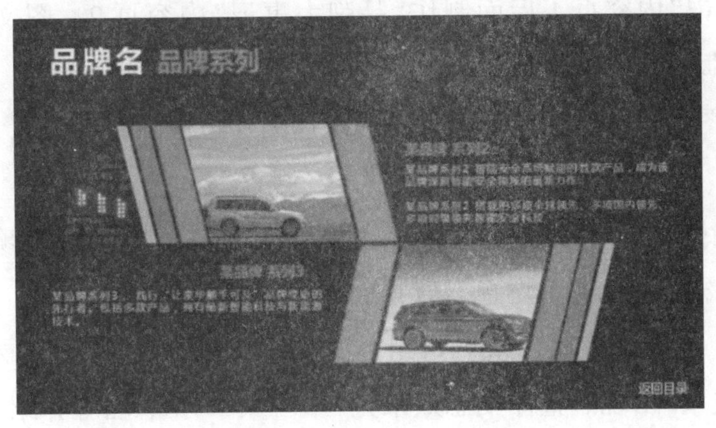

图8-137 “品牌系列”内容页2

首先需要将图片处理成平行四边形，插入“形状”中的平行四边形，利用“图片或纹理填充”，插入产品图片，填充形状。同时插入不同大小的平行四边形作为装饰，小平行四边形的形状填充颜色“白色，背景，深色25%”，大平行四边形的形状填充颜色“白色，背景，深色50%”，橙色平行四边形的形状填充颜色为上述统一使用的“橙色，个性6，深色25%”。按照“中国豪华SUV品牌介绍(样例).pptx”的动态效果进行组合。

设置动画效果，系列2图文依次出现，首先产品图片动画效果为“基本缩放”，然后平行四边形条的动画效果为“飞入”，注意参照“中国豪华SUV品牌介绍(样例).pptx”的动态效果设置飞入方向。最后文字出现，动画效果为“随机线条”。系列3图文动画效果与系列1一样。

整体动态效果见“中国豪华 SUV 品牌介绍(样例).pptx”。

(3)在“品牌系列”内容页 2 后面制作“品牌大事记”内容页 1，图文排版如图 8-138 所示，本页面是图文左右排版。每行列表项均是图文左右排版。为文字区域添加橙色(“橙色，个性 6，深色 25%”)和灰色(“白色，背景，深色 50%”)色块。

图 8-138 “品牌大事记”内容页 1

设置动画效果，3 张图片同时出现，动画效果为“飞入”，根据最终动态效果设置不同的飞入方向。然后是 4 组列表文字依次出现。每组均是图标“回旋”出现，然后是文字色块“自底部”“飞入”。最后是文字“随机线条”出现。整体动态效果见“中国豪华 SUV 品牌介绍(样例).pptx”。

(4)在“品牌大事记”内容页 1 后面制作“品牌大事记”内容页 2，图文排版如图 8-139 所示，本页面是上下排版。

首先需要将 4 张图片处理成圆形，再为图形添加图片边框，粗细为 4.5 磅，颜色为统一使用的橙色。

插入形状中的“箭头：V 形”，调整大小，复制 4 个箭头，形状填充颜色分别为橙色(“橙色，个性 6，深色 25%”)和灰色(“白色，背景，深色 50%”)。

设置动画效果，4 组图文依次出现。每组图文均为，首先是箭头“自左侧”“飞入”，然后是相应的文字“随机线条”出现。整体动态效果见“中国豪华 SUV 品牌介绍(样例).pptx”。

图 8-139 “品牌大事记”内容页 2

任务七：制作演讲文稿的封底，要求如下。

在“品牌大事记”内容页 2 后面制作封底致谢页面，图文排版如图 8-140 所示，本页面是左右排版。

图 8-140　封底致谢页面

图片九宫格排版展示。设置动画效果，首先是九宫格“随机线条”出现，然后是标题色块“飞入，自顶部”，标题文字“基本缩放”出现，小马图片“浮入，上浮”，最后是内容文字“切入，自底部”。整体动态效果见“中国豪华 SUV 品牌介绍(样例). pptx”。

任务八：制作演讲文稿的切换方式和超链接，要求如下。

(1) 设置幻灯片的切换方式。切换方式为“立方体”，方向“自右侧”。应用到全部幻灯片。

(2) 设置超链接。对目录页中的 4 个目录设置超链接，目录 1 品牌介绍链接到过渡页 1，目录 2 核心价值链接到过渡页 2，目录 3 研发实力链接到过渡页 3，目录 4 品牌系列链接到过渡页 4，注意，要求不管是目录文字、数字还是图形，单击链接后均可以链接到相应的位置。

(3) 在母版设置超链接。在内容页母版中，插入文本框，输入文字“返回目录”，为其设置超链接到目录页。

此练习的幻灯片内容较充实，图文排版、设计和动画较为丰富，希望读者通过此练习养成细致、认真、耐心的工作态度。

【拓展练习】

制作“我爱家乡之家乡介绍”演讲稿

社会主义核心价值观中公民个人层次的价值准则是爱国、敬业、诚信、友善。“爱国”，先要爱自己的家乡，请制作“我爱家乡之家乡介绍”演讲稿。

具体要求如下。

(1) 整理“我的家乡”人文、风景、特产等方面的文字内容，提炼出文档中的要点，切忌将原文整段复制粘贴。

(2) 演示文稿至少包含 10 张幻灯片，包括封面、目录页、过渡页、内容页和封底。

(3)使用幻灯片母版统一演示文稿风格。

(4)幻灯片布局合理、色彩搭配协调、整体效果良好、创意独特。

(5)在某张幻灯片内制作多张图片循环滚动效果，见“打造特色产业 助力乡村振兴 . pptx”第 8 张幻灯片动态效果。

(6)在某张幻灯片内制作多张图片同位置滚轴擦除效果，见“打造特色产业 助力乡村振兴 . pptx”第 10 张幻灯片动态效果。

(7)对幻灯片中的对象设置动画效果并设置幻灯片之间的切换效果。

(8)设置超链接，目录页中的各个目录可以链接到相应的过渡页，各过渡页和内容页均制作“返回目录”的超链接。

(9)为该演示文稿插入背景音乐，音频使用“拓展练习”文件夹中的“渔舟唱晚—古筝 . mp3”,要求从第一张幻灯片开始播放，到封底播放停止，音频自动播放，循环播放，并且声音在幻灯片开始播放的 10 秒内淡入，停止前 10 秒内淡出。

操作要点：因为每页幻灯片的动画都较多，为了避免互相干扰，在动画窗格将音频排列在最上面，并且让音频和第一个动画设置同时开始。